国家制造业信息化
三维CAD认证规划教材

3D动力

无师自通CATIA V5之电子样机

北航CAXA教育培训中心　组编
国家制造业信息化三维CAD认证培训管理办公室　审定
鲁君尚　张安鹏　冯登殿　李玉龙　编著

北京航空航天大学出版社

内容简介

CATIA V5 的电子样机功能由专门的模块完成，从产品的造型、上下关联的并行设计环境、产品的功能分析、产品浏览和干涉检查、信息交流、产品可维护性分析、产品易用性分析、支持虚拟实现技术的实时仿真、多CAX 支持到产品结构管理等各方面提供了完整的电子样机功能，能够完成与物理样机同样的分析和模拟功能，从而减少制作物理样机的费用，并能进行更多的设计方案验证。

本书围绕着 CATIA V5 电子样机的功能，详细介绍电子样机浏览器模块和电子样机空间分析、运动分析、优化分析以及装配分析模块功能的使用方法。从熟悉基本使用环境开始，采用循序渐进的方式，结合实例对 CATIA 的电子样机进行系统的阐述。

本书是"CATIA V5 实践应用系列丛书"之一，可作为各类本专科院校机械设计制造专业的辅导教材，以及设计人员和三维 CAD 爱好者的自学教材。

图书在版编目(CIP)数据

无师自通 CATIA V5 之电子样机/鲁君尚等编著. —北京：北京航空航天大学出版社，2008.3

ISBN 978-7-81124-285-0

Ⅰ.无… Ⅱ.鲁… Ⅲ.机械设计：计算机辅助设计—应用软件，CATIA V5 Ⅳ.TH122

中国版本图书馆 CIP 数据核字(2007)第 204877 号

无师自通 CATIA V5 之电子样机

北航 CAXA 教育培训中心 组 编

国家制造业信息化三维 CAD 认证培训管理办公室 审 定

鲁君尚 张安鹏 冯登殿 李玉龙 编 著

责任编辑 董立娟

*

北京航空航天大学出版社出版发行

北京市海淀区学院路 37 号(100083) 发行部电话：010-82317024 传真：010-82328026

http://www.buaapress.com.cn E-mail：bhpress@263.net

北京市媛明印刷厂印装 各地书店经销

*

开本：787×1 092 1/16 印张：13 字数：333 千字

2008 年 3 月第 1 版 2008 年 3 月第 1 次印刷 印数：4 000 册

ISBN 978-7-81124-285-0 定价：20.00 元

“三维数字化设计师”系列培训教材
编写委员会

本书作者：

鲁君尚　张安鹏　冯登殿　李玉龙

前　言

CATIA 是法国 Dassault System 公司的 CAD/CAE/CAM 一体化软件，在 CAD/CAE/CAM 领域居世界的领导地位，广泛应用于航空航天、汽车制造、造船、机械制造、电子/电器及消费品行业。它的集成解决方案覆盖所有产品的设计与制造领域，其特有的 DMU 电子样机模块功能及混合建模技术有效地促进了企业竞争力和生产力的提高。CATIA 提供的便捷的解决方案，适应工业领域中的大、中、小型企业的需要，从大型的波音 747 飞机、火箭发动机到化妆品的包装盒，几乎涵盖了所有的制造业产品。因此，在世界上有超过 13 000 个用户选择了 CATIA。

CATIA 源于航空航天业，但其强大的功能已得到各个行业的认可。在欧洲汽车业，它已成为事实上的标准。它的用户包括克莱斯勒、宝马及奔驰等一大批知名企业。其用户群体在世界制造业中都具有举足轻重的地位。波音飞机公司使用 CATIA 建立起了一整套无纸飞机生产系统，完成了整个波音 777 飞机的电子装配，创造了业界的一个奇迹，从而也确定了 CATIA 在 CAD/CAE/CAM 行业的领先地位。

现在，达索公司推出了 CATIA V5 版本。该版本能够运行于多种平台，特别是微机平台。这不仅使用户节省了大量的硬件成本，而且其友好的用户界面使用户更容易使用。它具有以下特色：

- 基于 Windows NT 平台开发的系统，易于使用；
- 知识驱动的 CAD/CAM 系统；
- 先进的电子样机技术；
- 先进的混合建模(hybrid modeling)技术；
- 支持并行工程(concurrent engineering)；
- 实现资源共享，构造数码企业；
- 易于发展电子商务；
- 优良的可扩展性，保护用户投资。

“工欲善其事，须先利其器”，我们相信 CATIA 将在“中国创造”的进程中给予我们极大的帮助。为此，特组织编写了 CATIA 实践应用系列丛书。

本套丛书具有以下特色：

- 针对在 Windows 上运行的 CATIA V5 版本，范围涵盖所有的模块；
- 将所有模块都从功能展示、实例练习和工程实例练习三个方面进行全方位的展示；
- 有志于学习、应用 CATIA 软件的工程人员可以从这里面很快地找到自己需要的部分，从而迅速入门；
- 全方位介绍 CATIA，使无论是否应用此软件的人员都可以了解三维 CAD、PLM 的全部流程和范围，从而有针对性地进行相关方面的学习；
- 为中国打造一批熟悉 PLM 的工程师，并且可以真正地从理论认识上升到实践认知。

"3D 动力"是由国家制造业信息化三维 CAD 认证培训管理办公室主办，全国数百家 3DCAD 教育培训与技术服务机构共同组建的，是以"普及 3DCAD、提升产品创新能力"为使命，以"传播科技文化、启迪创新智慧"为愿景的全国 3DCAD 技术推广和教育培训联盟。其目标是"为中国打造百万 3DCAD 应用工程师"。

本书由鲁君尚、张安鹏、冯登殿和李玉龙编著。笔者通过近六年从事 CATIA 的教学与应用，奠定了相当扎实的实践及理论基础。如今，笔者通过此套书的编写，希望与各位 CATIA 爱好者共同切磋、钻研，在学习和实践中共同成长。

同时，大量的作品和教程可通过登录网站 www.3ddl.org 进行观摩学习，还可通过 tech@3ddl.org 联系方式进行切磋。本书中的不足之处，请各位批评指正。

3D 动力联盟 CATIA 教研中心

国家制造业信息化三维 CAD 认证培训管理办公室

目 录

第1章 概　述

1.1 电子样机的介绍

根据欧洲高级信息化技术组织的定义，电子样机(DMU，Digital Mock-UP)是对产品真实化的计算机模拟，满足各种各样的功能，提供用于工程设计、加工制造、产品拆装维护的模拟环境；是支持产品和流程、信息传递和决策制定的公共平台；覆盖产品从概念设计到维护服务的整个生命周期。

由此可见，电子样机技术主要指在计算机平台上，通过三维 CAD/CAE/CAM 软件，建立完整的产品数字化样机。组成电子化样机的每个部件除了准确定义三维几何图形外，还赋有相互间的装配关系、技术关联、工艺、公差、人力资源、材料、制造资源及成本等信息，电子样机应具有从产品设计、制造到产品维护各阶段所需的所有功能，为产品和流程开发以及从产品概念设计到产品维护整个产品生命周期的信息交流和决策提供一个平台。

电子样机技术不只是单纯的三维装配，实际上，通过装配功能将三维模型装配在一起仅仅是实现电子样机最基本的一步。电子样机技术还具有以下的功能和特点：

① 与 CAX 系统完全集成，并以"上下关联的设计"方式作业。

② 提供强大的可视化手段，除了虚拟显示和多种浏览功能外，还集成了 DMU 漫游和截面透视等先进手段。

③ 具备各种功能性检测手段，如安装/拆卸、机构运动、干涉检查及截面扫描等。

④ 具有产品结构的配置和信息交流功能。

由于电子样机技术加强了设计过程中最为关键的空间和尺寸控制之间的集成，在产品开发过程中不断对电子样机进行验证，大部分的设计错误都能被发现或避免，从而大大减少实物样机的制作与验证，缩短了产品开发周期，降低了研发成本。

CATIA V5 的电子样机功能由专门的模块完成，从产品的造型、上下关联的并行设计环境、产品的功能分析、产品浏览和干涉检查、信息交流、产品可维护性分析、产品易用性分析、支持虚拟实现技术的实时仿真、多 CAX 支持及产品结构管理等各方面提供了完整的电子样机功能，能够完成与物理样机同样的分析和模拟功能，从而减少制作物理样机的费用，并能进行更多的设计方案验证。

电子样机技术使人们在工程决策和过程决策的协同工作中，能够对任何复杂的模型进行内部观察、漫游、检查和模拟。

1.2 电子样机环境参数的设定

本节将介绍如何设置电子样机模块的环境参数，这些参数一经设定，对所有操作均有效。环境参数的设置步骤是：

① 选择 Start(开始)|Digital Mockup(电子样机)菜单项中的任意一个模块，本例中选择 DMU Navigator(电子样机浏览器)模块，如图 1-1 所示，进入电子样机工作台，如图 1-2 所示。

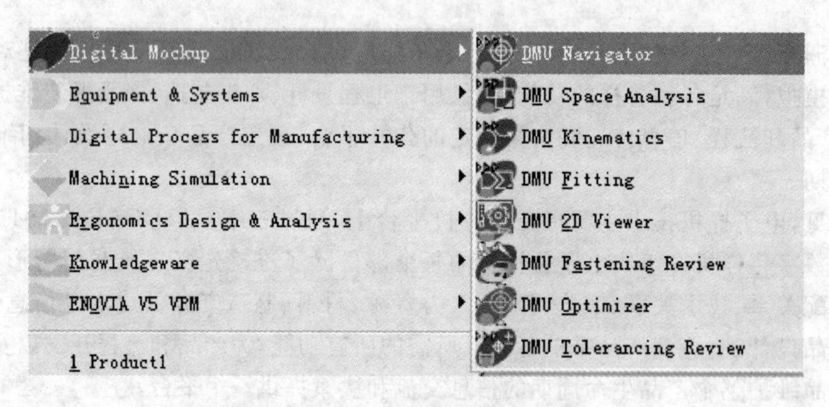

图 1-1 选择电子样机中的一个模块

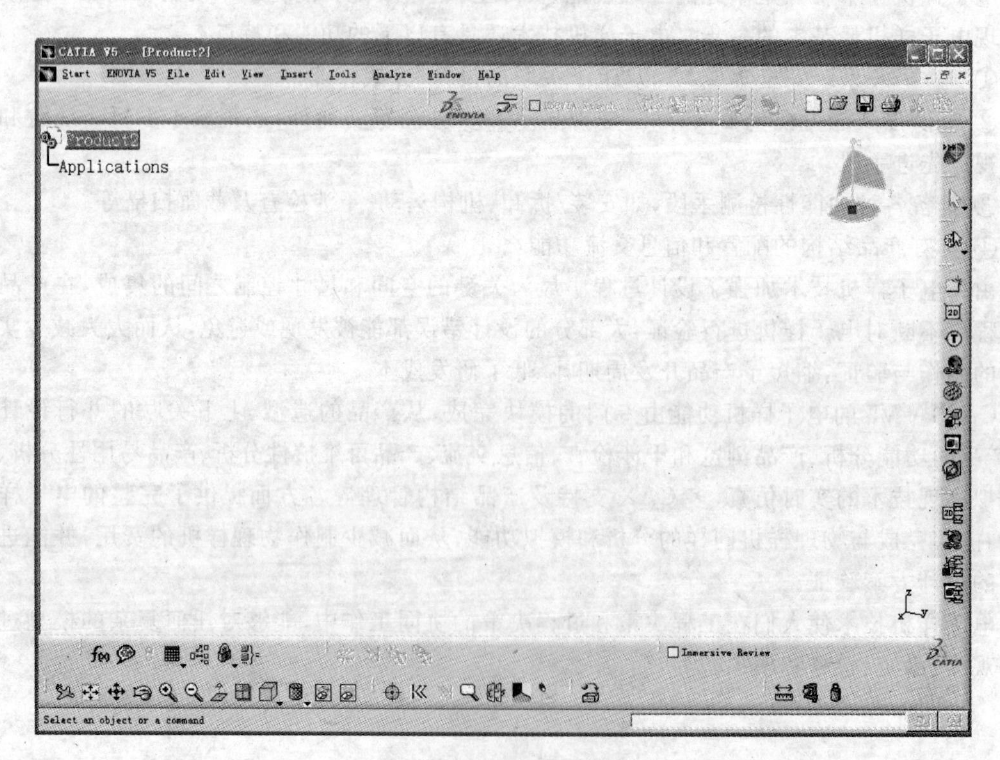

图 1-2 电子样机工作台

② 选择 Tools(工具)|Options(选项)菜单项,弹出如图 1-3 所示的 Options(选项)对话框,在左边的特征树中选择 Digital Mockup(电子样机)选项。

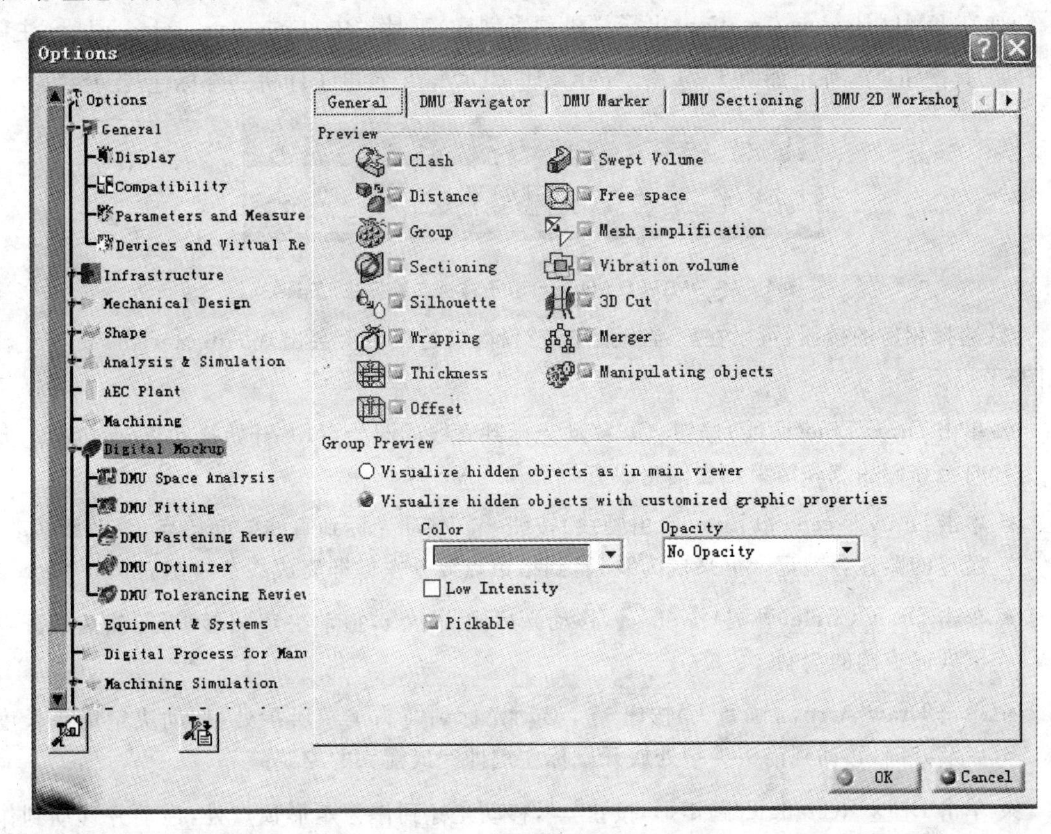

图 1-3 Options(选项)对话框

③ 选择 General(通用)选项卡,默认情况下,Preview(预览)选项组下的选项将全部为选中状态,这样方便对已经生成的模型进行相关操作。比如 Clash(干涉分析),Group(合成)及 Offset(偏移)等,具体操作方法将在本书的相关章节进行详细介绍。

1.3 注 释

在电子样机中可以创建多种注释,以增进用户之间的沟通或帮助下游接单厂商了解上游设计的理念,如二维注释、三维注释、图片注释以及声音注释等。本节将主要介绍如何对模型添加二维注释和三维注释,以及如何对注释进行修改,其他注释将在以后章节中详细介绍。

1.3.1 二维注释

在电子样机模块中,二维注释可以直接在三维模型中创建。以当前屏幕显示画面为基准面,在此画面上绘制标注符号、图形与文字,以便对模型进行注释。此功能不需要通过工程图

(drafting)或其他书面工具进行记录，当用户打开产品模型后即可直接看到这些注释，这样可简化信息传递流程。创建注释主要由以下几个步骤完成：

① 在 DMU Review Creation(电子样机预览创建)工具栏中，单击 Annotated View(注释视图)工具按钮 ，弹出如图 1-4 所示的 DMU 2D Marker(电子样机二维标注)工具栏。

图 1-4 DMU 2D Marker(电子样机二维标注)工具栏

② 选择相应的按钮，可以在三维模型中进行标注，特征树上会出现 Annotated View(注释视图)节点。

- ※ 单击 Draw Line(画线)按钮 ，移动光标到直线的起始点，并开始拖动直到结束点，此时会在起始点和结束点之间生成直线。
- ※ 单击 Draw Freehand Line(自由画线)按钮 ，移动光标到直线的起始点，并开始拖动，经过的路径会被记录下来成为线条，到结束点放开左键即完成线条绘制。
- ※ 单击 Draw Circle(画圆)按钮 ，移动光标到圆心点，拖动决定圆形半径，然后放开左键即完成圆的绘制。
- ※ 单击 Draw Arrow(画箭头)按钮 ，移动光标到箭头尾端所指处，拖动决定箭头长度以及方向，移动到箭头尖端处放开鼠标左键即完成箭头的绘制。
- ※ 单击 Draw Rectangle(画矩形)按钮 ，移动光标到作为矩形顶点处，拖动并移动到作为矩形另一个对角顶点处放开左键，即完成矩形的绘制。

综合运用以上命令可以生成比较复杂的注释，如图 1-5 所示。

选中已经生成的注释图形，通过拖动可以将注释图形移动到适当位置。选中图形时，在有些图形上还会出现两个黑色的方框，单击该方框，可以改变图形的大小，比如矩形、圆或徒手画的线等，如图 1-6 所示。

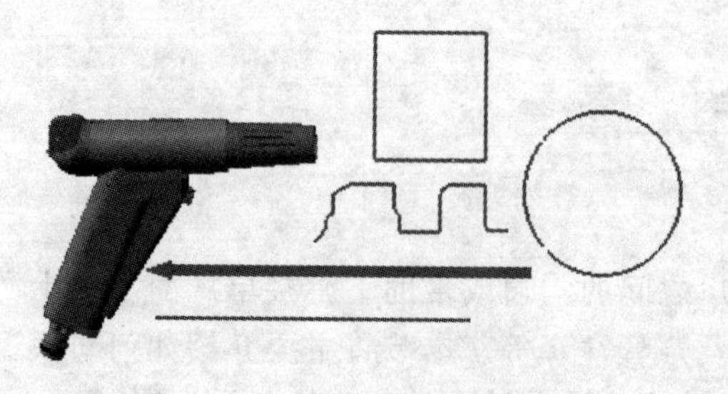

图 1-5 生成的各种注释

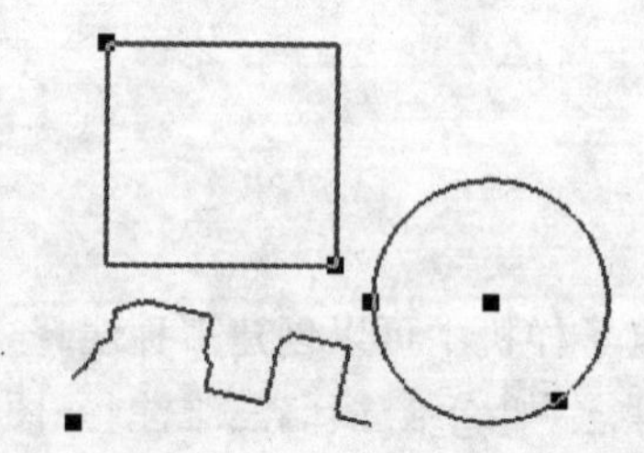

图 1-6 利用黑色的方框可以改变图形大小

③ 当用户旋转三维模型时，利用 Annotated View(注释视图)按钮 ，生成的注释将会消失。如果希望旋转模型后，仍然可以看到生成的注释，可以右击窗口左边特征树下的 View.1 命令，在弹出的快捷菜单中选择 View.1 Object(×××.对象)|Link/Unlink(链

接/非链接)选项,将注释和模型分离,如图1-7所示;然后再旋转模型,则注释不会消失,如图1-8所示。

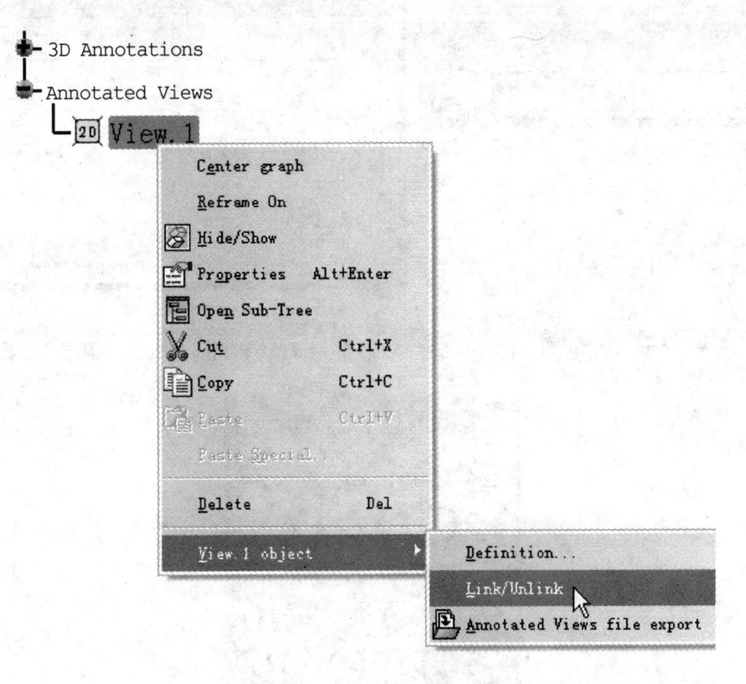

图1-7 选择Link/Unlink(链接/非链接)命令

④ 重复第③步可以重新对模型和注释添加链接关系。

⑤ 单击Add Annotation Text(添加文字注释)按钮 T,可以对模型添加文字注释。移动光标到需要放置文字注释处单击,弹出如图1-9所示的Annotation Text(文字注释)对话框和Text Properties(文字属性)工具栏。

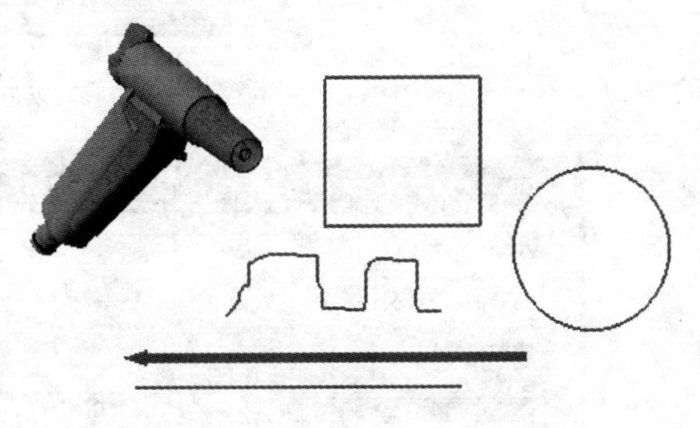

图1-8 旋转后的模型与注释

利用文字属性工具栏可以修改文字的字体以及大小,还可以在文字注释中添加如图1-10所示的符号。

⑥ 单击Annotation Text(文字注释)对话框中的OK(完成)按钮,生成文字注释。

如果需要修改注释,可以双击该注释进行修改。右击已经生成的注释,在弹出的快捷菜单中选择Properties(属性)选项,弹出如图1-11所示的Properties(属性)对话框。在该对话框的Orientation(方向)标签下,可以旋转文字注释的角度。

⑦ 右击已经生成的注释,在弹出的快捷菜单中选择Copy(复制)选项,然后在特征树中右击需要粘贴的对象,在弹出的快捷菜单中选择Paste(粘贴)选项,则可以直接将同一个注释从一个对象复制到另一个对象。

★ 复制生成的注释将与原注释同名。

⑧ 单击Delete(删除)按钮,可以删除已经生成的注释。

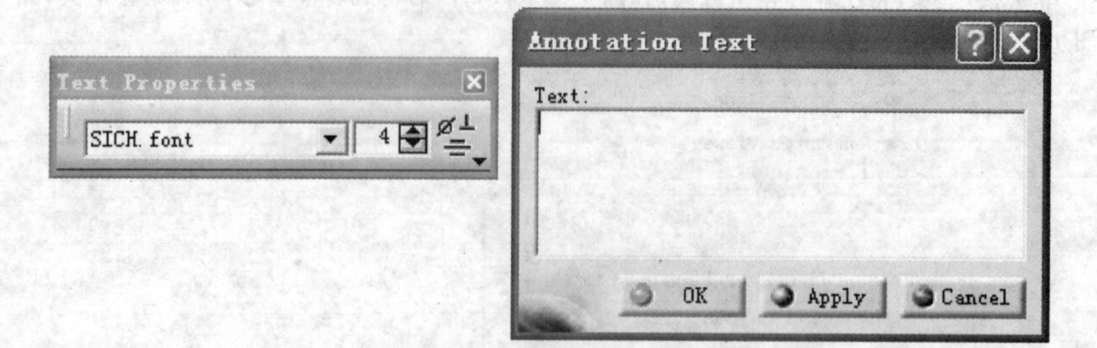

图 1-9 Annotation Text(文字注释)对话框和 Text Properties(文字属性)工具栏

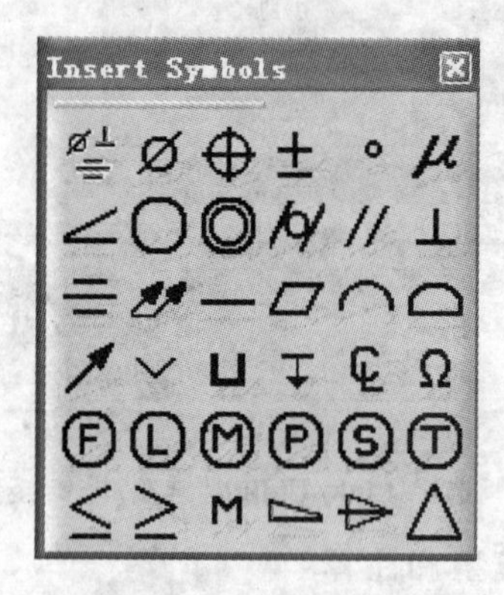

图 1-10 可以添加的符号

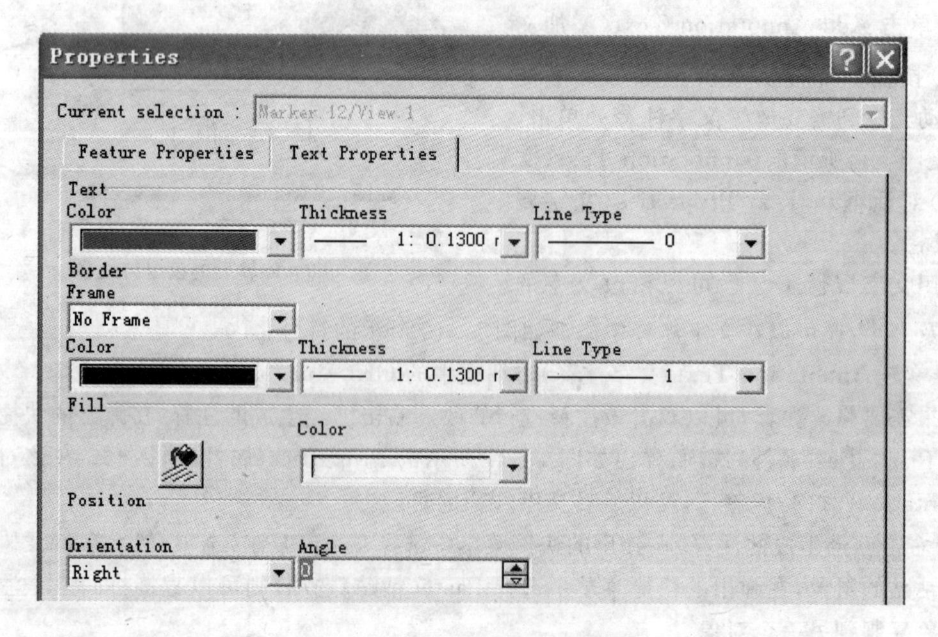

图 1-11 Properties(属性)对话框

1.3.2 三维注释

除了可以对模型进行二维注释外，还可对其进行三维注释，但三维注释必须与模型相接触，而二维注释则可不必。并且在旋转模型时，三维注释始终处于可视状态，而二维注释将会消失，主要由以下几个步骤完成：

① 在 DMU Review Creation（电子样机批注创建）工具栏中，单击 3D Annotation（三维注释）按钮。

② 单击需要添加三维注释的零件，弹出 Annotation Text（文字注释）对话框和 Text Properties（文字属性）工具栏。

③ 在对话框中输入需要添加的注释，单击 OK（完成）按钮，生成三维注释，如图 1-12 所示。

④ 双击已经生成的注释，则在注释中会出现绿色的操作符，拖动该操作符可以改变注释的位置，如图 1-13 所示。

生成注释时，在特征树中会出现注释节点，如图 1-14 所示。

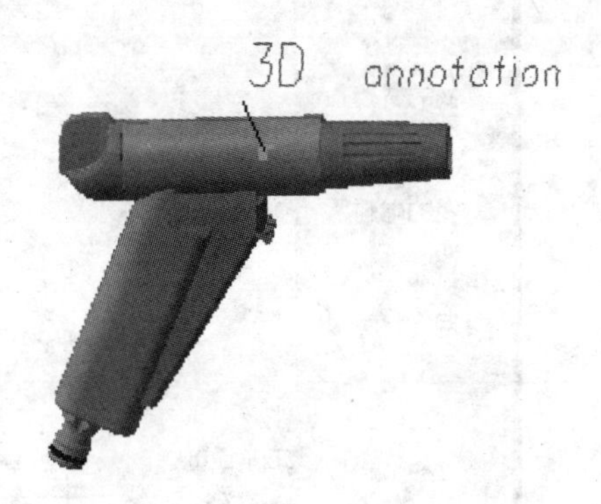

图 1-12 生成的三维注释

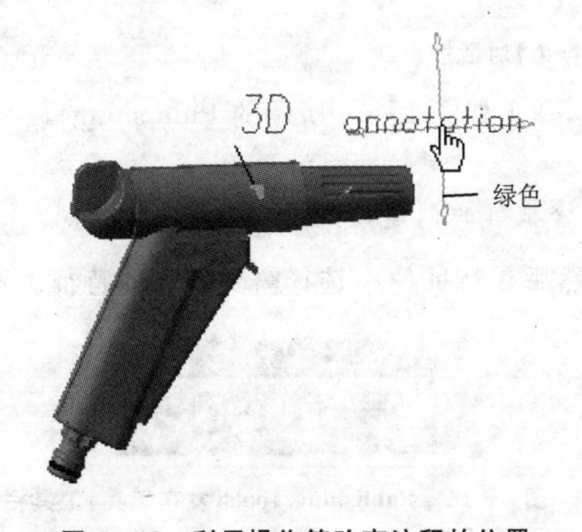

图 1-13 利用操作符改变注释的位置

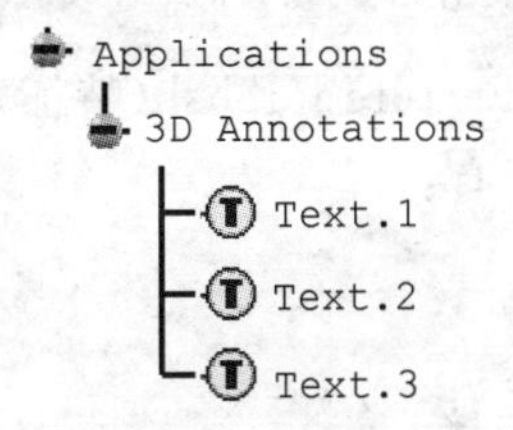

图 1-14 在特征树中出现的节点

对三维注释文字及属性的修改，可参考二维注释中的步骤。

1.4 发 布

在设计产品过程中，设计人员往往需要向互联网或其他设计人员发布产品信息。本节将介绍如何以图片或网页等形式向外界发布产品的信息，主要由以下几个步骤完成：

① 选择 Tools（工具）|Publish（发布）|Start Publish（开始发布）菜单项，弹出如图 1-15

所示的 Save As(另存为)对话框。

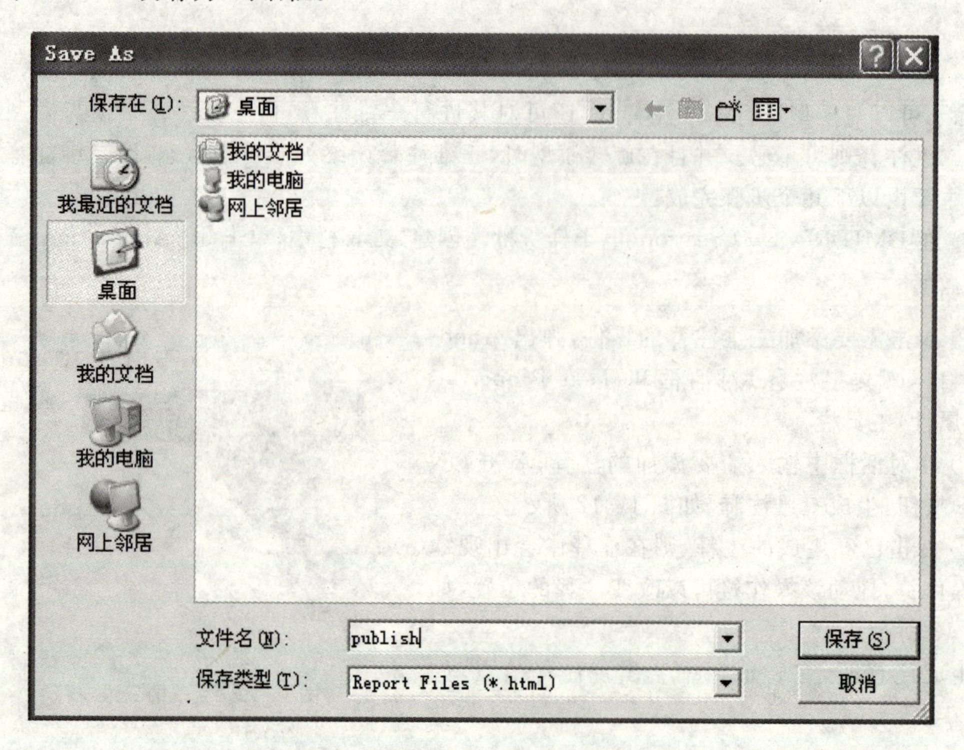

图 1-15 Save As(另存为)对话框

② 选择保存发布报告的路径,单击"保存"按钮,弹出如图 1-16 所示的 Publishing Tools(发布工具)工具栏。

★ 如果报告以网页的形式发布,则报告中将包含报告的创建日期以及创建者。

③ 单击 Feature Publish(特征发布)按钮,然后在特征树中选择需要发布的特征。可以发布的特征有:

- 动画;
- 干涉;
- 动态链接。

图 1-16 Publishing Tools(发布工具)工具栏

④ 单击 Stop Publish(结束发布)按钮,或在菜单栏中选择 Tools(工具)|Publish(发布)|Stop Publish(结束发布)菜单项。

⑤ 也可以利用"发布工具"工具栏中的其他按钮生成信息报告,例如,单击 Snapshot(捕捉照片)按钮,则可以在报告中插入一张屏幕的截图。

⑥ 单击 Text(文字)按钮 T,弹出如图 1-17 所示的 Publish Text(发布文字)对话框。可以通过该对话框向报告中插入相关评论。

⑦ 完成后,单击 Stop Publish(结束发布)按钮,或在菜单栏中选择 Tools(工具)|Publish(发布)|Stop Publish(结束发布)菜单项。

⑧ 生成的发布报告如图 1-18 所示。

图 1－17　Publish Text(发布文字)对话框

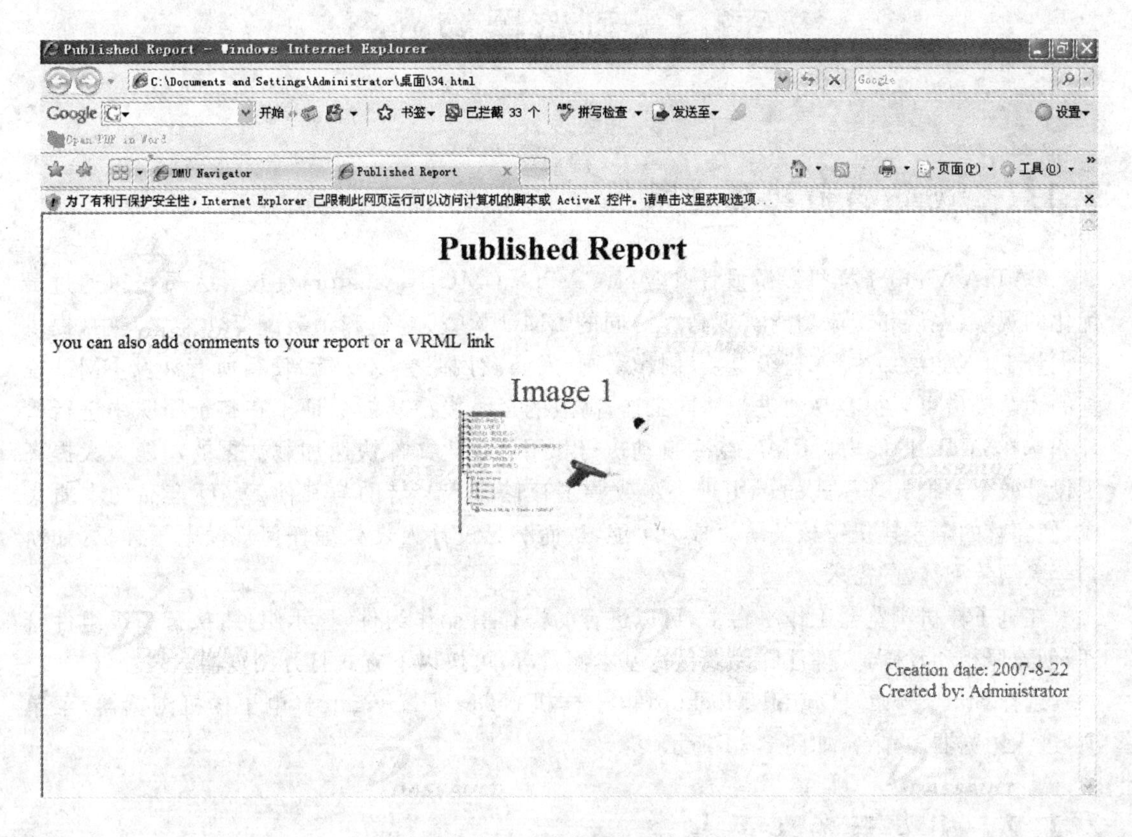

图 1－18　生成的信息发布报告

第 2 章　浏览器

2.1　浏览器简介

2.1.1　浏览器的功能意义

CATIA V5 电子样机漫游设计(DMN,CATIA DMU Navigator)使设计人员可以通过最优化的观察、漫游和交流功能实现高级协同的 DMU 检查、打包和预装配等功能。其中,提供的大量工具(如添加注释、超级链接、制作动画、发布及网络会议功能)使得所有涉及 DMU 检查的团队成员可以很容易地进行协同工作;高效的三维漫游功能保证了在整个团队中进行管理和选择 DMU 的能力。DMN 指令自动执行和用可视化文件快速加载数据的功能大大提高了设计效率。批处理模式的运用进一步改善了存储管理。借助与其他 DMU 产品的本质集成,使完整的电子样机审核及仿真成为可能,从而满足设计人员处理任何规模电子样机(如轿车等大型装配体)的需求。

在电子样机浏览器工作平台上,可以进行的操作有操作组件,显示组件,执行高级组件管理,创建照相和动画,文件注释以及执行基本测量等,可按以下方式打开浏览器。

选择 Start(开始)|Digital Mockup(电子样机)|DMU Navigator(电子样机浏览器)菜单项,进入浏览器工作台,如图 2-1 所示。

2.1.2　浏览器的工具栏

浏览器中包括以下几种工具栏,它们各自的功能简述如下。

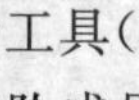

※ DMU Measure(电子样机测量)工具栏　主要用于区间距离测量、单个实体测量和数字模型的物理特性测量等。

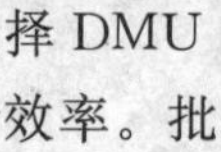

※ DMU Move(电子样机移动)工具栏　主要用于数字模型的空间位置编辑。

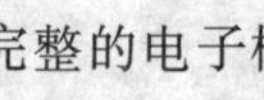

※ DMU Generic Animation(电子样机动画)工具栏　主要用于播放动画,创建基于事件的动画及干涉检验等。

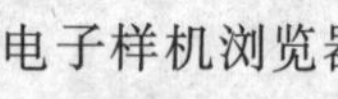

※ DMU Viewing(电子样机监视)工具栏　主要用于从多个视角观察模型。

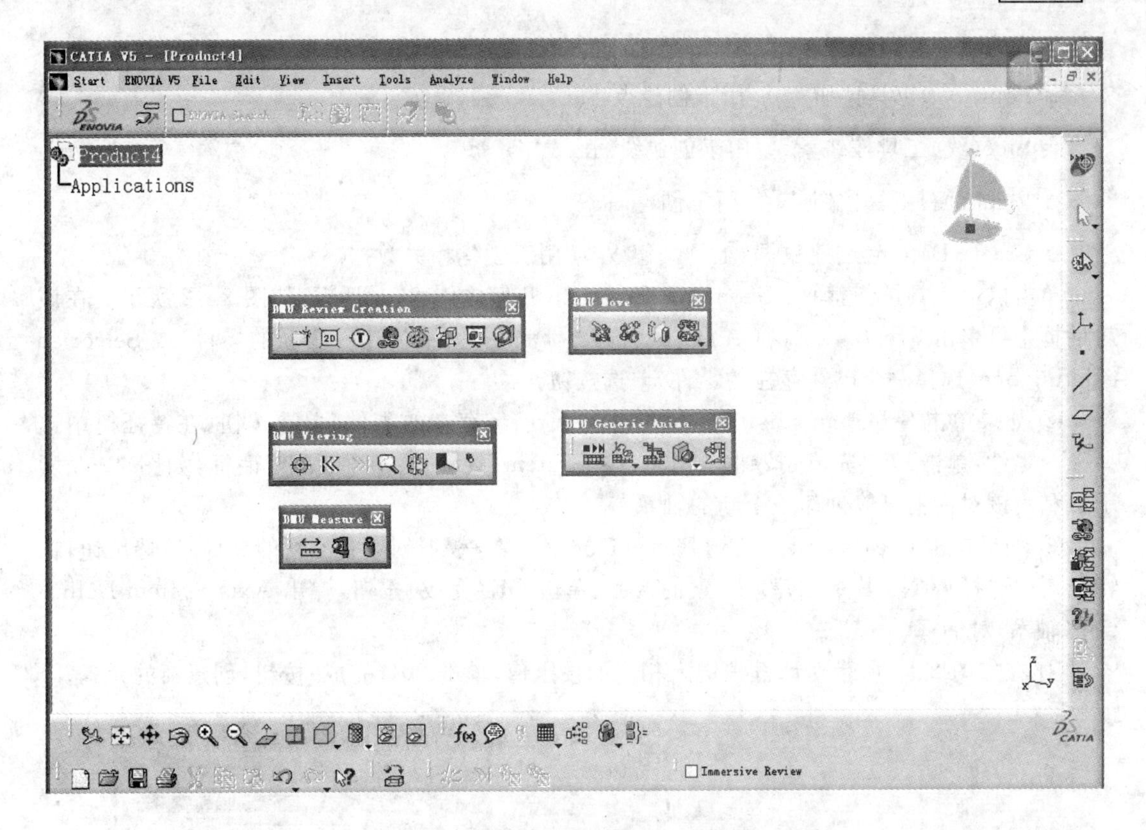

图 2-1 DMU Navigator(电子样机浏览器)工作台

※ DMU Review Creation(电子样机预览创建)工具栏 主要用于对模型进行注释等操作。

2.2 零部件操作

2.2.1 定义三维坐标系

本小节首先介绍如何在产品子目录下创建几何元素。用户可以直接输入新元素的坐标值或利用已存在对象的基坐标作为参考,创建点、线、平面或新的坐标系等几何元素,创建过程主要由以下几个步骤完成。

① 单击 DMU Geometry Creation(电子样机几何元素创建)工具栏。默认情况下,该工具栏将不显示在工作台中,但可通过选择 View(视图)|Toolbars(工具条)|DMU Geometry Creation(电子样机几何元素创建)菜单项来实现,该工具栏具有以下几个工具按钮。

※ Axis System(轴系)工具按钮 用于创建新的坐标系。

※ Point(点)工具按钮 用于创建点。

※ Line(线)工具按钮 用于创建线。

※ Plane(面)工具按钮 用于创建面。

※ Create Datum(创建数据)工具按钮 用于创建相关数据。

单击以上工具按钮,弹出 Geometry Creation(几何体创建)对话框,如图 2-2 所示。在该对话框中可单击 Create a new CATPart under ***(在***下创建一个新的零件)或 Select an existing one(选择一个已经存在的零件)单选按钮。

② 如果单击 Select an existing one(选择一个已经存在的零件)单选按钮,在特征树中选择一个零件,单击 OK(完成)按钮,弹出 Axis System Definition(轴系)对话框,如图 2-3 所示。利用该对话框可以创建一个新的轴系。

③ 如果单击 Create a new CATPart under ***(在***下创建一个新的零件)单选按钮,在特征树中选择需要在其下创建新元素的产品,单击 OK(完成)按钮,弹出 Axis System Definition(轴系)对话框。

④ 在如图 2-3 所示对话框内键入相应的设定值,单击 OK(完成)按钮,创建新的元素。

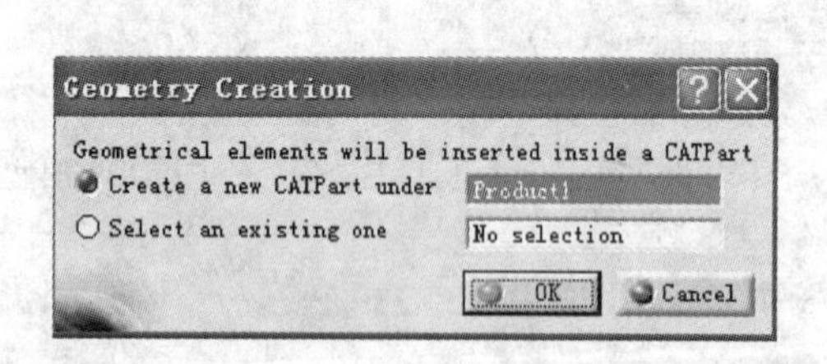

图 2-2 Geometry Creation(几何体创建)对话框

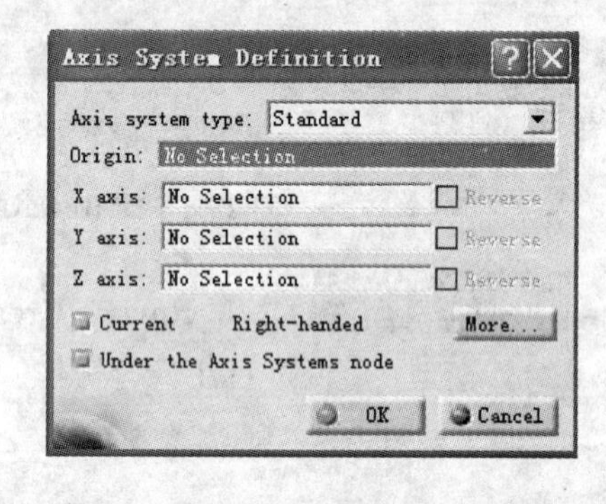

图 2-3 Axis System Definition(轴系)对话框

2.2.2 移动部件

在电子样机操作中,有时需要把一个子单元放到产品中,有时需要能够方便地观察到组件之间的位置关系,有时需要产生爆炸图,有时需要为一个几何单元重新定位等操作,此时,就需要使用一些方法不断地移动或旋转相关部件,以达到最终目的。

本节将介绍 3 种常用移动组件的使用方法,其操作过程是:

① 在 DMU Move(电子样机移动)工具栏中,单击 Translation or Rotation(移动或旋转)按钮,则自动弹出 Compass(指南针)以及 Move(移动)对话框,如图 2-4 所示,在该对话框中的相应栏中键入需要偏移的数值。

② 在窗口中单击需要移动的部件,则指南针将自动捕捉到该部件,如图 2-5 所示。

③ 单击 Apply(应用)按钮 Apply ,则该部件将被移动到一个新的位置。

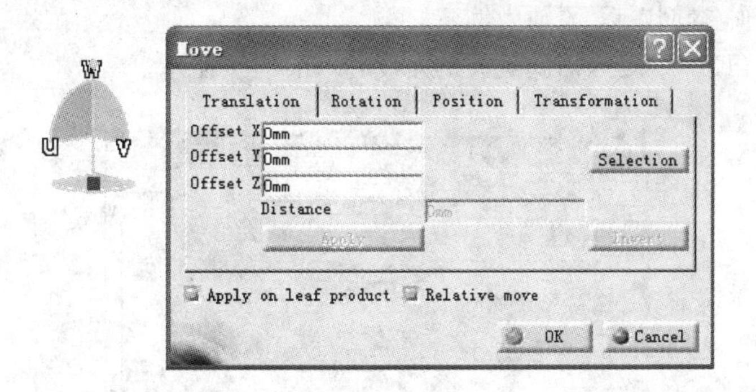

图 2-4 Compass(指南针)以及 Move(移动)对话框

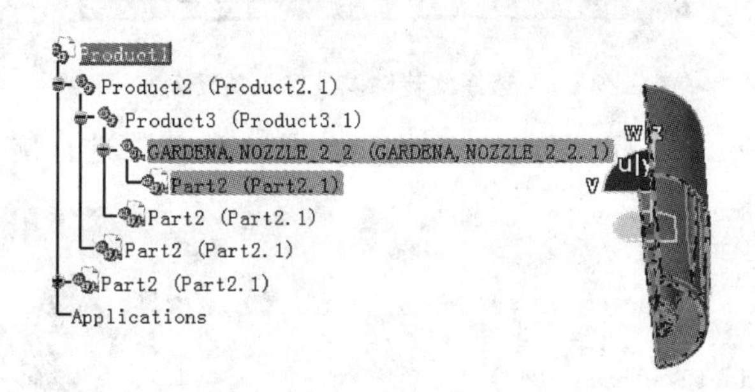

图 2-5 指南针自动捕捉到相应部件

④ 单击 Invert(反向)按钮 Invert ,则可以使部件向相反的方向移动。

★ 可以连续多次单击 Apply(应用)按钮,使部件向着一个方向移动。

2.2.3 旋转部件

本节将介绍如何通过指定转轴和旋转角度使一个部件旋转,主要由以下几个步骤完成:

① 在 DMU Move(电子样机移动)工具栏中,单击 Translation or Rotation(移动或旋转)按钮,同样自动弹出 Compass(指南针)以及 Move(移动)对话框。

② 选择 Rotation(旋转)标签,如图 2-6 所示。

③ 选择需要旋转的部件,如图 2-6 所示。

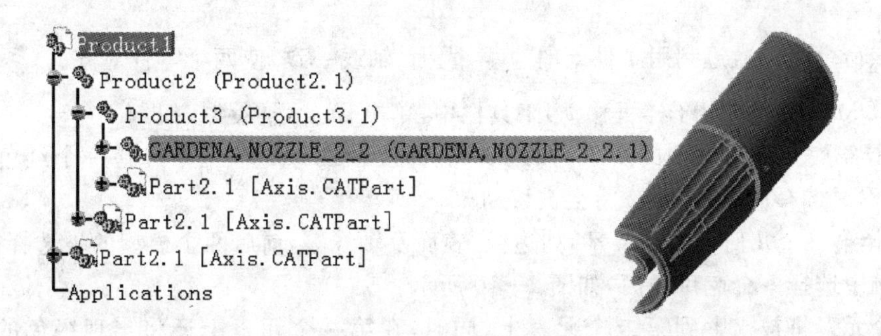

图 2-6 选择需要旋转的部件

④ 指定旋转轴,本例中以 Y 轴为例。

⑤ 在 Angle(角度)中键入需要旋转的角度,如图 2-7 所示。

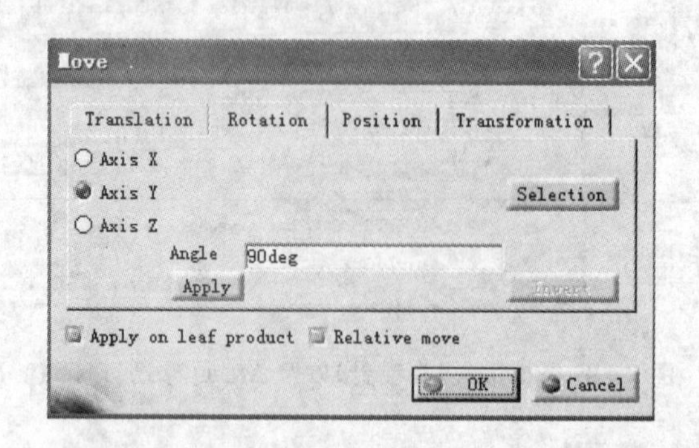

图 2-7 选择旋转轴以及键入旋转角度

⑥ 单击 Apply(应用)按钮 Apply ,则可将相应的部件进行旋转,旋转后的图形如图 2-8 所示。

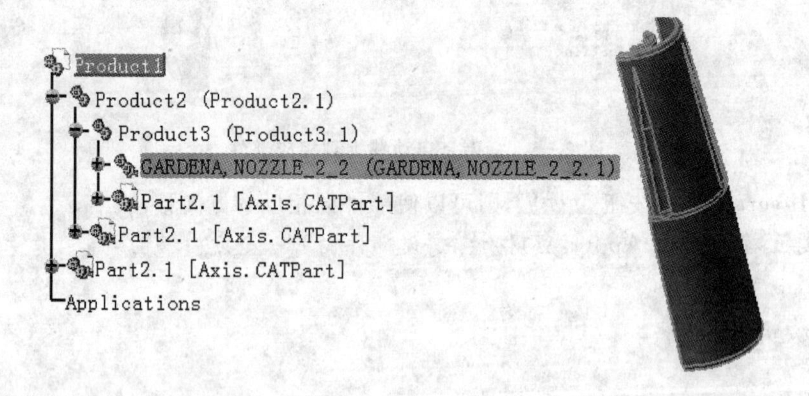

图 2-8 旋转后的图形

⑦ 单击 Invert(反向)按钮 Invert ,则可以使部件向相反的方向旋转。

⑧ 单击 OK(完成)按钮,关闭该对话框。

2.2.4 捕 捉

使用该命令可以通过利用零件上的边线、表面、轴线一致,使两个零件对齐。

① 在 DMU Move(电子样机移动)工具栏中,单击 Snap(捕捉)按钮。

② 选择第一个几何模型的要素,如边线、表面及轴线等。本例中选择一个红色的面,如图 2-9 所示。选择的第一元素,将会被移动。

③ 选择第二个几何模型的要素,如边线、表面及轴线等,前后两个模型的被选择的元素要一致。本例中选择一个蓝色的面,如图 2-10 所示。

第一个元素将被投影到第二个元素上,同时,在第一个元素上还将出现绿色的箭头,如图 2-11 所示。

④ 单击绿色箭头，可以改变零件结合的方向，如图 2－12 所示。

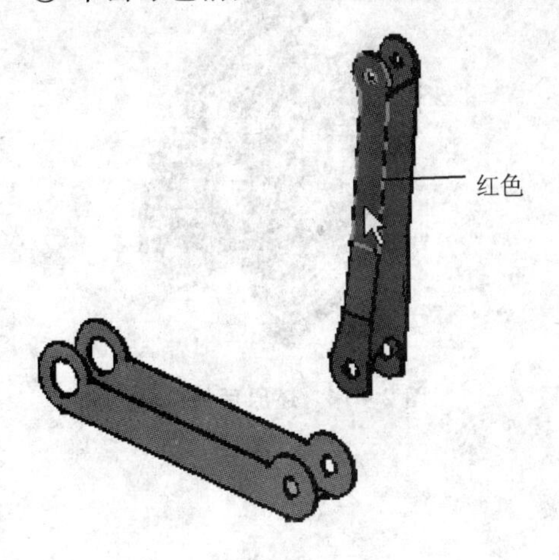

图 2－9 选择第一个元素

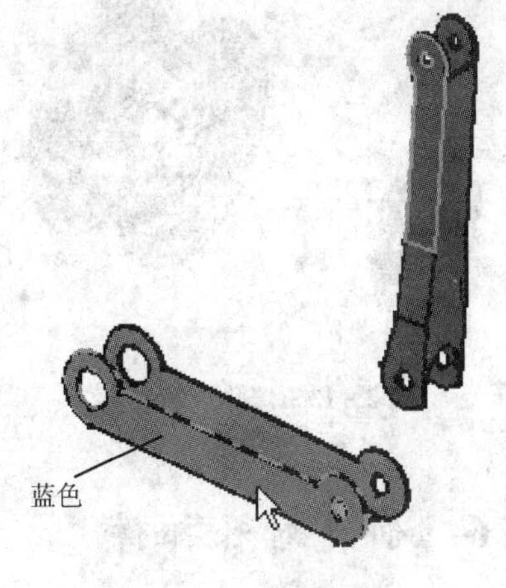

图 2－10 选择第二个元素

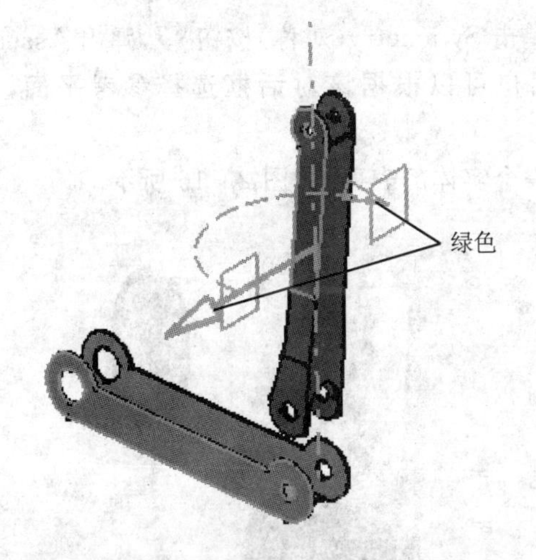

图 2－11 第一个元素中被投影到第二个元素上并出现绿色箭头

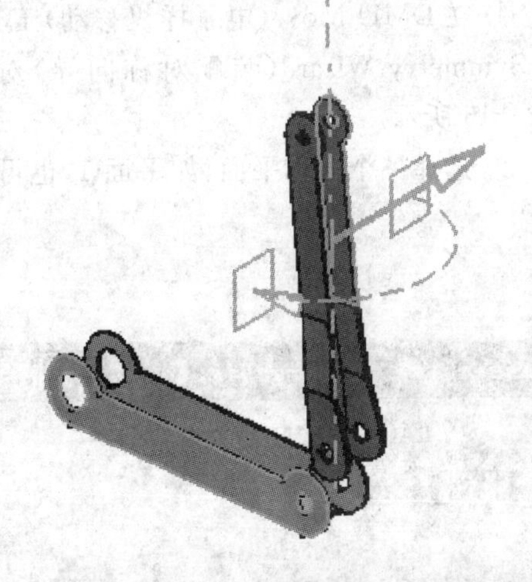

图 2－12 改变零件结合的方向的结果

2.2.5 重新设置零部件位置

本节将介绍如何重新设置所有零部件的位置，利用此命令可以将更改过位置的零件重新恢复到修改前的位置，特别如图 2－13 所示的爆炸图还原问题。

在 DMU Move（电子样机移动）工具栏中，单击 Reset Position（重新设置位置）按钮，并选择欲还原的零件，或直接单击特征树上的零件名称，则该零件即会回到原来的位置，如图 2－14 所示。

★ 如何产生爆炸图，请参考本书其他章节。

图 2-13 爆炸后的产品

图 2-14 还原后的产品

2.2.6 创建对称部件

本节将介绍如何沿一个平面创建一个实体的对称件,具体可分为以下几个步骤。

① 在 DMU Move(电子样机移动)工具栏中,单击 Symmetry(对称)按钮,弹出 Assembly Symmetry Wizard(装配对称向导)对话框,用户可以根据该对话框选择参考平面,如图 2-15 所示。

② 选择一个对称平面,如平面 1,也可以是某一个实体的表面,如图 2-16 所示。

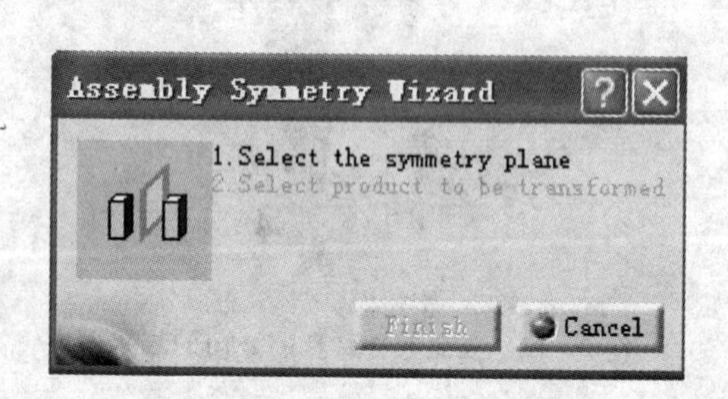

图 2-15 Assembly Symmetry Wizard (装配对称向导)对话框

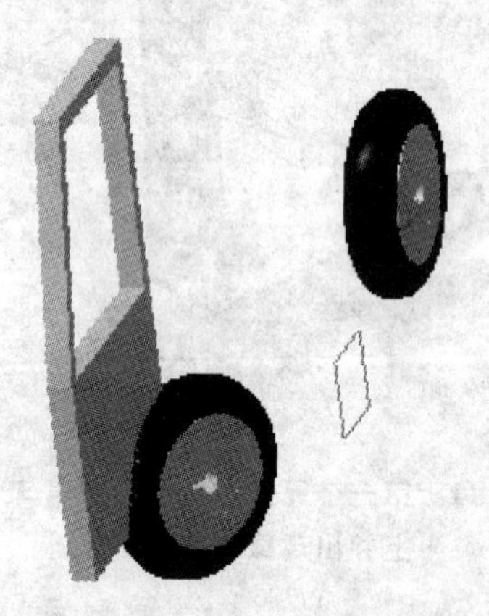

图 2-16 选择一个对称平面

③ 选择需要对称的实体,则该实体高亮显示,同时弹出 Assembly Symmetry Wizard(装配对称向导)对话框。本例中选择 Door.1(车门.1)为对称件,如图 2-17 及图 2-18 所示。

图 2-18 所示的对话框中显示所有将被复制的元素以及创建出的新元素。若在该对话框中单击任意元素,将能够预览单独复制该元素后的效果。

如果需要旋转生成的对称件,可以在该对话框

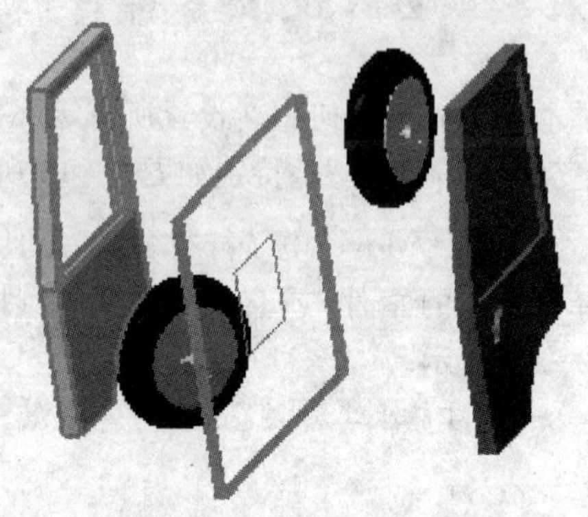

图 2-17 选择需要对称的实体

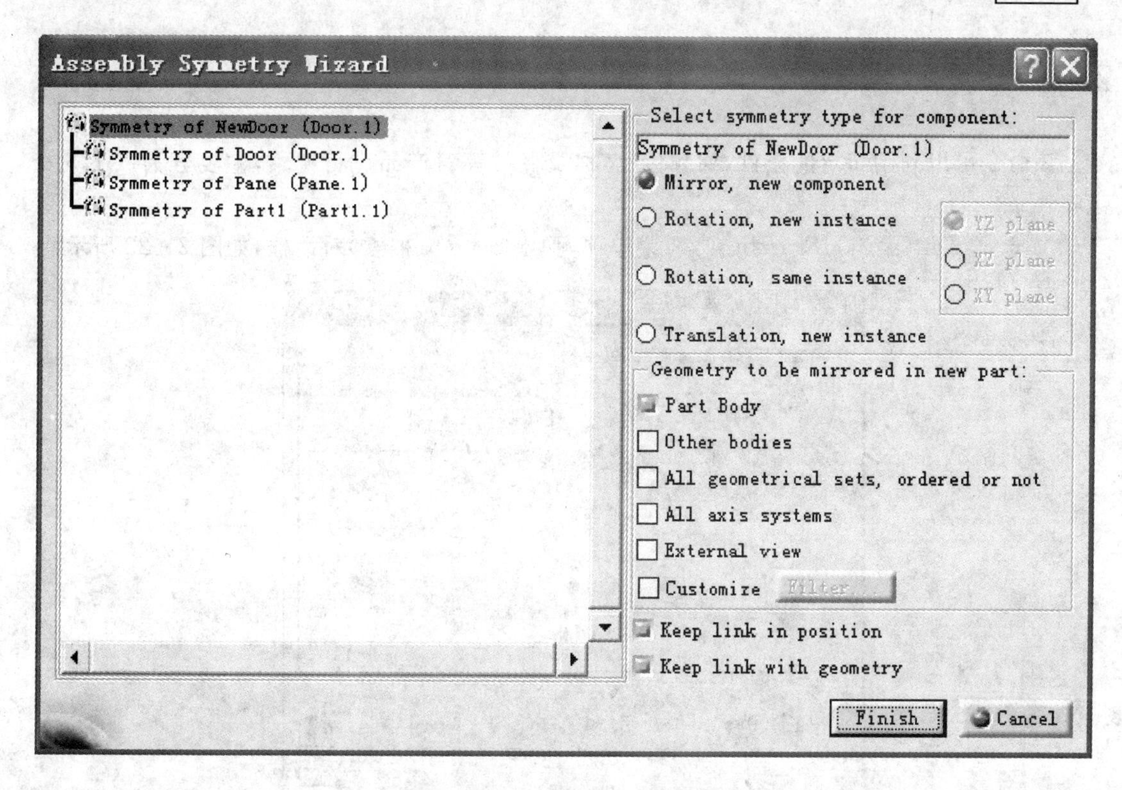

图 2-18　Assembly Symmetry Wizard(装配对称向导)对话框

中右击选择 Rotation,new instance(旋转,新的实体)选项,如图 2-19 所示。

④ 设置完成后,单击 Finish(完成)按钮结束操作,弹出 Assembly Symmetry Result(装配对称结果)对话框,如图 2-20 所示。

⑤ 单击 Close(关闭)按钮,则生成的新的对称件如图 2-21 所示。

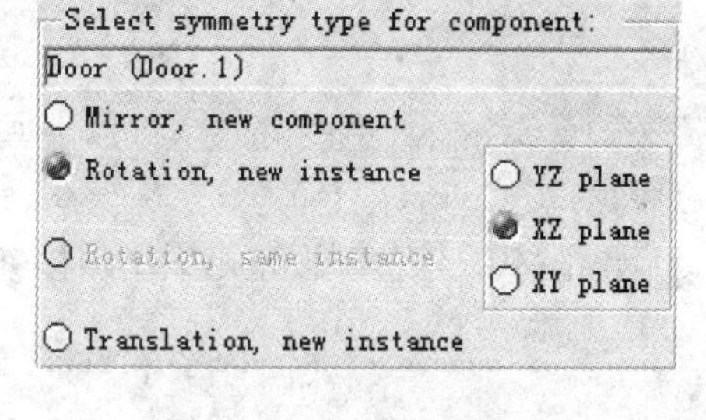

图 2-19　选择旋转命令

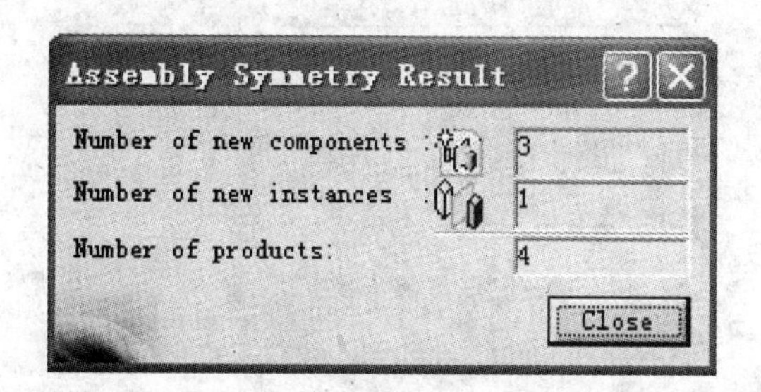

图 2-20　Assembly Symmetry Result(装配对称结果)对话框

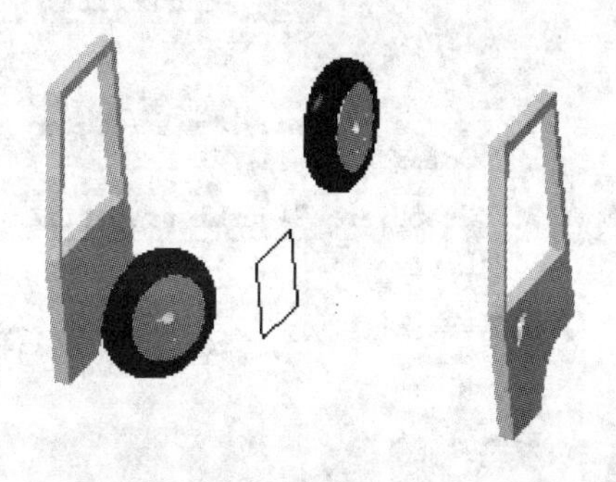

图 2-21　生成的新的对称件

2.2.7 寻找目标

该命令可以利用特定的条件，如颜色、名称及种类等对产品进行搜索，主要分为以下几个步骤：

① 选择 Edit(编辑)|Search(搜索)菜单项，弹出 Search(搜索)对话框，如图 2-22 所示。

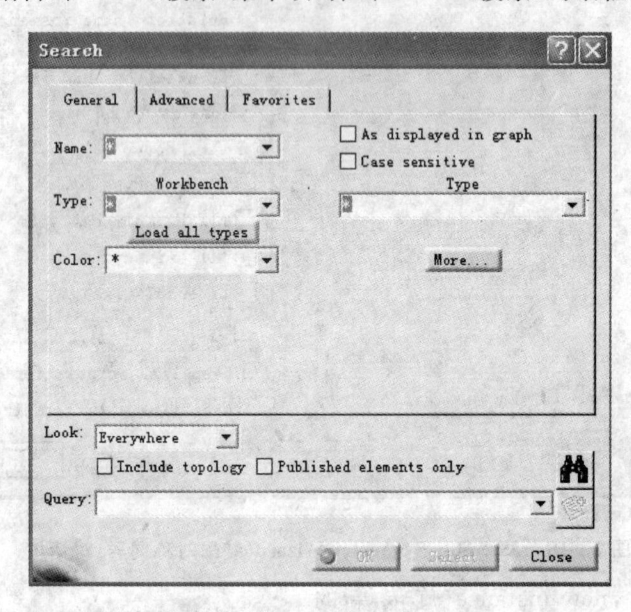

图 2-22 Search(搜索)对话框

② 选择 General(一般)标签，可以在其中设置搜索条件，可使用的条件有 Name(名称)，Type(种类)及 Color(颜色)等。

③ 单击 More(更多)按钮可以增加搜索条件，如图 2-23 所示。

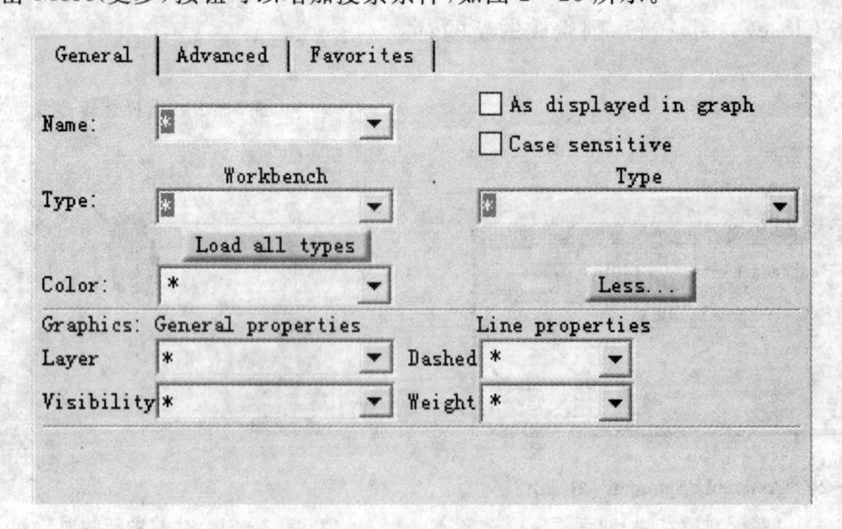

图 2-23 增加的搜索条件

例如，在 Name（名称）外表框内键入 body *（实体 *），再单击 Search（搜索）按钮，则相关实体名称将出现在查询栏内，并且实体将在窗口中高亮显示，如图 2-24 及图 2-25 所示。

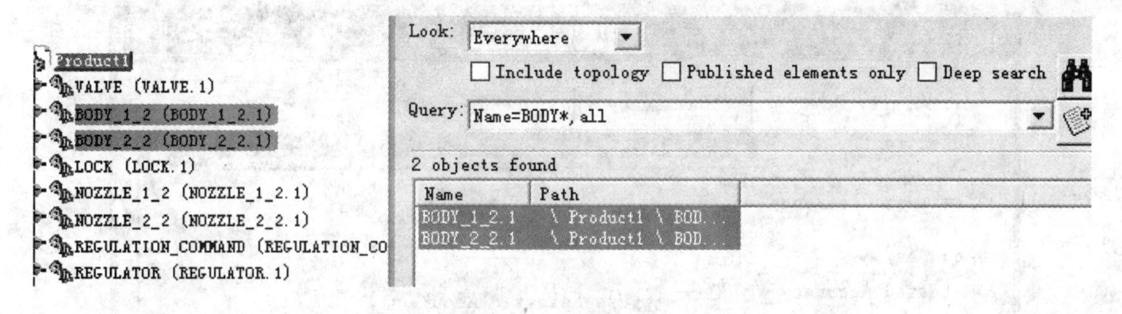

图 2-24　查询结果

④ 选择 Advance（高级）标签，可以使用逻辑方式，指定某个模块的种类与颜色进行搜索，如图 2-26 所示。

⑤ 查询完成后，单击 OK（完成）按钮，关闭该对话框。

图 2-25　高亮显示查询到的实体

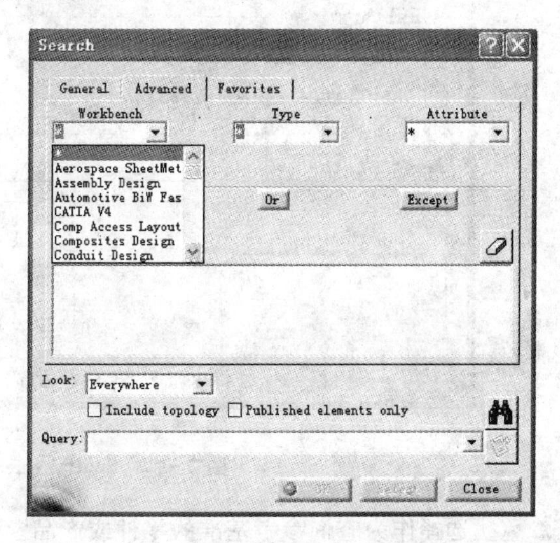

图 2-26　Advance（高级）标签

2.2.8　空间查询

一个产品通常由多个组件、次组件及零件等组成，但并非所有的设计过程都会使用到所有的零件，故 CATIA 提供此工具，让用户简化产品结构，仅保留与指定零组件在某个距离内的相邻零组件，而将其余相隔较远、无影响的零组件暂时隐藏。空间查询方式有两种，分别为 Proximity Query（接近查询）和 Zone Query（区域查询）。

1. 接近查询

主要分为以下几个步骤：

① 单击 DMU Review Navigation（DMU 审查浏览）工具栏中的 Spatial Query（空间查询）

按钮，弹出 Spatial Query(空间查询)对话框，如图 2-27 所示。

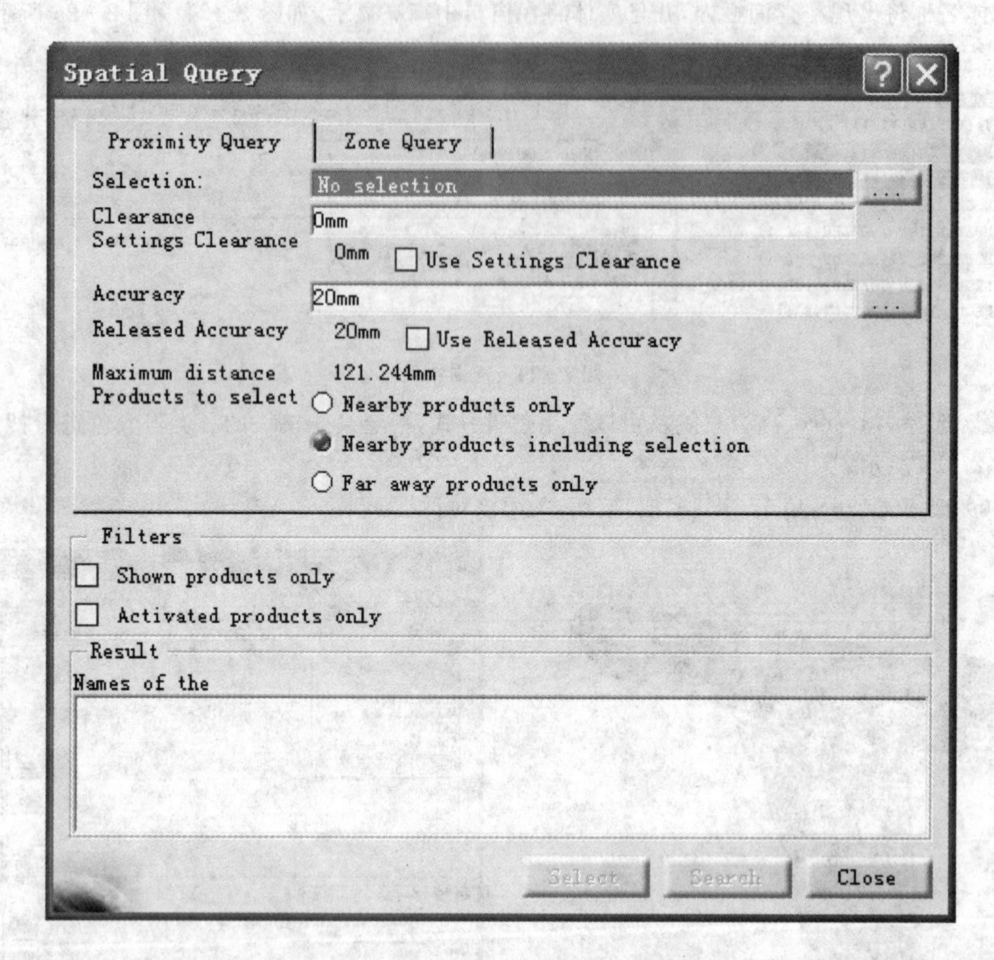

图 2-27　Spatial Query(空间查询)对话框

② 选择作为查询参考基准的零件或产品。

③ 设置 Clearance(空隙)及 Accuracy(精度)，如分别为 2 mm 和 3 mm。查询时，CATIA 会将被指定为参考基准的零件且用多个方块包围起来，每个方块的最小边长就是所谓的 Accuracy(精度)，精度越高则方块越小，越能够逼近零件的真实外形；而 Clearance(空隙)则是其余零件与参考基准的距离，在空隙范围内的零件与参考基准零件被视为一个集合。

④ 选择 Far away products only(仅查询远离产品的零件)选项。

其中，查询的方式有 3 种：

- Nearby products only(仅选择附近的产品)　用于搜索空隙范围内的零件，搜索结果不包含参考基准零件。
- Nearby products including selection(选择包含参考零件附近的产品)　用于搜索空隙范围内的零件，搜索结果包含参考基准零件。
- Far away products only(仅查询远离产品的零件)　用于搜索空隙范围外的零件。

⑤ 选择 Filters(滤镜)的种类，可以选择搜索的零件范围，有 2 种方式：

✱ Shown products only(仅显示产品) 仅用于搜索画面上显示的零件,而不搜索隐藏的零件。

✱ Activated products only(仅激活产品) 该命令仅用于搜索状态为激活的零件,而未激活的零件则不考虑。

⑥ 单击 Search(搜索)按钮,则开始进行分割零件及比较位置等操作,搜索时间视精度与空隙情况而定,结果将会列出在 Result(结果)内。

★ 按住键盘上的 Ctrl 键,并单击 Select(选择)按钮,可以取消列出的结果。

⑦ 单击 Select(选择)按钮,则被搜索到的零件在特征树和窗口中同时高亮显示,如图 2-28 所示。

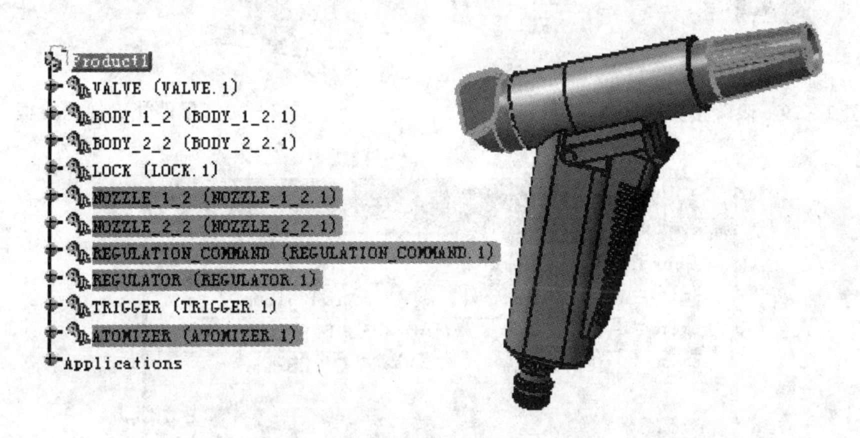

图 2-28 高亮显示搜索到的零件

⑧ 隐藏搜索到的零件,即可对需要留下的零件进行操作,如图 2-29 所示。

2. 区域查询

主要分为以下几个步骤。

① 单击 DMU Review Navigation(审查浏览)工具栏中的 Spatial Query(空间查询)按钮 ,弹出 Spatial Query(空间查询)对话框。选择该对话框的 Zone Query(区域查询)制表栏,则窗口中的零件外围将出现一个方框,如图 2-30 所示。该对话框的其他设置请参考 Proximity Query(接近查询)中的介绍。

② 选择 Dialog active(激活对话框)选项,弹出 Zone query box(区域查询方框)对话框,如图 2-31 所示。通过该对话框,可以更改外围方框的大小。

③ 选择需要搜索的产品,有 2 种搜索方式:

✱ Completely included products only(仅搜索完全被包围的产品) 仅用于搜索被指定物体的外围方框完全包围的零件。

✱ Completely or partially included products(搜索完全或部分被包围的产品) 用于搜索被指定物体的外围方框完全或部分包围的零件。

④ 将鼠标置于方框的边线,通过拖动可以移动方框的位置。

⑤ 其他操作与上一节相似,请用户自行参考。

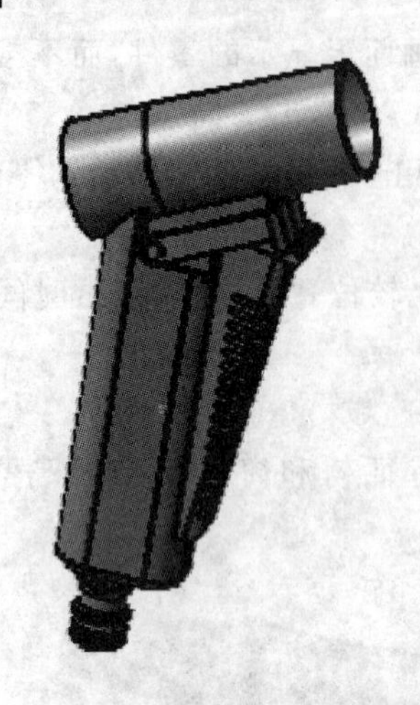

图 2-29 隐藏搜索到的零件

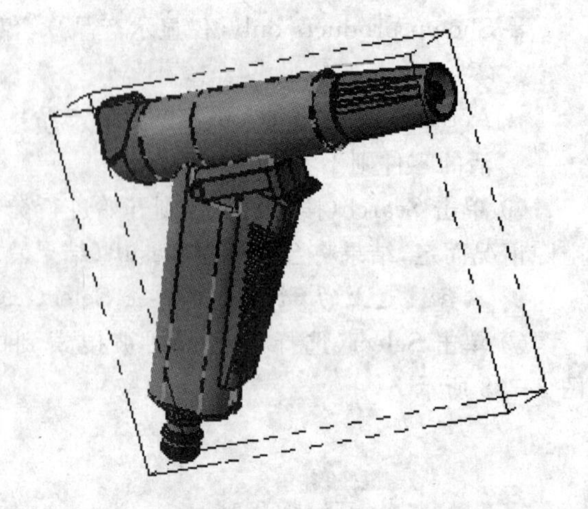

图 2-30 零件外出现的方框

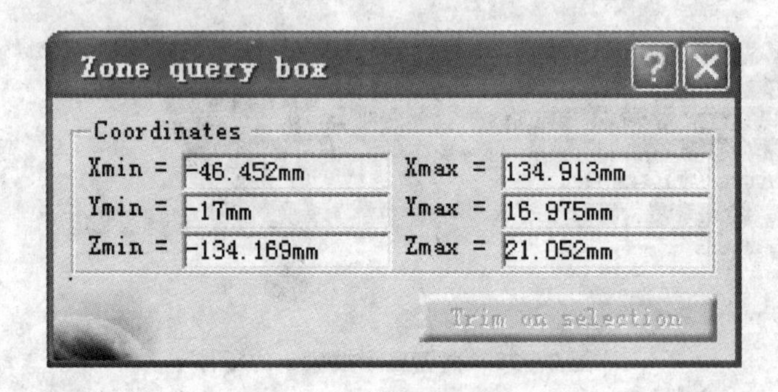

图 2-31 Zone query box(区域查询方框)对话框

2.3 场景操作

此功能可以记录目前的产品画面,在窗口的左下方创建场景,并对此场景进行相关编辑操作。

在一个已经保存的视点里,场景能够捕获或者存储组件在装配里的位置和状态。总的来说,场景可以完成如下控制:

- ※ 组件的隐藏状态;
- ※ 组件的颜色;
- ※ 组件的空间位置;
- ※ 激活显示;
- ※ 可以存储在装配文件里;
- ※ 创建三维装配关系图,使用场景为组件寻找一个新的位置,然后将该位置应用于主文件,再通过组件隐藏、颜色更改和组件定位场景等,来明确产品的装配顺序。

2.3.1 创建场景

对于一个装配体来说，第一个场景的创建仅有一种方式，即通过单击 Creat Scene(创建场景)工具按钮创建。其中，创建时可以使用样机中的所有组件，也可以选择部分组件。其他的场景可以有两种创建方式：一是使用创建按钮，二是使用复制和粘贴命令。

★ 在 Customize(定制)对话框中的 Toolbars(工具条)中添加 Scene(创建场景)按钮。

① 通过移动、旋转、放大或缩小命令，在当前视窗中找到一个较好的观察角度。

② 单击 Create Scene(创建场景)工具按钮，弹出 Edit Scene(编辑场景)对话框，如图 2-32 所示。

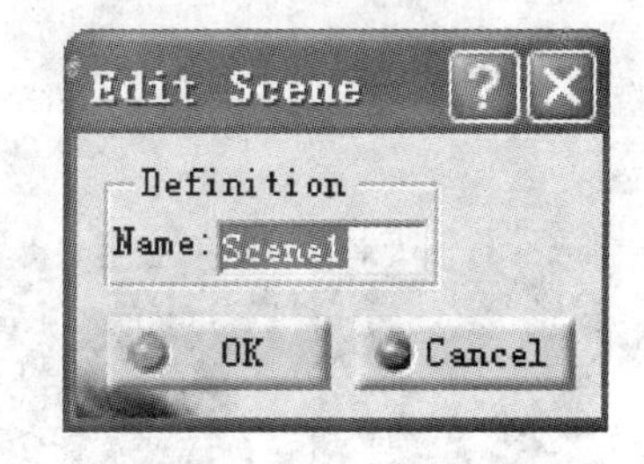

图 2-32 Edit Scene(编辑场景)对话框

在该对话框中输入场景名称，单击 OK(完成)按钮，关闭该对话框。此时会记录当前的产品画面，在窗口的左下方创建场景，并进入场景编辑模式，如图 2-33 所示。在此模式中可以对场景进行产品的位置修改及爆炸等工作。

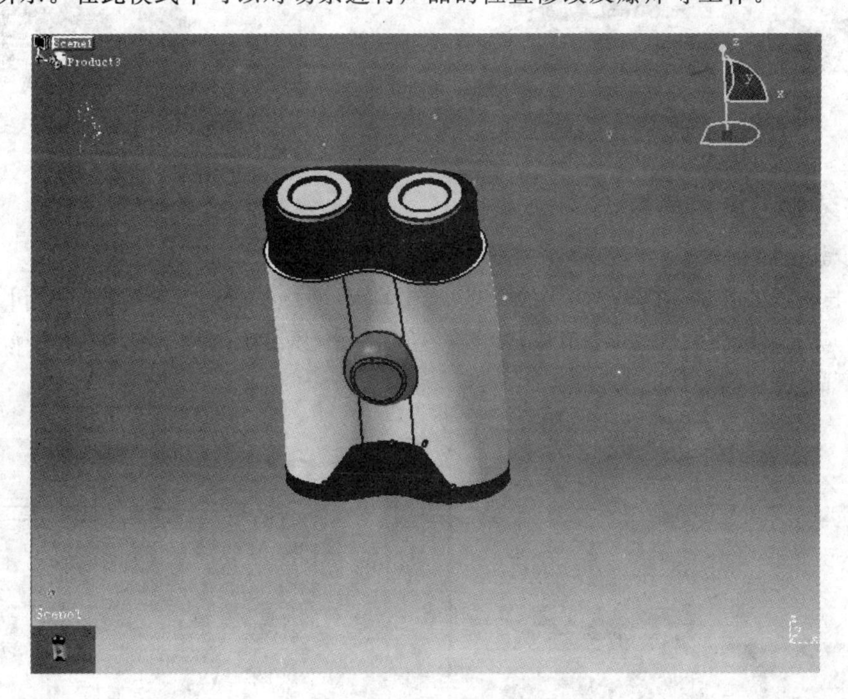

图 2-33 进入场景编辑模式

③ 单击 Exit From Scene(退出场景)工具按钮，可以退出场景回到原来的视窗。

2.3.2 编辑场景

所谓编辑场景指如何呼叫场景、删除场景、替换场景的视点及应用场景到 CATIA 的主窗口。

1. 呼叫场景

通过双击界面中的场景或特征树上的场景标识，进入到场景界面，如图 2-34 所示。

2. 删除场景

① 右击选择一个场景。

② 在弹出的快捷菜单中选择 Delete(删除)命令，可删除相应的场景，如图 2-35 所示。

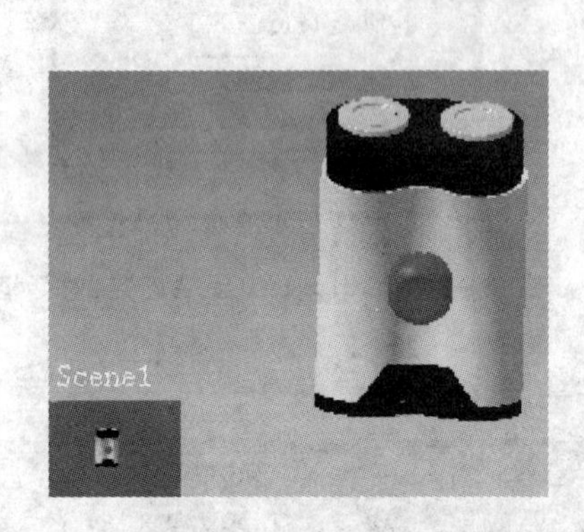

图 2-34　双击 Scene.1(场景.1)进入场景界面

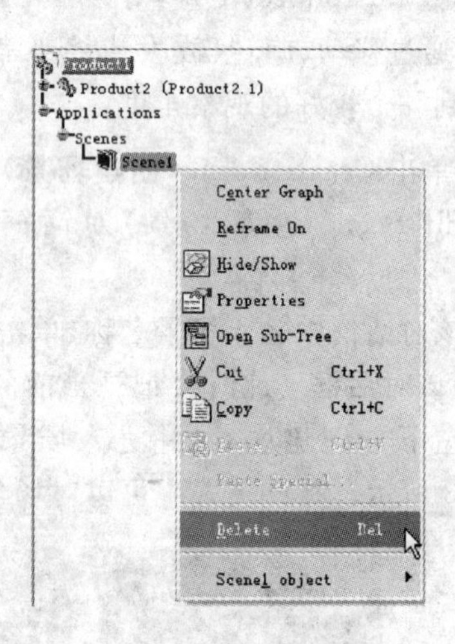

图 2-35　删除场景

3. 在装配上应用场景

操作步骤是：

① 右击场景的名称，在弹出的快捷菜单中选择 Scene1 object(场景对象)|Apply Scene on Assembly(应用场景在装配上)菜单项，如图 2-36 所示，弹出 Apply Scene1 to Product1(应用场景 1 到产品 1)对话框，如图 2-37 所示。

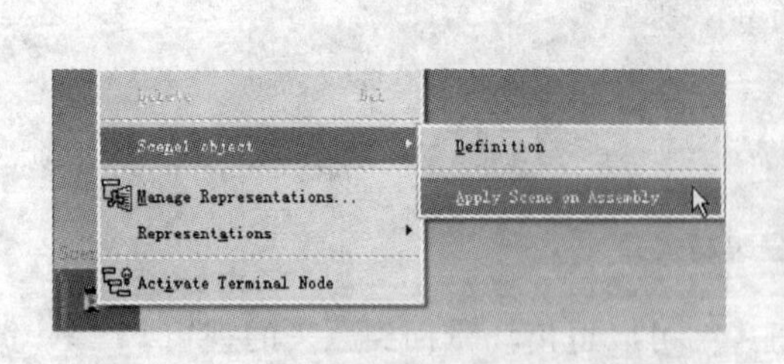

图 2-36　选择 Apply Scene on Assembly (应用场景在装配上)菜单项

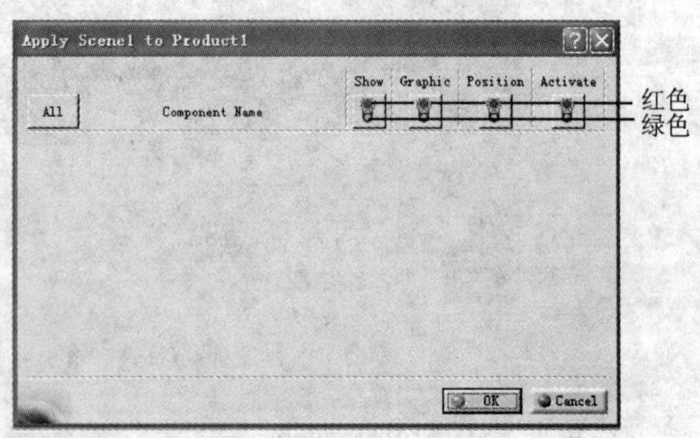

图 2-37　Apply Scene1 to Product1(应用场景 1 到产品 1)对话框

其中,红色表示场景中的特征不会应用到装配中去,绿色表示场景中的特征将会被应用到装配中。

② 选择相应的场景属性,将它应用到装配中,此时对话框选中的选项将变成绿色。

③ 单击 OK(完成)按钮,应用新的位置,则工作平台中的装配关系会发生变化。

2.3.3 在场景中管理零件

1. 显示或隐藏组件

默认的场景是复制主窗口或在已选择的窗口下,可以通过交换一些组件,让它们显示或隐藏。主要步骤为:

① 进入一个场景,选择不需要显示的组件。

② 在 View(视图)工具栏中,单击隐藏或显示工具按钮,隐藏不需要显示的组件。

2. 更改颜色属性

用户可以不在主窗口,而在其他窗口下修正零件的颜色。主要步骤为:

① 进入一个场景,选择准备更改颜色的组件。

② 右击该组件,在弹出的快捷菜单中选择 Properties(属性)菜单项,如图 2-38 所示。

③ 在弹出的 Properties(属性)对话框中,选择 Graphic(图形)选项卡,并在 Color(颜色)下拉列表框中选择相应的颜色,如图 2-39 所示。

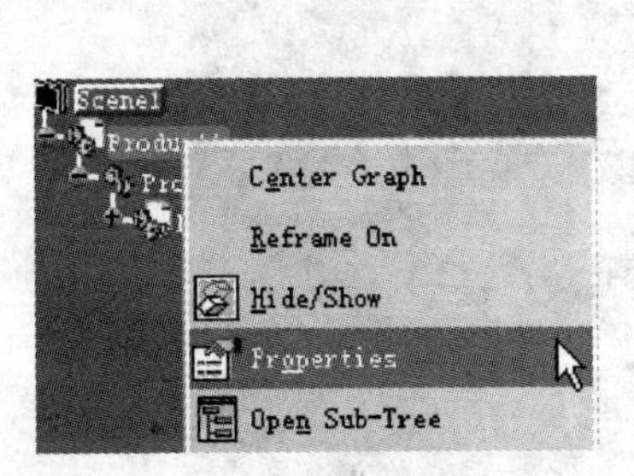

图2-38 选择 Properties(属性)菜单项

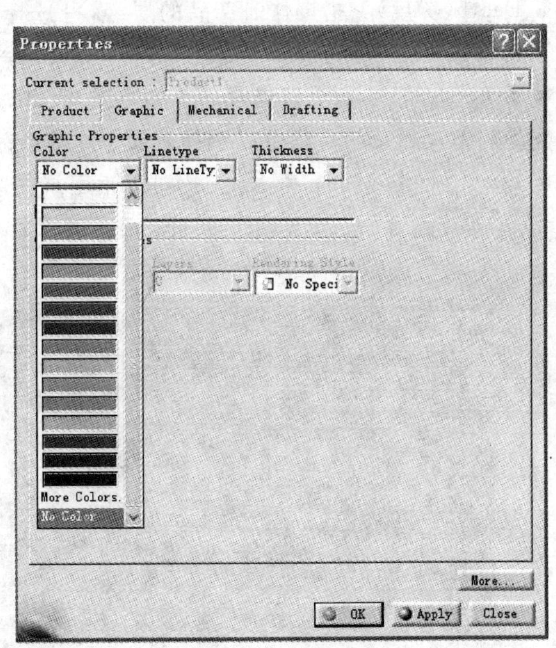

图 2-39 选择相应的颜色

2.3.4 创建三维爆炸

主要分为以下几个步骤。

① 创建一个场景，并进入场景窗口。

② 选择需要爆炸的对象，并单击 Explode（爆炸）按钮，弹出 Expolde（爆炸）对话框，如图 2-40 所示。

★ 在 Customize（定制）中的 Toolbars（工具条）标签中添加 Expolde（爆炸）按钮。

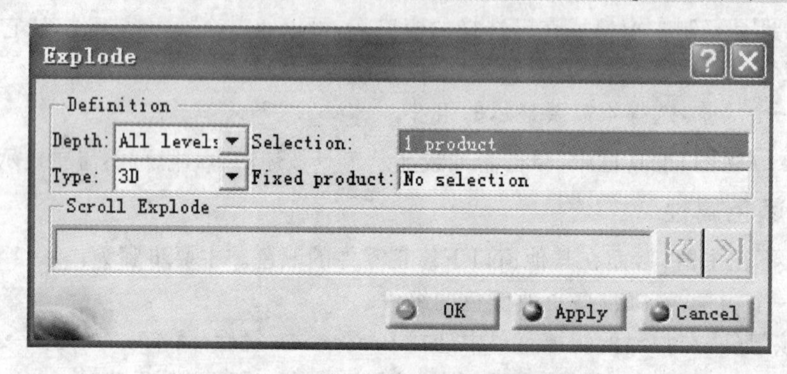

图 2-40 Expolde（爆炸）对话框

※ Depth（深度） 指爆炸时产品的层级，可选择爆炸 All levers（所有层级），将所有的零件都爆炸开来，或选择爆炸至 First lever（第一级）。

※ Type（方式） 指可以选择爆炸的方式，有 3D，2D 和 Constrained（约束）3 种方式。

※ Selection（选择） 指可以选择需要爆炸的产品。

※ Fixed product（固定产品） 指可以指定某些产品（或零件）不被炸开。

③ 设置完毕后，单击 Apply（应用）按钮 Apply，即可预览爆炸后的效果，如图 2-41 所示。

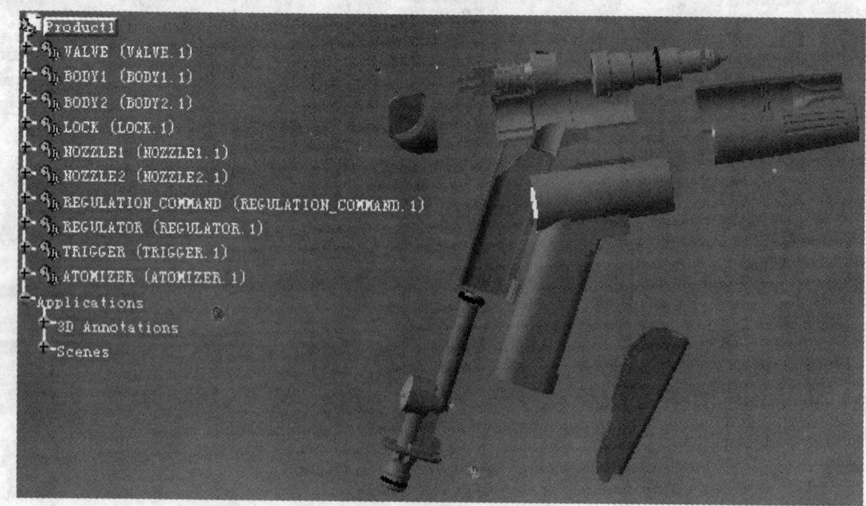

图 2-41 爆炸后的预览效果

还可以调节 Expolde(爆炸)对话框中的 Scroll Explode(爆炸卷轴)滑块查看爆炸的历程,爆炸至一半的情况如图 2-42 所示。

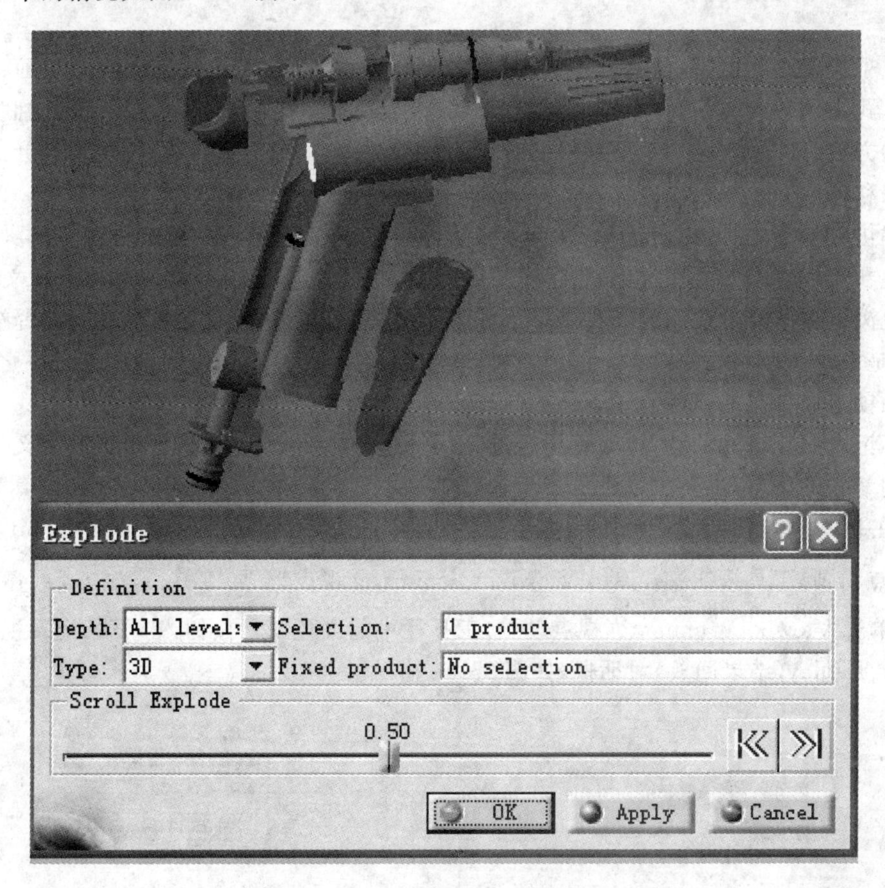

图 2-42 产品被爆炸一半的效果

④ 单击 Exit From Scene(退出场景)按钮,返回到原来视窗。

2.4 仿真操作

仿真操作是共享文件和展示数字模型的一种方式,用户可从不同角度访问样机,显示其几何特征;它主要用于技术人员审查样机和向设计人员展示样机,此功能与后面将要涉及的动画完全不同。

仿真是回放之前的第一个步骤。电子样机漫游器中照相制作的胶片形成过程可被分为 3 步:定位照相机,按照设计人员期望的方向移动并编辑照相机;用照相机重放;移动和编辑照相机,创建一个电影。创建基于仿真路径的照相时,三维模型中会显示路径,该路径可在仿真建立后被隐藏。

2.4.1 创建仿真

在电子样机浏览器中，仿真是由通过一系列命令而结合起来的视点创建的动画。通常使用两种方式来创建此类仿真：第一，记录一个动态视点仿真，这是样机基于仿真的空间航行，是最简单的方式；第二，记录一个照相机仿真，这是基于照相机的仿真，可以使用指南针或者照相机窗口来移动它。

创建仿真的方法是：先创建相关的事件，然后把它们按顺序组织起来。其中，事件指所有可以被电子样机浏览器排列和按顺序模拟的情景，包括轨迹、颜色、可见性及自定义顺序等。电子样机浏览器里经常使用的 4 种主要事件有轨迹、颜色、数字模型的可见性和注释视图。其中，轨迹是一个单位路径的概念，不是对物体的连接，它是路径与物体的耦合，也是一个特殊的基于画面锁定而拍摄的事件。

为了记录照相机的移动，可以使用轨迹工具条中的命令来实现，因为轨迹的定义包含着位置和时间参数的联系，主要由以下几个步骤完成：

① 在 DMU Generic Animation（电子样机动画）工具栏中单击 Record Viewpoint Animate（记录视点动画）工具按钮，弹出 Viewpoint animate（视点动画）工具栏，如图 2－43 所示。

② 单击 Viewpoint animate（视点动画）工具栏中的红色工具按钮，开始记录视点，弹出 Resulting Replay（结果回放）对话框，如图 2－44 所示。

图 2－43　Viewpoint animate（视点动画）工具栏

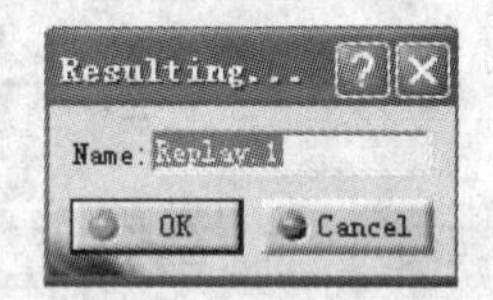

图 2－44　Resulting Replay（结果回放）对话框

③ 在 Name（名称）文本框内键入产生回放的名称，默认的名字是“Replay.1”。单击 OK（完成）按钮开始录制，回放的名称也将出现在特征树中，如图 2－45 所示。

同时，显示录制状态下的 Viewpoint animate（视点动画）工具栏，如图 2－46 所示。

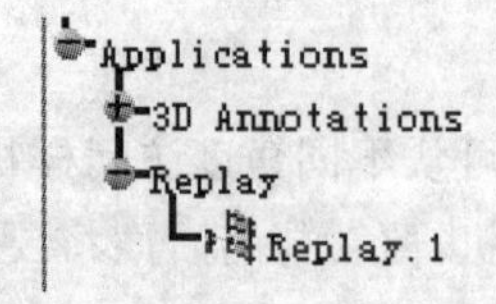

图 2－45　在特征树中显示回放的名称

图 2－46　录制状态下的 Viewpoint animate（视点动画）工具栏

④ 使用命令移动样机到一个新的位置，以便进行检验、观察和录制，如图 2－47 所示。

⑤ 如果在移动样机过程中不想继续录制，可以单击 Pause Button（暂停按钮）工具按钮，待移到合适位置后，再单击 Recording（录制）工具按钮继续录制。

图 2-47　移动样机到指定的位置

⑥ 单击 Stop(停止)工具按钮 ■ 停止录制。

⑦ 关闭 Viewpoint animate(视点动画)工具栏。

⑧ 在特征树中双击"Replay.1",弹出 Replay(回放)对话框,如图 2-48 所示。可以利用该对话框中的播放控制工具条进行播放。

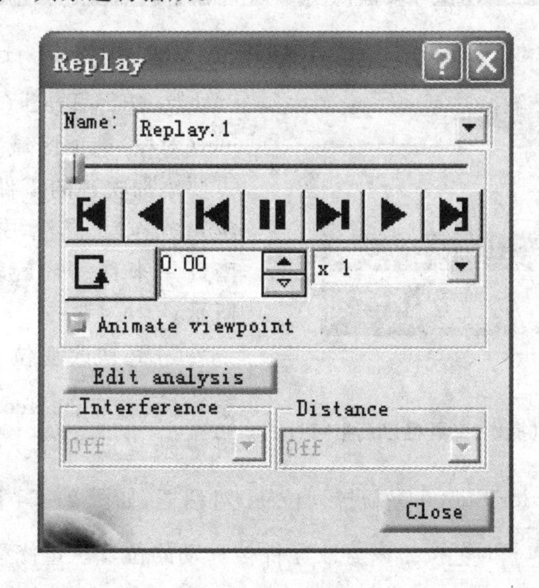

图 2-48　Replay(回放)对话框

2.4.2 定义仿真轨迹

该命令可以记录组装产品中零件移动的轨迹。

1. 轨迹的形成

主要由以下几个步骤完成：

① 在 DMU Generic Animation（电子样机动画）工具栏中，单击 Track（轨迹）按钮，同时弹出 Recorder（记录），Track（轨迹），Player（播放）对话框，如图 2-49 所示。

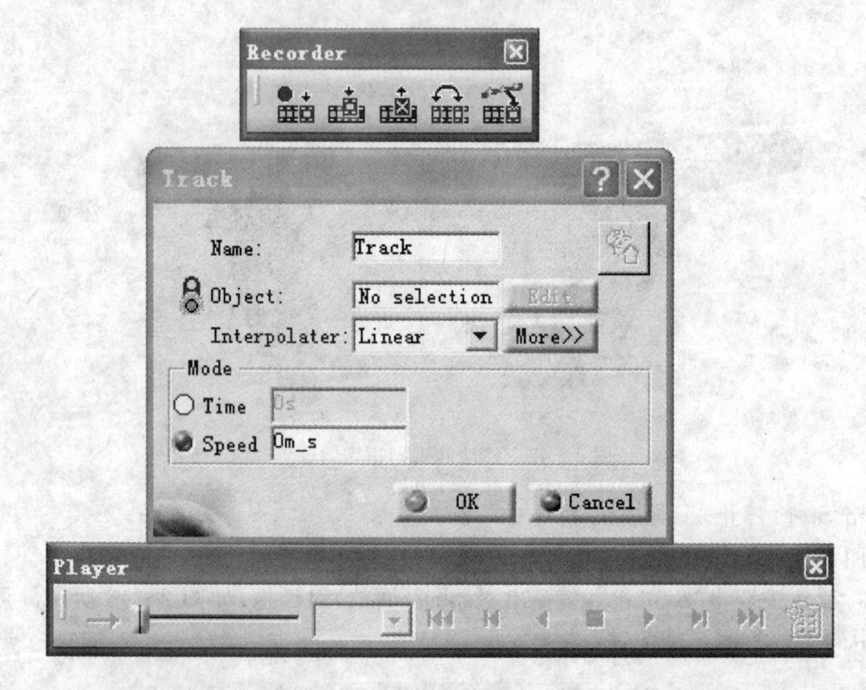

图 2-49 Recorder(记录)，Track(轨迹)及 Player(播放)对话框

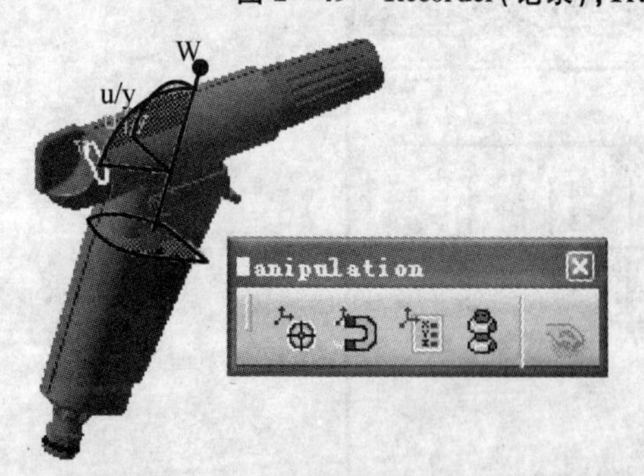

图 2-50 Manipulation(操作)工具栏以及指南针

② 选择 Track（轨迹）对话框中的 Object（对象）选项区域，然后在特征树中选择需要添加轨迹的零件，此时弹出 Manipulation（操作）工具栏，并且在该零件上弹出指南针用来移动或旋转该零件，如图 2-50 所示。

③ 每次改变位置后单击 Recorder（记录）对话框中的 Record（记录）按钮，即可记录移动路径。单击 Reorder（重新排序）按钮，可弹出 Reorder Shots（重新排列位置）对话框，如图 2-51 所示。

利用该对话框中的和按钮来修改零件被移动的位置。重修移动位置后，单击 Modify（修改）按钮，即可改变路径。若单击 Delete（删除）按钮，则可将此路径点删除。

若路径记录点相同，在Track（轨迹）对话框中的Interpolation（插值）列表框内选择3种记录移动路径的方式，则生成的路径也不同：选择Composite Spline（复合曲线）选项，则路径如图2-52所示；若选择Line（直线）选项，则路径如图2-53所示；若选择Spline（不规则曲线）选项，则路径如图2-54所示。

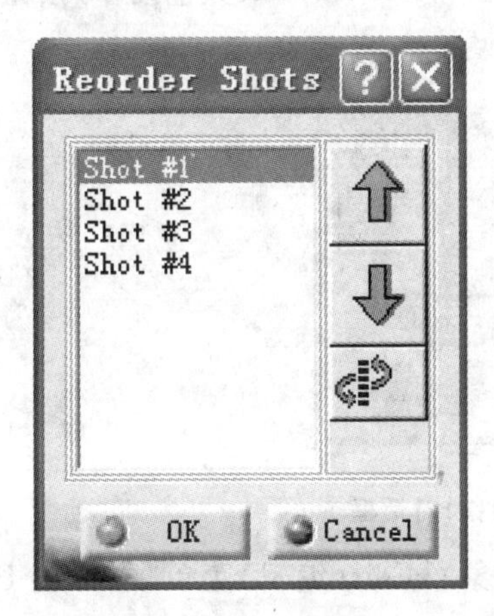

图2-51　Reorder Shots（重新排列位置）对话框

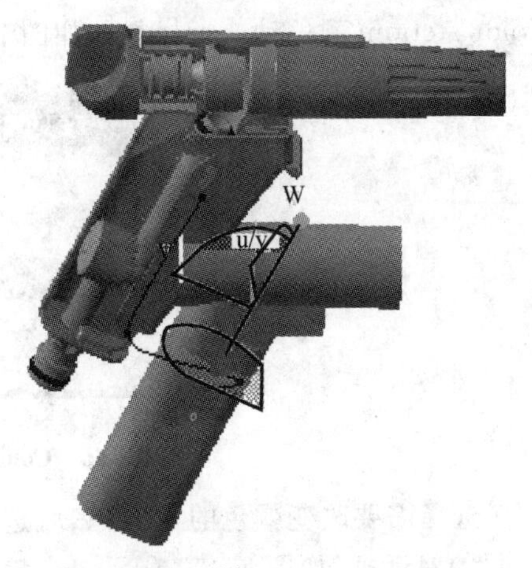

图2-52　选择Composite Spline（复合曲线）生成的路径

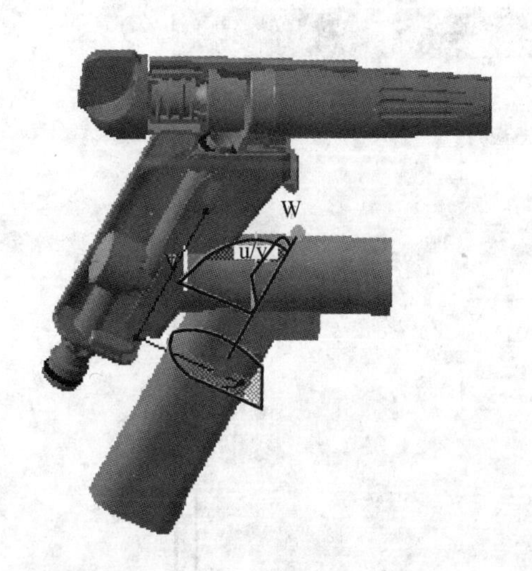

图2-53　选择Line（直线）生成的路径

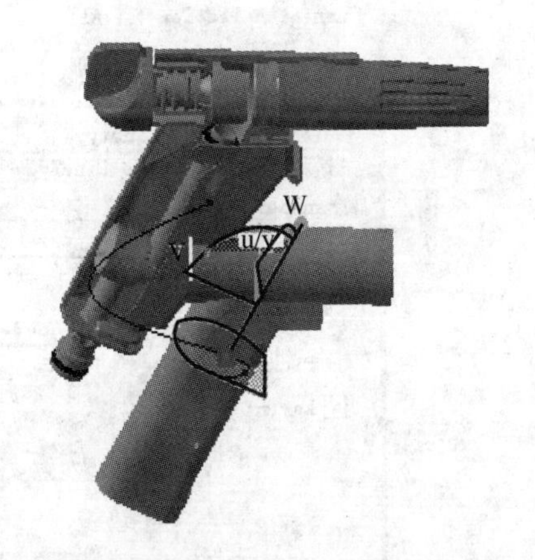

图2-54　选择Spline（不规则曲线）生成的路径

④ 记录完所有操作后，利用Player（播放）栏中的播放工具即可播放零件沿路径移动的情况。

⑤ 单击OK（完成）按钮即可将此轨迹记录下来，并在特征树中新增一个轨迹，如图2-55所示。

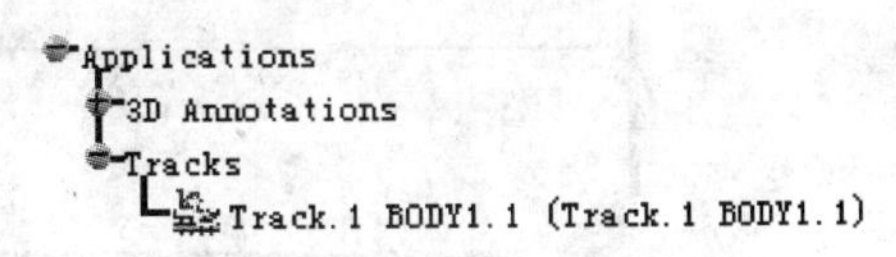

图2-55　特征树中新增的轨迹

2. 轨迹的修改

若需要修改已经生成的轨迹，可在特征树中双击该轨迹，然后在弹出的对话框中进行修改。

单击 Track(轨迹)按钮中右下角的小三角符号,可弹出另外两个按钮 Color Action(颜色动作)以及 Visibility Action(可视化动作),下面介绍这两个按钮的使用方法。

① 在 SimuAction(仿真动作)工具栏中,单击 Color Action(颜色动作)按钮,弹出 Color Action(颜色动作)对话框,如图 2-56 所示。

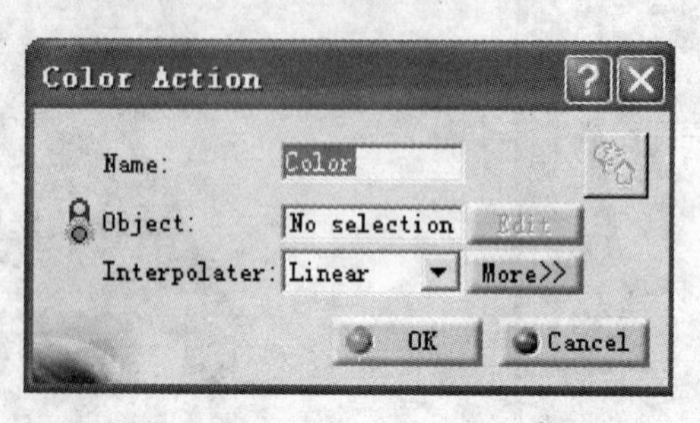

图 2-56 Color Action(颜色动作)对话框

② 选择需要改变颜色的零件,然后选择 Object(对象)|Edit(编辑)菜单项,弹出 Properties(属性)对话框,如图 2-57 所示。在该对话框中可以修改零件的颜色以及透明度等。

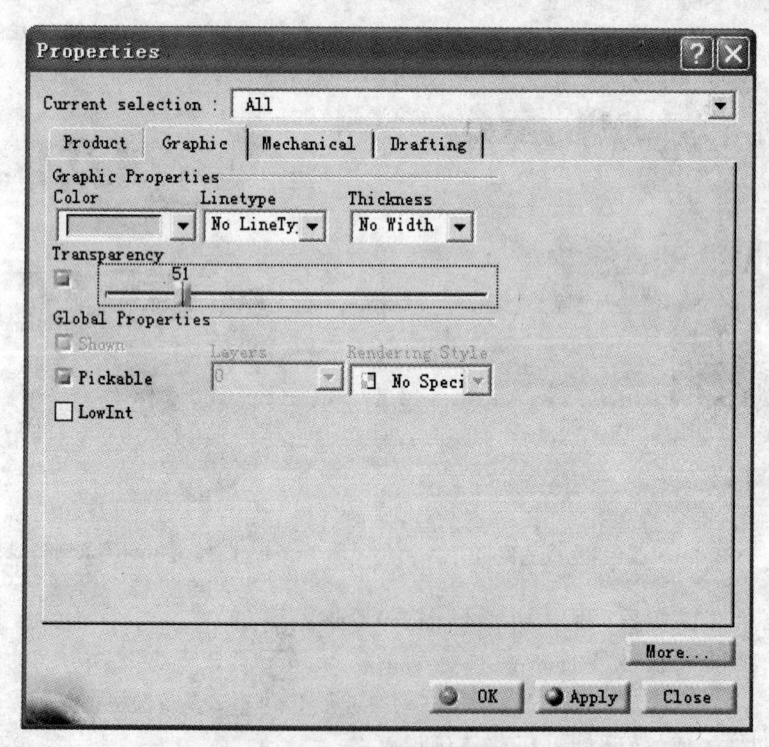

图 2-57 Properties(属性)对话框

③ 单击 OK(完成)按钮完成设置,并且在特征树上显示相应的 Color Action(颜色动作),如图 2-58 所示。

④ 在 SimuAction(仿真动作)工具栏中,单击 Visibility Action(可视化动作)按

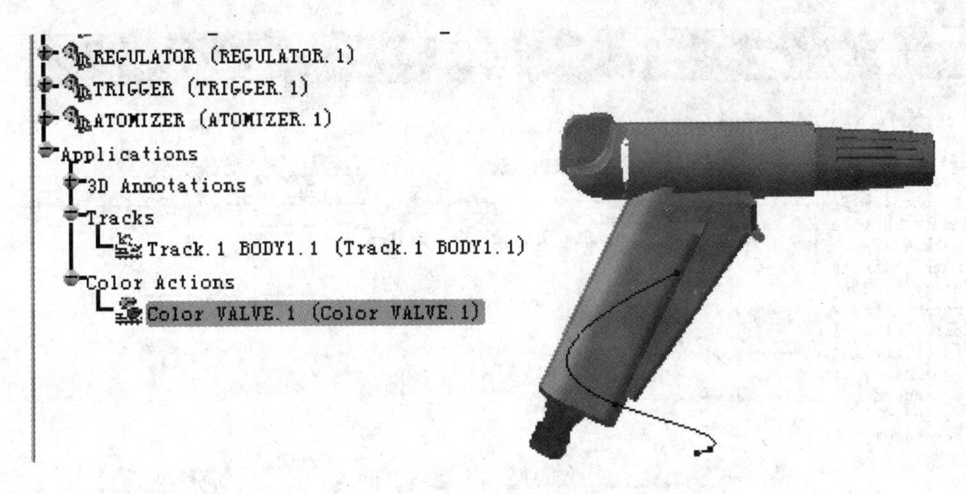

图 2-58　完成颜色设置

钮，弹出 Edit Visibility Action(编辑可视化动作)对话框，如图 2-59 所示。

⑤ 选择 Hide selection(隐藏选择)选项或 Show selection(显示选择)选项。

⑥ 选择需要进行隐藏或显示的零件。

⑦ 单击 OK(完成)按钮，则可将相应的零件隐藏或显示出来，并且在特征树中出现 Visibility Action(可视化动作)标识。

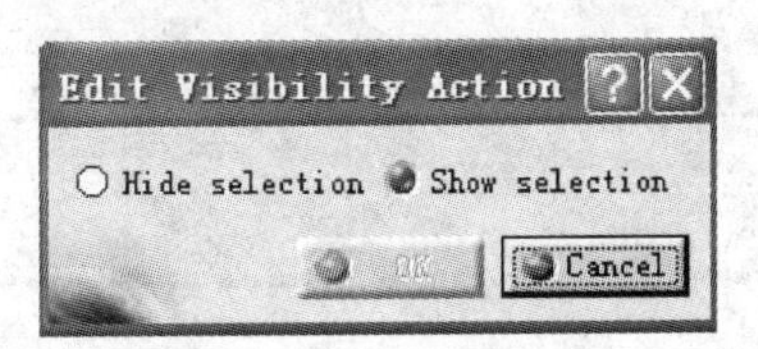

图 2-59　Edit Visibility Action(编辑可视化动作)对话框

2.4.3　创建顺序

在电子样机漫游器中，可以使用“顺序”来定义仿真动画，使创建的时间仿真平行播放。在“顺序”里，可以进行包括轨迹、颜色、可见性、顺序和已经运行的仿真动画的操作。创建顺序主要由以下几个步骤完成：

① 在 DMU Generic Animation(电子样机动画)工具栏中，单击 Edit Sequence(编辑顺序)按钮，则弹出 Edit Sequence(编辑顺序)对话框，如图 2-60 所示。

② 选择 Edit Action(编辑动作)标签，该对话框的左边显示已经创建的事件，右边显示连续的事件。利用绿色箭头可以添加或删除事件。

③ 利用 Move Up/Down(移动)和 Merge Up/Down(合并)按钮，可以移动或合并事件。

- Step(步骤) Step 表示步骤数量；
- Action(动作) Action 表示事件的名字和类型；
- Durations(持续时间) Duratio... 表示每步事件的持续时间；
- Action durations(动作持续时间)　用来设置全部事件的持续时间；
- Creat last step and add(创建最后步骤并且添加)　代表连续模式，即以新步骤来添加事件到顺序里；

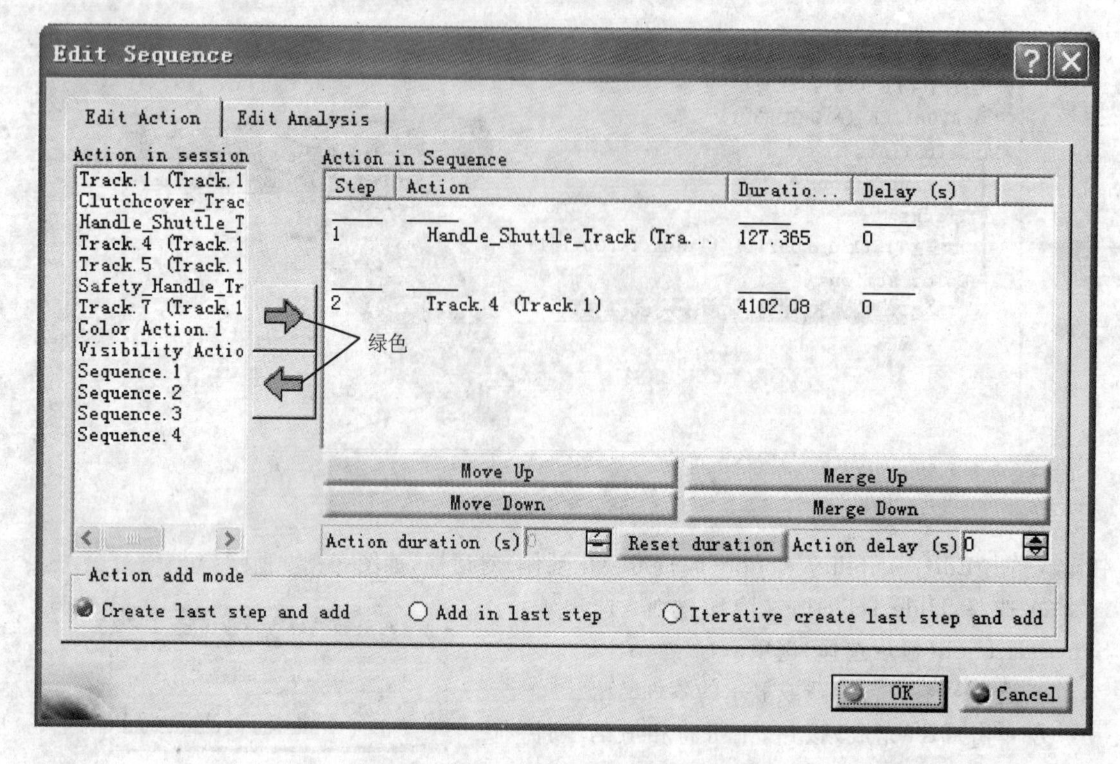

图 2-60 Edit Sequence(编辑顺序)对话框

※ Add in last step(添加到最后一步) 代表平行模式,即将事件添加到已经创建的最后一个步骤里。

④ 单击 OK(完成)按钮确认,则在特征树上显示新的顺序标识。

2.4.4 仿真播放

该命令可以播放轨迹、顺序、回放以及完成对过去版本的仿真模拟动画,主要分为以下几个步骤:

① 在 DMU Generic Animation(电子样机动画)工具栏中,单击 Simulation Player(仿真播放器)按钮 ,弹出 Player(播放)工具条,如图 2-61 所示。

图 2-61 Player(播放器)工具条

② 在特征树中选择一个轨迹或顺序事件。

③ 单击该工具条中的 Parameters(参数)按钮 ,弹出 Player Parameters(播放参数)对话框,如图 2-62 所示。利用该对话框,可以进行播放参数的设置。

④ 利用相应的播放、回放、快进、快退、停止按钮进行播放。

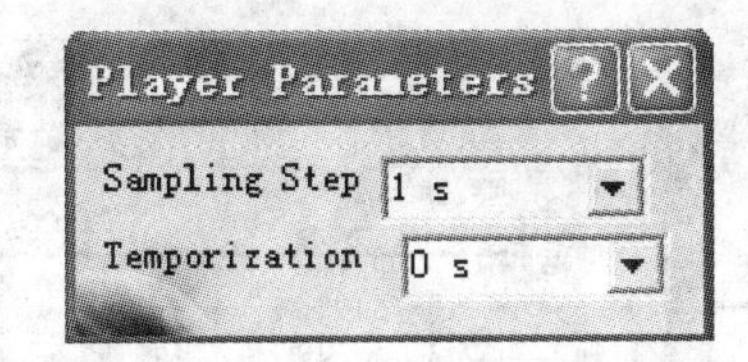

图 2-62 Player Parameters(播放参数)对话框

⑤ 检查位置和画面数量,也可以通过播放器中的滚动条逐帧观察样机。

2.5 动画操作

本节将详细介绍如何创建、播放动画,并进行干涉侦测及记录轨迹等操作。

2.5.1 创建动画

本小节将介绍如何利用鼠标移动、旋转、缩放画面,并将这些操作的历程记录下来录制形成动画。

首先介绍利用菜单中的 simulation(仿真)命令创建动画的方法,主要分为以下几个步骤:

① 选择 Insert(插入)|Simulation(仿真)菜单项,弹出 Select(选择)对话框,如图 2-63 所示。选择要列入仿真的相关对象,图中所列出的均为摄像机选项。

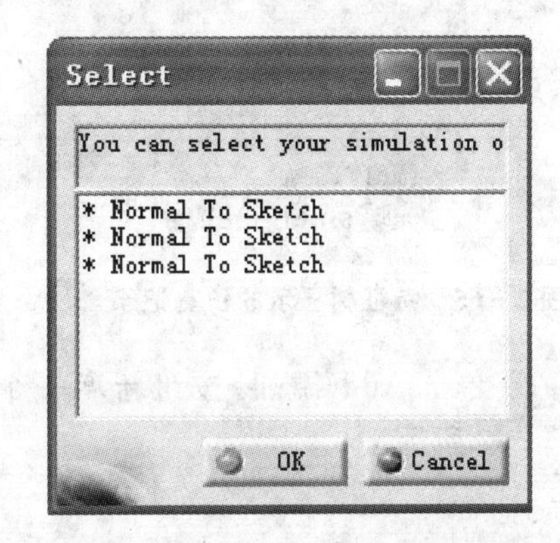

图 2-63 Select(选择)对话框

② 单击 OK(完成)按钮关闭该对话框,则弹出 Edit Simulation(编辑仿真)对话框,如图 2-64 所示。

③ 单击该对话框中的 Insert(插入)按钮,则当前的画面会被记录下来,适当地旋转、移动与缩放后,再单击 Insert(插入)按钮,此画面就成为 step. 2,重复多次,即可将静态画面串联起来,成为连续动画。

④ 将该对话框的滚动条归零,单击 Play Forward(向前播放)按钮▶即可播放。若播放时画面没有改变,则检查是否选中 Animation view(动画视点)复选框。

⑤ 单击 OK(完成)按钮即可将目前的仿真动画记录下来,并且显示在特征树上,如图 2-65 所示。

接下来介绍如何利用摄影机录制动画。即将摄影机环绕着物体移动,则摄影机所见即为动画内容,主要分为以下步骤。

① 选择 View(视图)|Named View(自定义视角)菜单项,弹出 Named View(自定义视角)对话框,如图 2-66 所示。

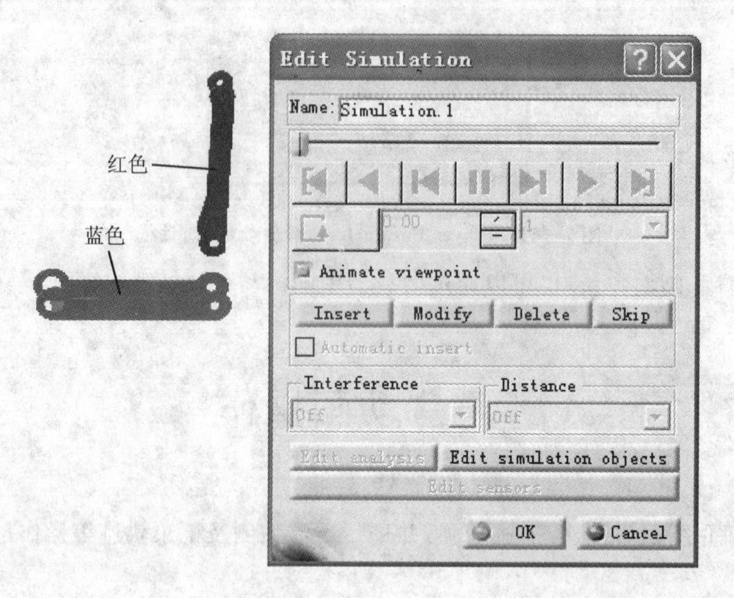

图 2-64 Edit Simulation(编辑仿真)对话框

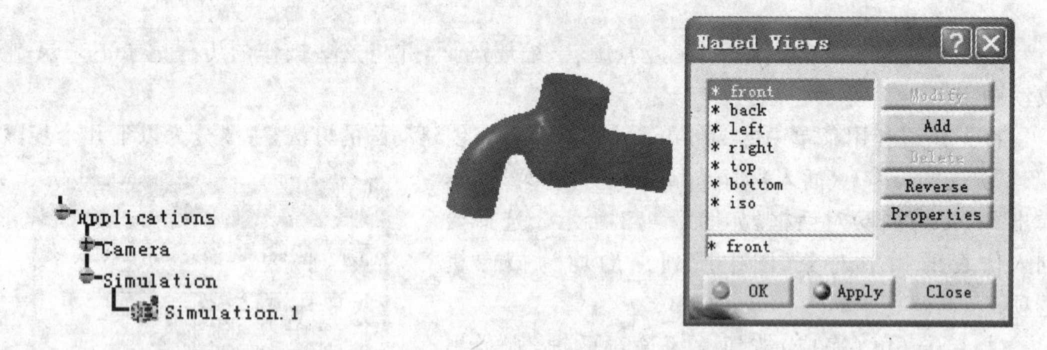

图 2-65 特征树显示的仿真记录

图 2-66 Named View(自定义视角)对话框

② 单击 Add(添加)按钮新增一个摄影机,以一个四棱锥代表,并显示在特征树中,如图 2-67 所示。

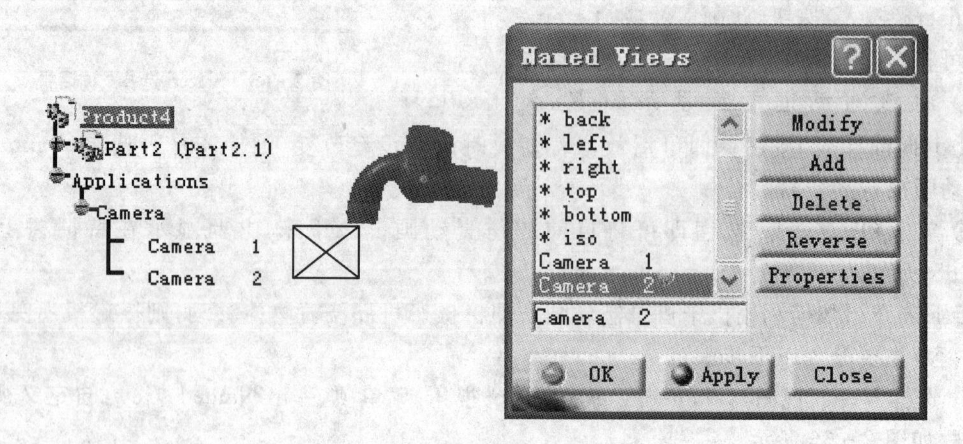

图 2-67 新增摄影机并且显示在特征树中

③ 选择特征树中的摄像机，然后选择 Insert(插入)|Simulation(仿真)菜单项，弹出 Edit Simulation(编辑仿真)对话框。

④ 旋转画面，可以见到摄影机画面的方框，单击图 2-68 中鼠标指针所指的位置，移动此方框，并单击 Insert(插入)按钮记录画面，则摄影机移动的路径就会被记录下来，如图 2-68 所示。

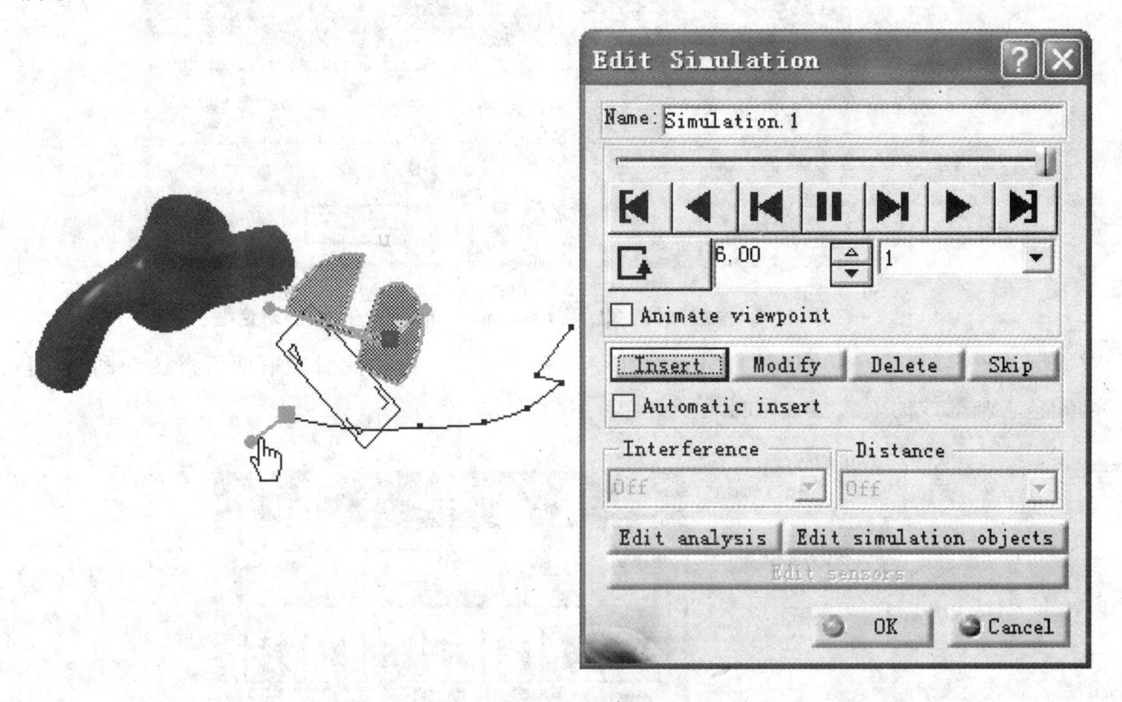

图 2-68　记录摄影机移动的路径

⑤ 单击 OK(完成)按钮即可将目前的仿真动画记录下来，并且显示在特征树上。

2.5.2　创建重放

与真实的电影相比，重放是使用视频播放器来观看电影，工程技术人员可以向前、向后播放它。重放也是技术人员分享电子文件的一种方式，通过重放，技术人员可以仔细研究样机，检验干涉；当然在电子样机的其他工作平台，也可以检验干涉，查看最小距离，进行波特分析。

本节将介绍如何将前两节制作完成的动画进行播放。仿真动画的优点是可直接修改动画内容，但如果用户仅需观看动画，不需编辑动画，若仍使用 Simulation(仿真)来播放动画，则对系统负担显然太重(需要加载许多的信息)，因此可以利用本节介绍的方法产生回放，观看仿真动画时直接观看即可。主要分为以下几个步骤：

① 选择 Tools(工具)|Simulation(仿真)|Generate Replay(产生回放)菜单项。

② 在特征树中选择已经生成的仿真动画，弹出 Player(播放)对话框以及 Generate Replay(产生回放)对话框，如图 2-69 所示。

③ 在 Generate Replay(产生回放)对话框中键入产生回放的文件名称。

④ 单击 OK(完成)按钮，即可产生回放的动画，并且在特征树中出现一个 Replay 的节点，

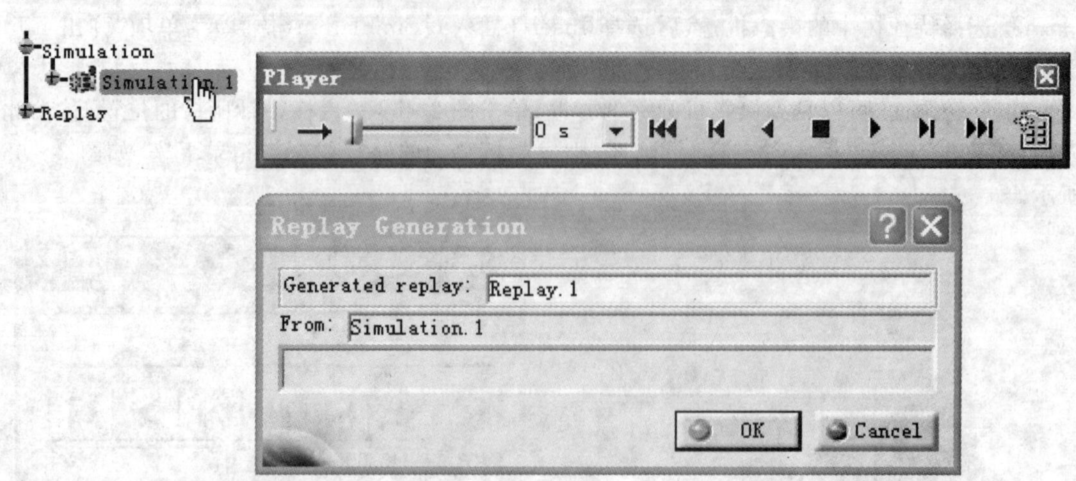

图 2-69 Player(播放)对话框以及 Generate Replay(产生回放)对话框

双击此节点,弹出 Replay(回放)对话框,如图 2-70 所示。通过此对话框即可播放动画,并且可调整动画播放的模式与时间间隔。

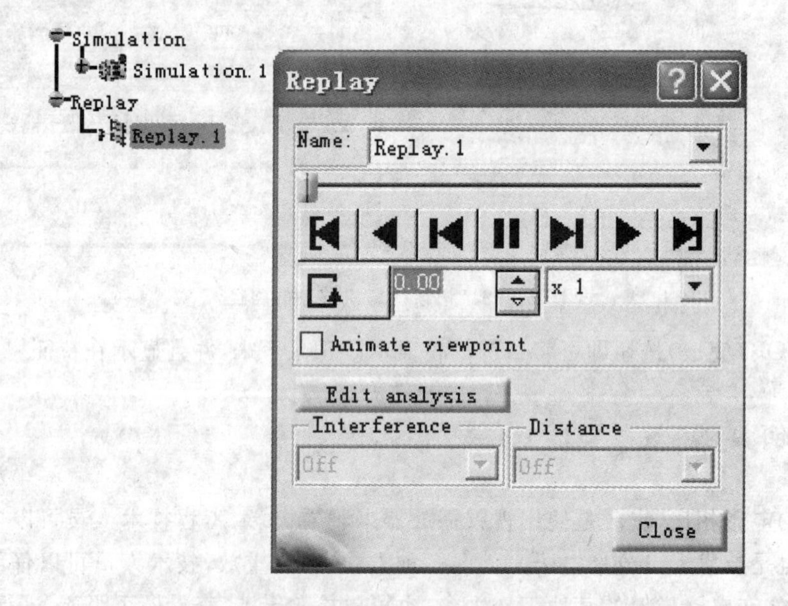

图 2-70 Replay(回放)对话框

⑤ 在特征树中右击已经生成的回放,在弹出的快捷菜单中选择 Delete(删除)命令,则可将该回放删除。

2.5.3 检验干涉

利用该命令可以在仿真动画时,检验物体的各个零件间是否有干涉情形。当干涉发生时,动态干涉检查工具将使部件高亮显示或停止运动,主要分为以下几个步骤:

① 在特征树中双击已经生成的 Simulation(仿真)或 Replay(回放),弹出编辑动画对话框。

② 在 DMU Generic Animation(电子样机动画)工具栏中,单击 Clash Detection(On)(打开检验干涉)按钮 。该命令可以在播放动画时,将碰撞侦测(干涉)检验功能启动,当零件运动有碰撞时,则将零件间干涉的部分以红色表示,但零件的运动不会因为干涉而停止。

③ 单击 Clash Detection(Off)(关闭检验干涉)按钮 。该命令可以在播放动画时,将碰撞侦测(干涉)检验功能关闭,当零件运动有碰撞时不发出任何警告。其中,任何的播放动画方式都可以使用该命令。

④ 单击 Clash Detection(stop)(停止检验干涉)按钮 。同样,该命令可以在播放动画时,将碰撞侦测(干涉)检验功能启动,当零件运动有碰撞时,则将零件间干涉的部分以红色表示,并且在干涉发生时,停止动画的播放。

2.6 实 例

本节将以一个实际模型为例,分步讲述电子样机浏览器中的一些相关操作。具体操作步骤是:

① 选择如图 2-71 所示的菜单项进入电子样机浏览器工作台。

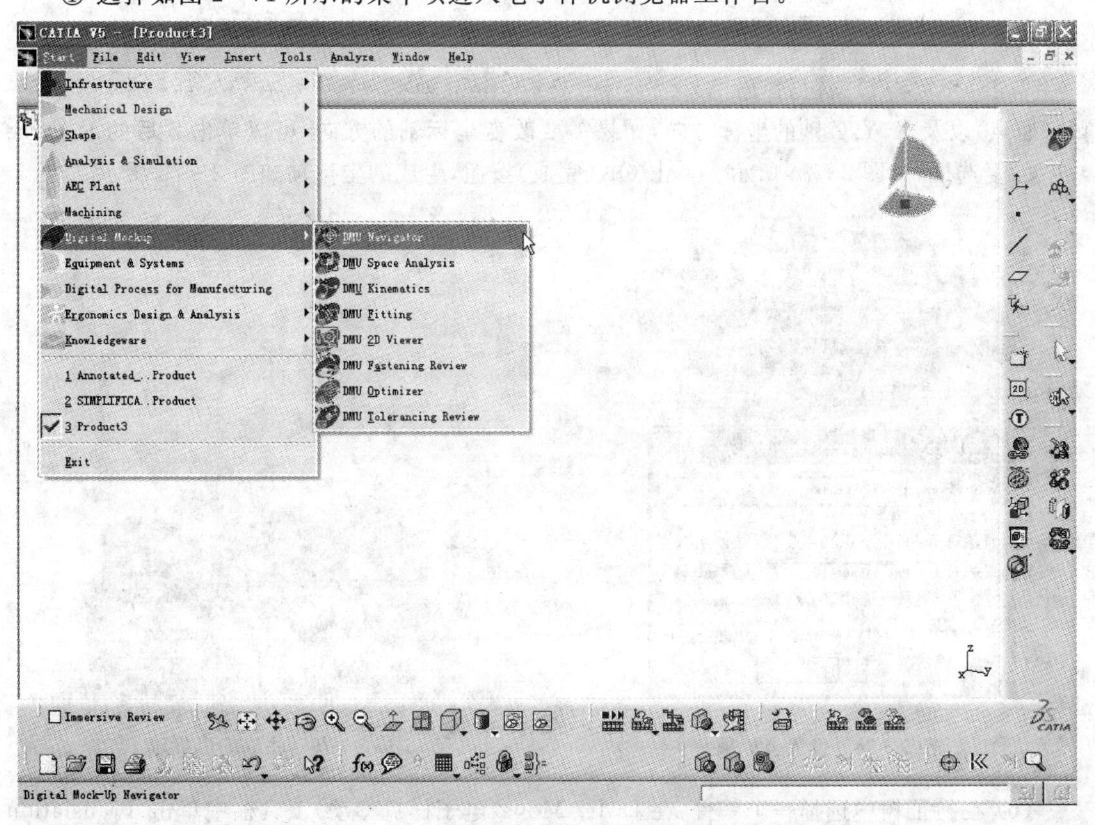

图 2-71 电子样机浏览器工作台

② 单击特征树中的 Production(产品),选择 Insert(插入)|Existing component(已经存在的部件)菜单项导入已经存在的部件,如图 2-72 所示。

③ 对样机进行操作,步骤是:

(a) 在 DMU Geometry Creation(电子样机几何元素创建)工具栏中单击 Axis System Definition(轴系)工具按钮,弹出 Geometry Creation(几何体创建)对话框,在该对话框中单击 Select an existing one(选择一个已经存在的零件)单选按钮,在特征树或视窗中选择一个零件,如图 2-73 所示。

图 2-72 导入模型

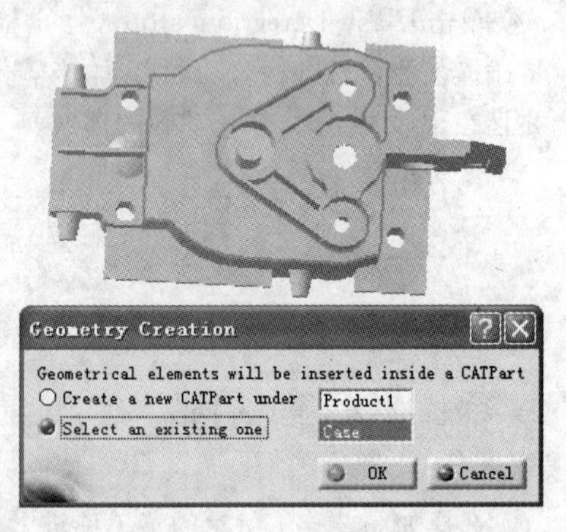

图 2-73 选择零件

单击 OK(完成)按钮,弹出 Axis System Definition(轴系)对话框,在该对话框中设置 Origin(原点)以及 X,Y,Z 轴的坐标方向,如果需要改变坐标轴的方向,可以单击其后的 Reverse(相反)复选框,如图 2-74 所示。单击 OK(完成)按钮,生成的坐标轴如图 2-75 所示。

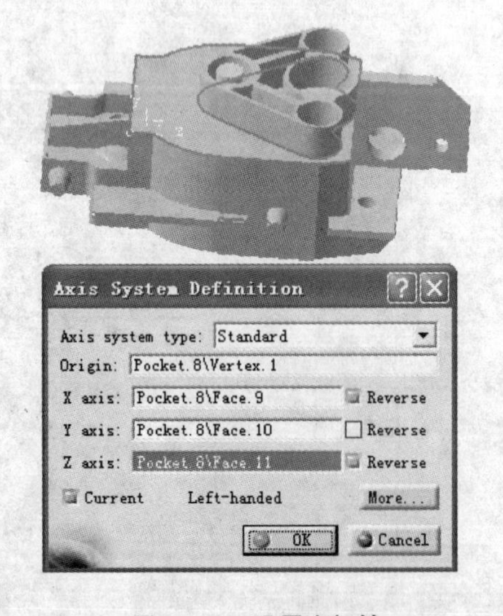

图 2-74 设置坐标轴

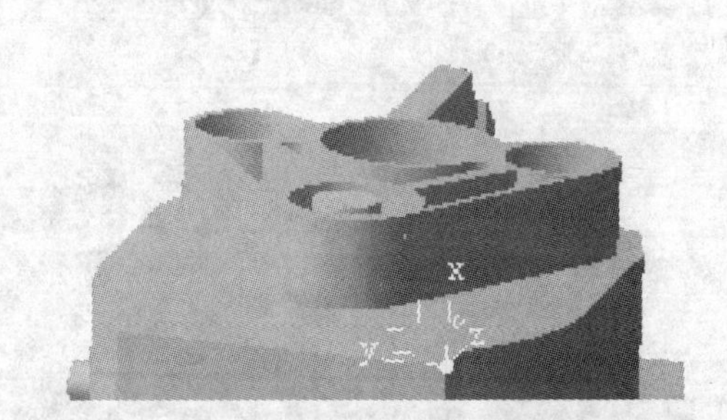

图 2-75 生成的坐标轴

(b) 在特征树中选择一个零件,在 DMU Move(电子样机移动)工具栏中单击 Translation or Rotation(移动或旋转)工具按钮,弹出 Move(移动)对话框,选择 Translation(移动)选项卡，在其中设置需要移动的坐标距离，如图 2-76 所示。

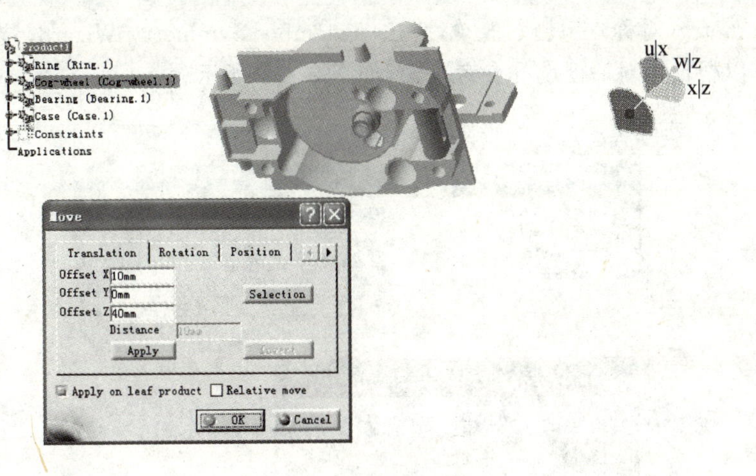

图 2-76 设置移动参数

单击 Apply（应用）按钮，查看移动后的效果，单击 OK（完成）按钮，关闭该对话框，零件移动后的最终效果如图 2-77 所示。

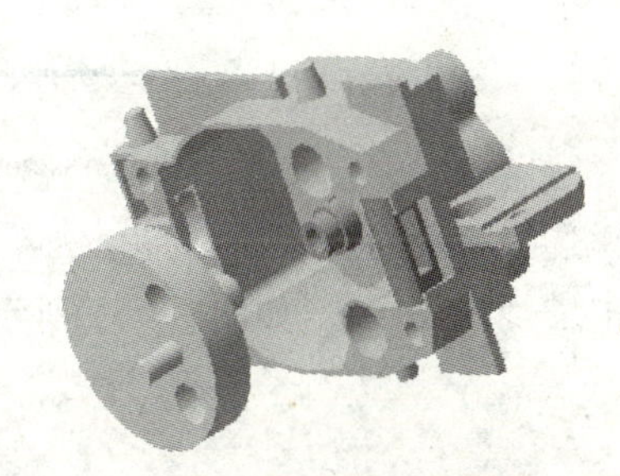

图 2-77 移动后的效果

按照以上操作，选择 Move（移动）对话框中的 Rotation（旋转）选项卡，在特征树中选择一个零件，并在该对话框中设置旋转轴及旋转角度，如图 2-78 所示。然后单击 Apply（应用）按钮，查看旋转后的效果，单击 OK（完成）按钮，关闭该对话框。

(c) 在 DMU Move（电子样机移动）工具栏中，单击 Reset Position（重新设置位置）工具按钮，并选择欲还原的零件或直接单击特征树上的零件名称，则该零件即回到原来的位置，如图 2-79 所示。

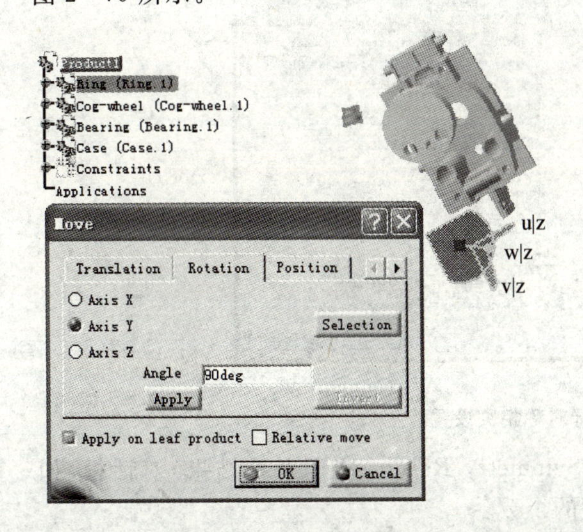

图 2-78 设置旋转参数

图 2-79 还原零件的位置

(d) 在特征树中选择需要完成对称操作的零部件，在 DMU Move(电子样机移动)工具栏中，单击 Symmetry(对称)工具按钮，弹出 Assembly Symmetry Wizard(装配对称向导)对话框，用户可以根据该对话框选择参考平面，如图 2－80 所示。

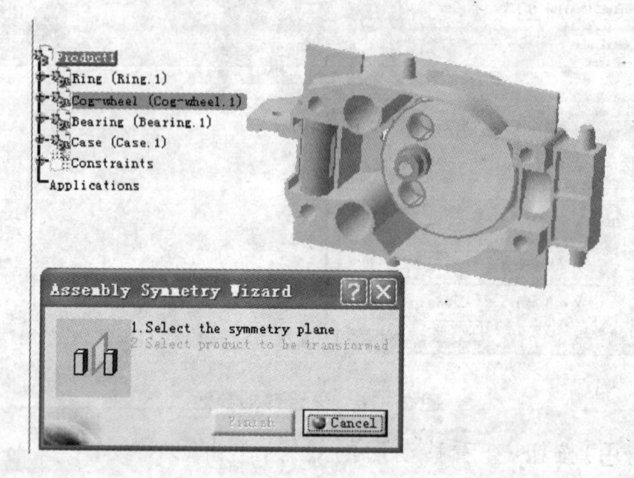

图 2－80　Assembly Symmetry Wizard(装配对称向导)对话框

选择一个对称平面，弹出 Assembly Symmetry Wizard(装配对称向导)对话框，在该对话框中进行相关设置，如图 2－81 所示。

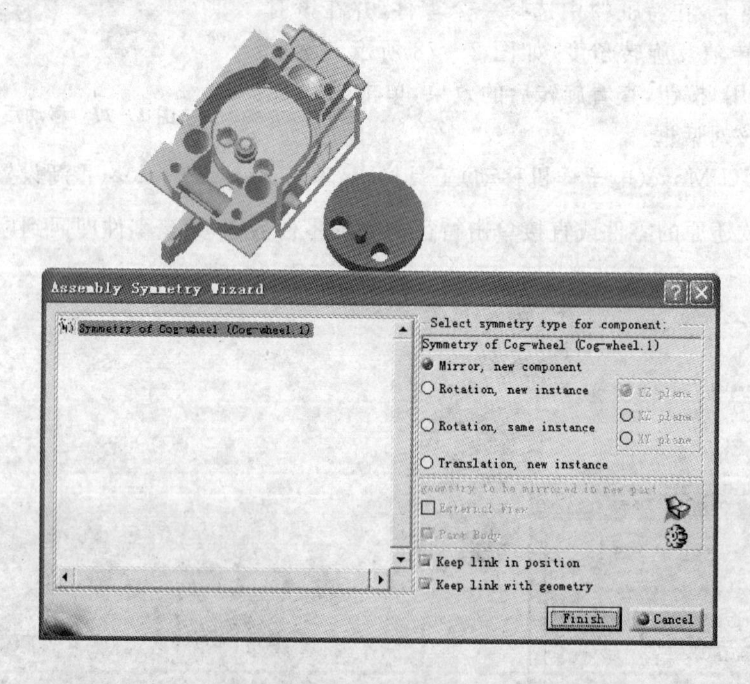

图 2－81　进行对称相关设置

单击 Finish(完成)按钮，弹出 Assembly Symmetry Result(装配对称结果)对话框，如图 2－82 所示。该对话框中列出了产生新零件的个数。

④ 选择 View(视图)|Commands list(命令列表)菜单项，弹出 Commands list(命令列表)对话框，在该对话框中选择 Scene(场景)选项，如图 2－83 所示，弹出 Edit Scene(编辑场景)对

话框，如图 2 - 84 所示。

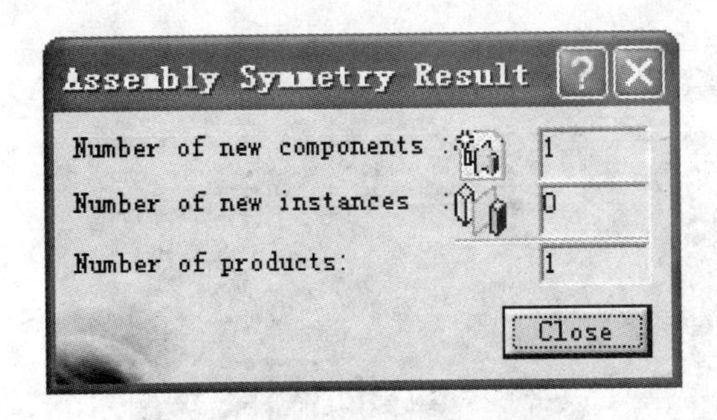

图 2 - 82　Assembly Symmetry Result (装配对称结果)对话框

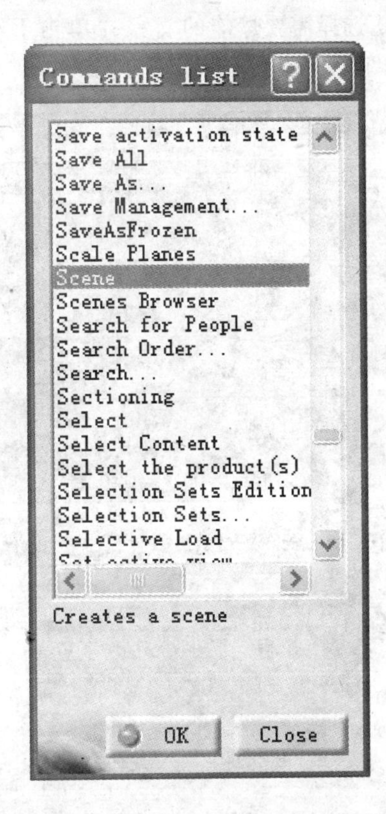

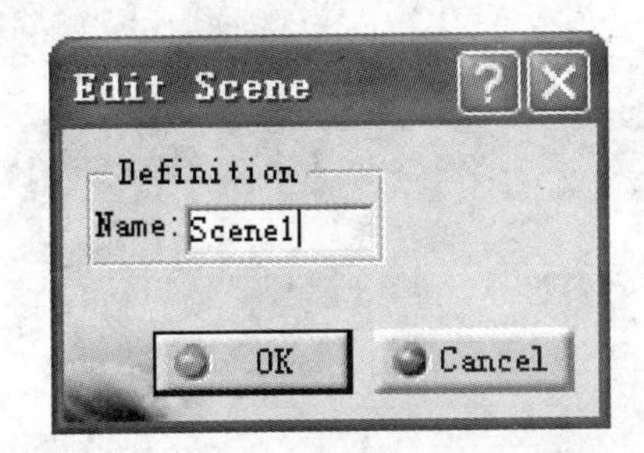

图 2 - 84　Edit Scene(编辑场景)对话框

图 2 - 83　Commands list(命令列表)对话框

单击 OK(完成)按钮，生成新的场景，如图 2 - 85 所示。

图 2 - 85　生成新的场景

⑤ 选择需要爆炸的对象并单击 Explode(爆炸)工具按钮 ，弹出 Explode(爆炸)对话框，如图 2-86 所示。

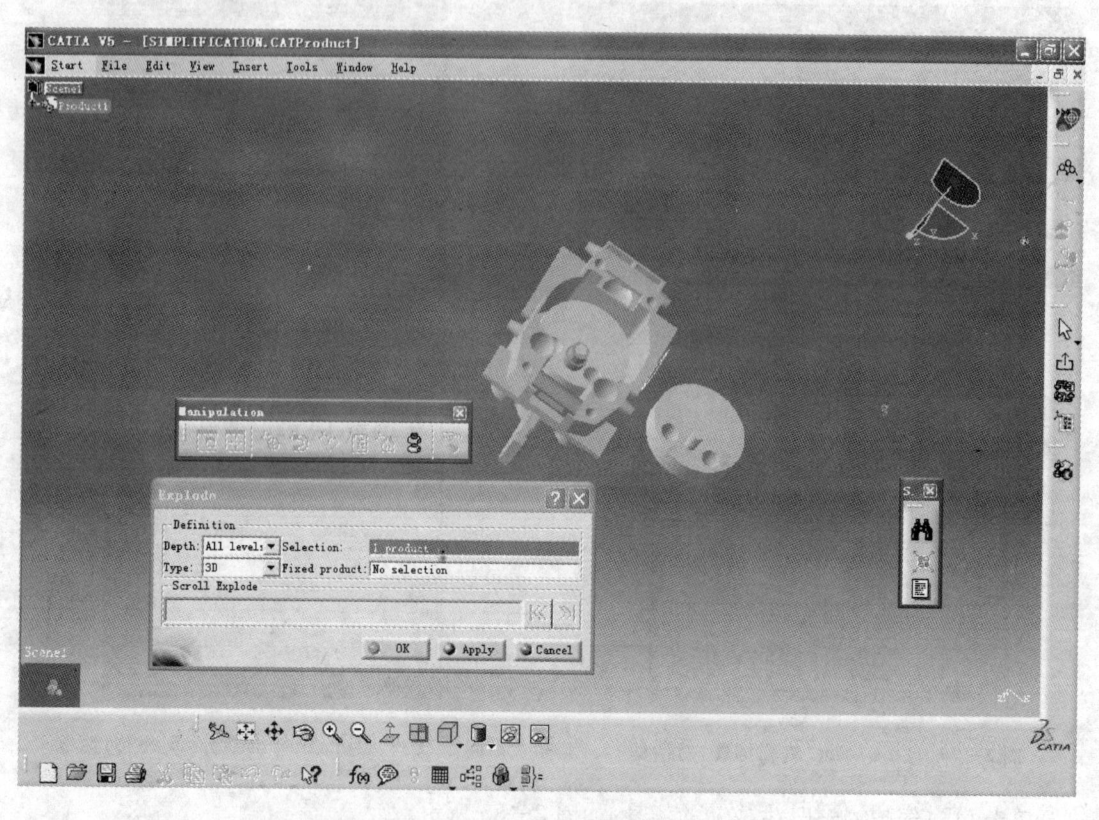

图 2-86　进行爆炸操作

单击 Explode(爆炸)对话框中的 Apply(应用)按钮，生成的爆炸视图，如图 2-87 所示。通过生成的爆炸视图可以更加清晰地看出组成该产品的所有零件。

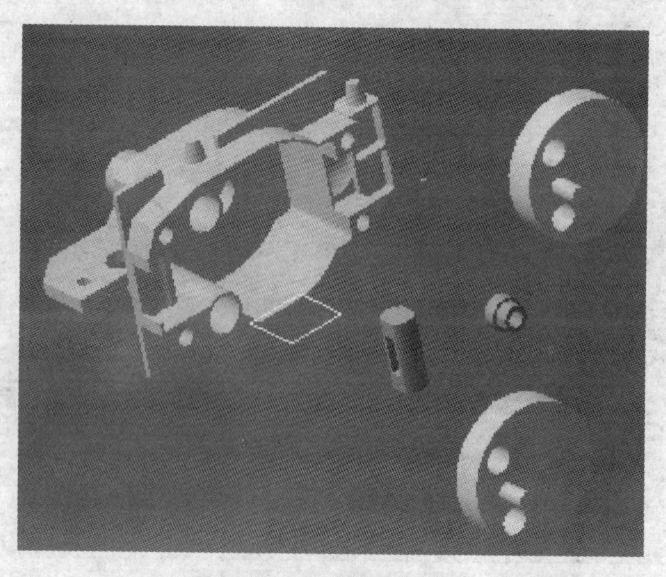

图 2-87　生成的爆炸视图

★ 调节 Explode(爆炸)对话框中的 Scroll Explode(爆炸卷轴)滚动条,查看爆炸的历程。

单击 Exit From Scene(退出场景)工具按钮,返回到原视窗。

⑥ 仿真操作。

(a) 在 DMU Generic Animation(电子样机动画)工具栏中,单击 Record Viewpoint Animate(记录视点动画)按钮,弹出 Viewpoint Animate(视点动画)工具栏。

(b) 单击 Viewpoint Animate(视点动画)工具栏中的红色按钮,开始记录视点,弹出 Resulting Replay(结果回放)对话框。

(c) 在 Name(名称)栏内键入产生回放的名称,对话框默认的名字是 Replay.1,并且该名称也将出现在特征树中,如图 2-88 所示。

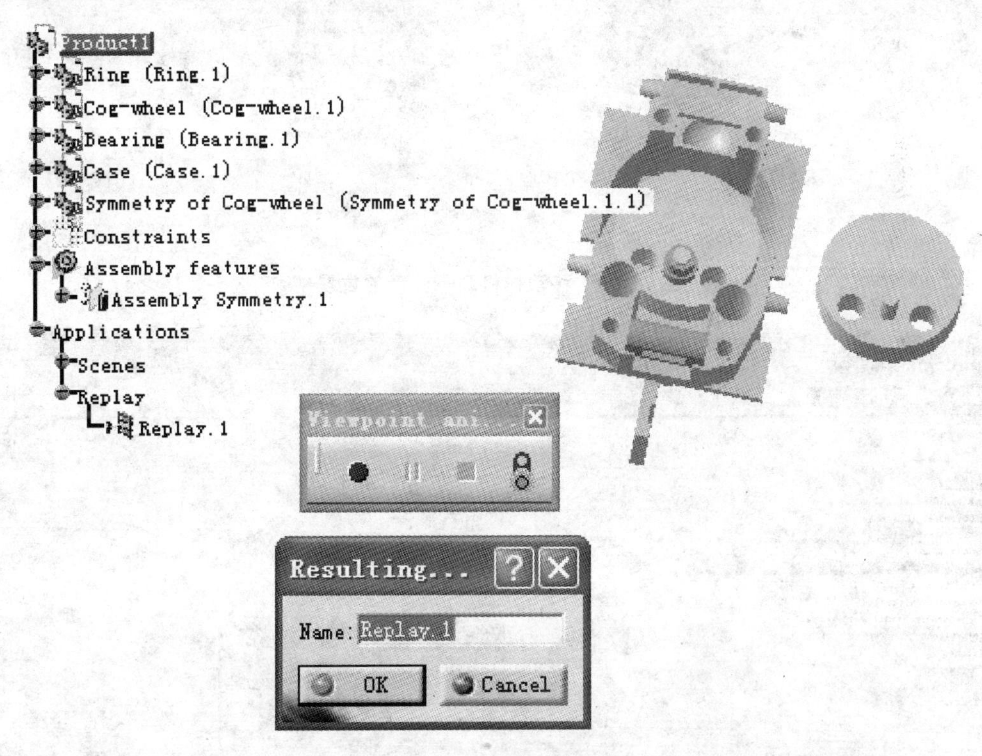

图 2-88　设置仿真参数

单击 OK(完成)按钮,开始录制。同时,显示 Viewpoint Animate(视点动画)工具栏,如图 2-89 所示。

图 2-89　录制状态下的 Viewpoint Animate(视点动画)工具栏

(d) 使用窗口右上角的指南针移动样机到一个新的位置,以便进行检验、观察和录制,如图 2-90 所示。

(e) 关闭 Viewpoint Animate(视点动画)工具栏,生成一个回放操作。

(f) 单击 Track(轨迹)按钮,同时弹出 Recorder(记录),Track(轨迹)及 Player(播放)对话框。单击 Track(轨迹)对话框中的 Object(对象)栏,然后在特征树中选择需要添加轨迹的零件,此时弹出 Manipulation(操作)工具栏,并且在该零件上弹出指南针用于移动或旋转该零件,如图 2-91 所示。

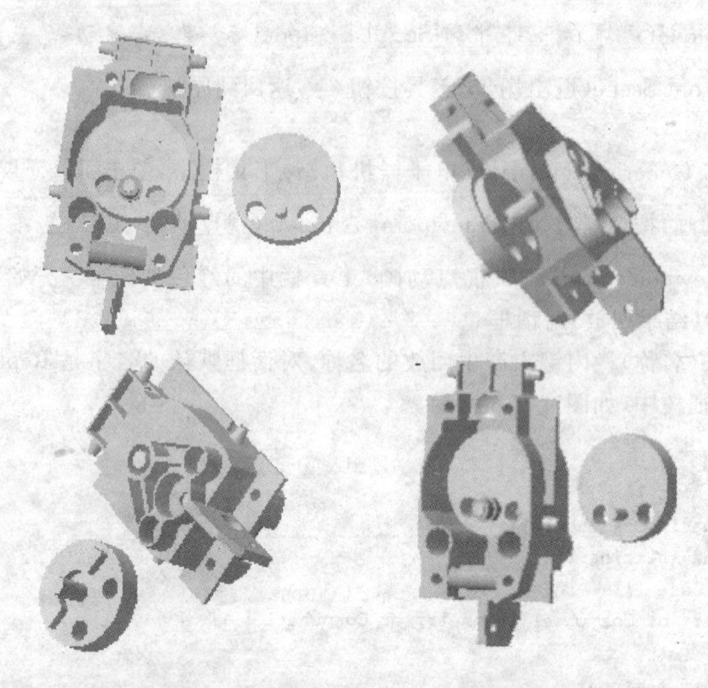

图 2-90　移动样机到一个新的位置

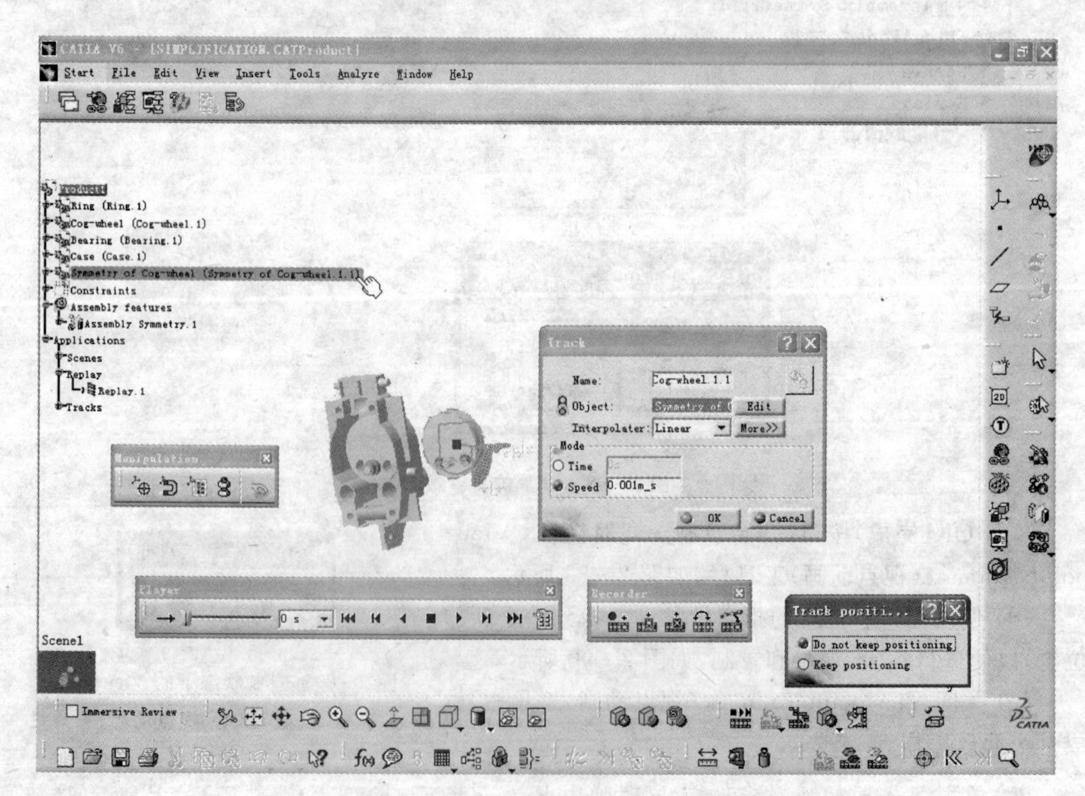

图 2-91　设置生成轨迹参数

(g) 每次改变位置后单击 Recorder(记录)对话框中的 Record(记录)按钮，即可记录移动路径，如图 2-92 所示。

v
v
u

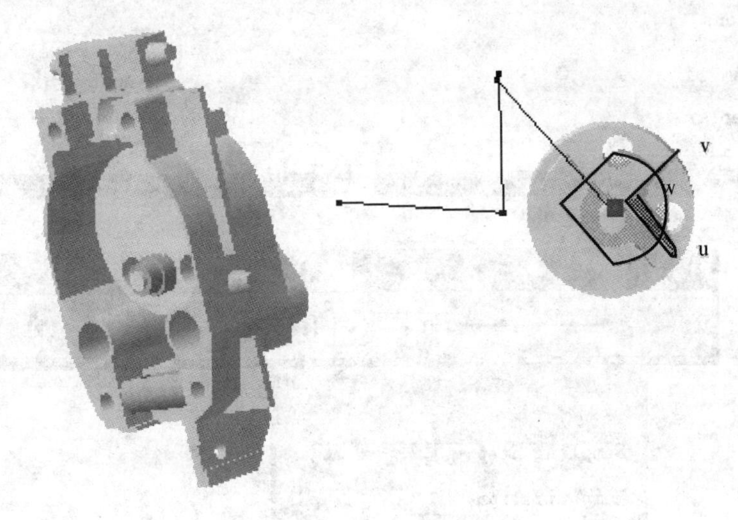

图 2-92　记录生成的轨迹

(h) 单击 Reorder(重新排序)按钮，可弹出 Reorder Shots(重新排列位置)对话框，通过该对话框可以对生成轨迹的先后顺序进行更改，如图 2-93 所示。

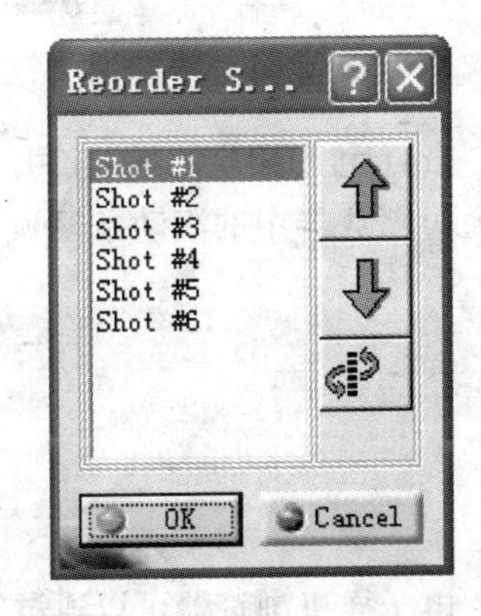

利用该对话框中的和按钮来修改零件被移动的位置。重修移动位置后，单击 Modify(修改)按钮，即可改变路径。若单击 Delete(删除)按钮，则可将此路径点删除。

若路径记录点相同，在 Interpolation(插值)栏内可选择 3 种记录移动路径的方式，则生成的路径也不同。

(i) 单击 OK(完成)按钮即可将此轨迹记录下来，并在特征树中新增一个轨迹，如图 2-94 所示。

Reorder S...
Shot #1
Shot #2
Shot #3
Shot #4
Shot #5
Shot #6
OK
Cancel

图 2-93　更改轨迹的先后顺序

若需要修改已经生成的轨迹，可在特征树中双击该轨迹，然后在弹出的对话框中进行修改。

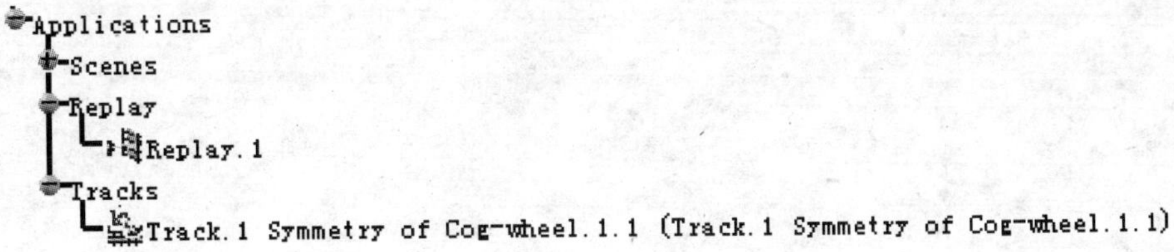

Applications
Scenes
Replay
Replay.1
Tracks
Track.1 Symmetry of Cog-wheel.1.1 (Track.1 Symmetry of Cog-wheel.1.1)

图 2-94　特征树中新增的轨迹

(j) 在 DMU Generic Animation(电子样机动画)工具栏中，单击 Simulation Player(仿真播放)按钮，弹出 Player(播放)工具条。

(k) 在特征树中选择一个已经生成的轨迹或回放操作。

(l) 单击该工具条中的 Parameters(参数)按钮，弹出 Player Parameters(播放参数)对话框。利用该对话框，可以进行播放参数的设置，如图 2-95 所示。

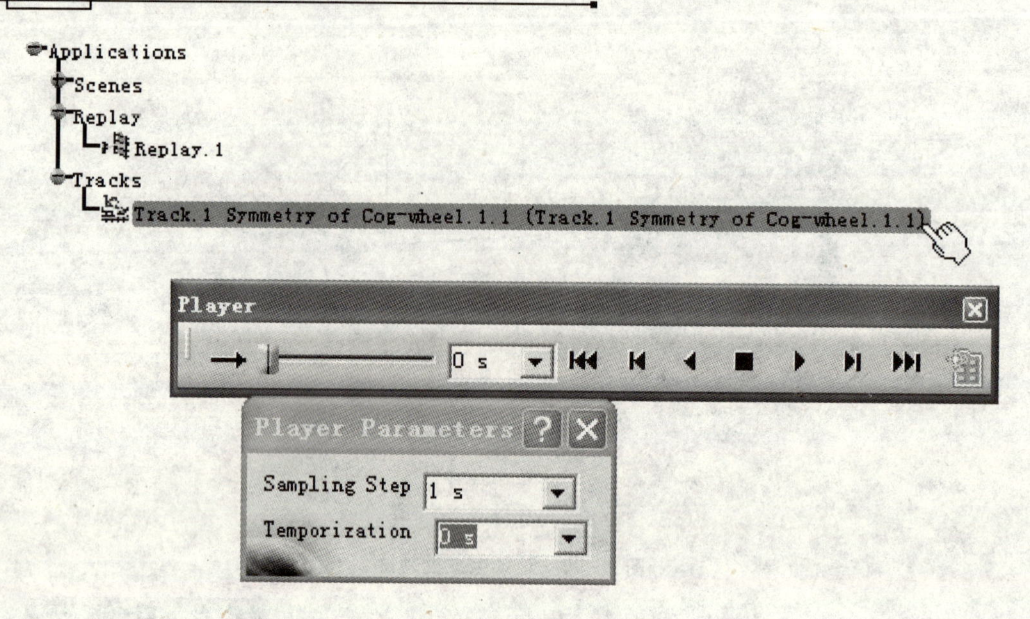

图 2-95　进行播放操作的设置

(m) 利用相应的播放、回放、快进、快退、停止按钮进行播放。检查位置和画面数量,也可以通过播放器中的滚动条逐帧观察样机。

2.7　小　结

电子样机浏览器可以通过视觉变化、环境漫游和人机交流对电子样机进行审核。借助浏览器中大量的工具,例如标注支持、超级链接、动画生成、公告和会议等,参与电子样机审核的人员可以方便地进行相互交流与合作。通过自动化命令和可视化文件,用户可以大大提高工作效率。

第3章　空间分析

3.1　空间分析简介

DMU Space Analysis(电子样机空间分析设计)是 CAD 一支独立的分支,此模块提供了电子样机(DMU)的检验环境,其操作对象的范围可以从小的生活用品到大型自动化设备、航空航海设备以及重型机械等。

本章通过详细介绍和实例分析,对电子样机的空间分析功能进行全面介绍,使用户轻松掌握该功能。

3.1.1　空间分析功能的意义

CATIA 的电子样机空间分析模块提供了一系列测量和分析工具,通过对所建立的样机模型进行组内及组间物体之间最短距离的测量,三点弧线的测量,实体的表面积、体积、重心的测量,质量和惯量的测量等操作,获得模型的数据信息;通过切削平面对样机进行截面剖分,显示模型内部结构并判断干涉部位;对装配模型进行碰撞分析、接触分析和间隙分析,判断零件之间的干涉程度,并将干涉结果以报告的形式输出。利用这些分析工具校验样机模型是否合理。

3.1.2　空间分析的工具条

启动 CATIA 后,选择 Start(开始)|Digital Mockup(电子样机)|DMU Space Analysis(电子样机空间分析) 菜单项,DMU Space Analysis(启动电子样机空间分析)模块,如图 3-1 所示,左上角的特征树可以看到预设产品的名称,界面中央的空白区是供用户进行各种操作的工作平台,工作平台周围是空间分析的各种功能按钮。

DMU Space Analysis(电子样机空间分析)工具栏如图 3-2 所示,下面分别叙述各工具按钮的功能。

- Clash(干涉)　用于物体间的干涉分析;
- Sectioning(剖切)　用于建立剖切平面;
- Distance and Band Analysis(距离和区域分析)　用于距离和区域分析;

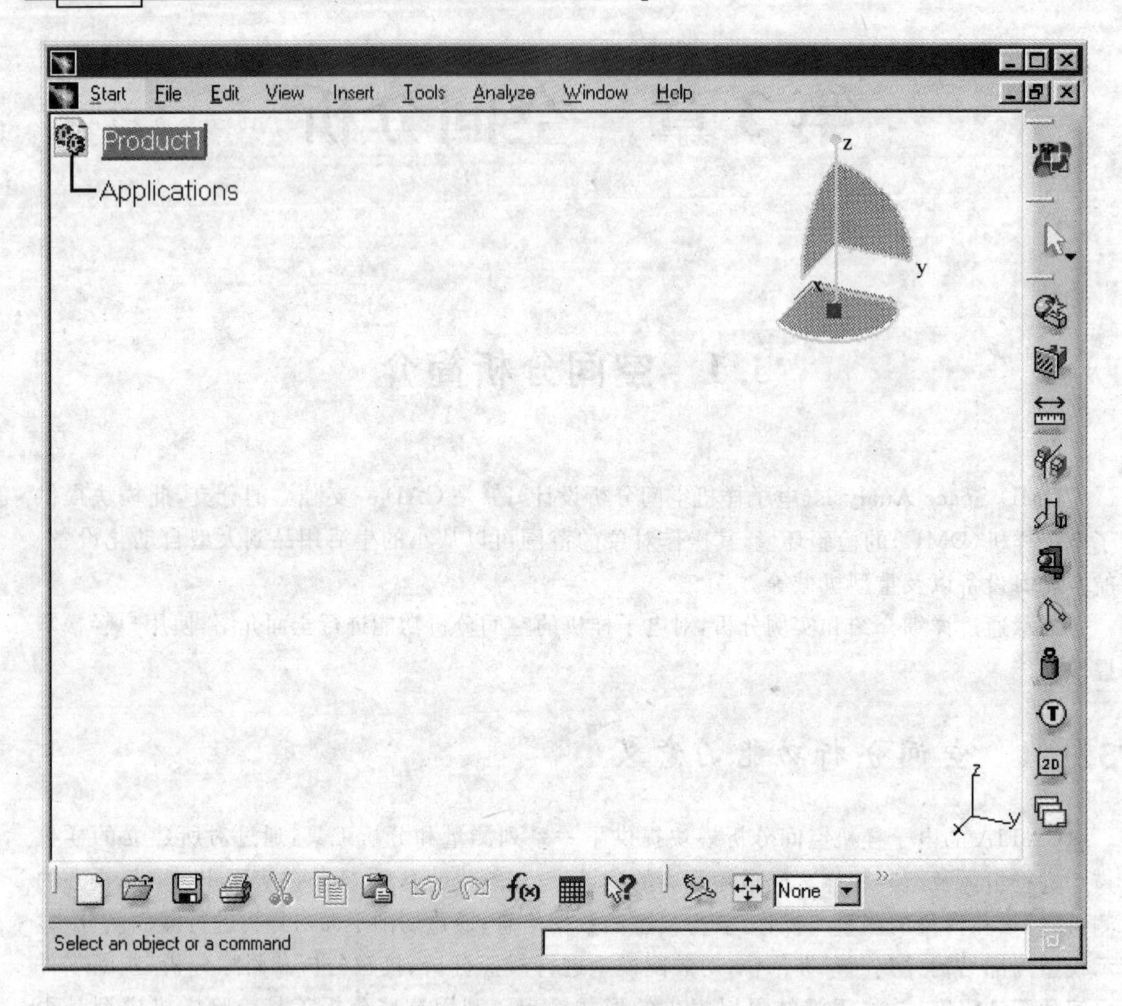

图 3-1 电子样机空间分析模块工作平台

图 3-2 DMU Space Analysis(电子样机空间分析)工具栏

- Compare Product(产品比较) 用于相似零部件间的对比分析；
- Measure Between(距离测量) 用于测量几何实体或点间的最小距离或角度；
- Measure Item(项目测量) 用于项目测量；
- Arc through Three Points(三点之间弧线测量) 用于三点间的弧线测量；
- Measure Inertia(惯性测量) 用于惯性测量。

这些功能在以后章节中会详细介绍。此外，电子样机空间分析还提供了标注文字符号、增加三维标注及定义组等功能。

3.2 测量分析

3.2.1 测量分析简介

通过电子样机测量分析可以测量位于同一组内两个物体或两个组内物体之间的最短距离，并可以在独立的阅读器中查看测量结果。另外，还可以测量沿 X 轴、Y 轴和 Z 轴方向的距离，如图 3－3 所示。

用户还可通过运行 Band Analysis(区域分析)来计算并分别显示小于用户规定最短距离的区域和处于规定范围内的区域。例如，在对方向盘的操作空间(无颜色的区域)进行分析时，须检查操作方向盘是否会与其他物体发生干涉以及干涉程度(绿色区域)，如图 3－4 所示。

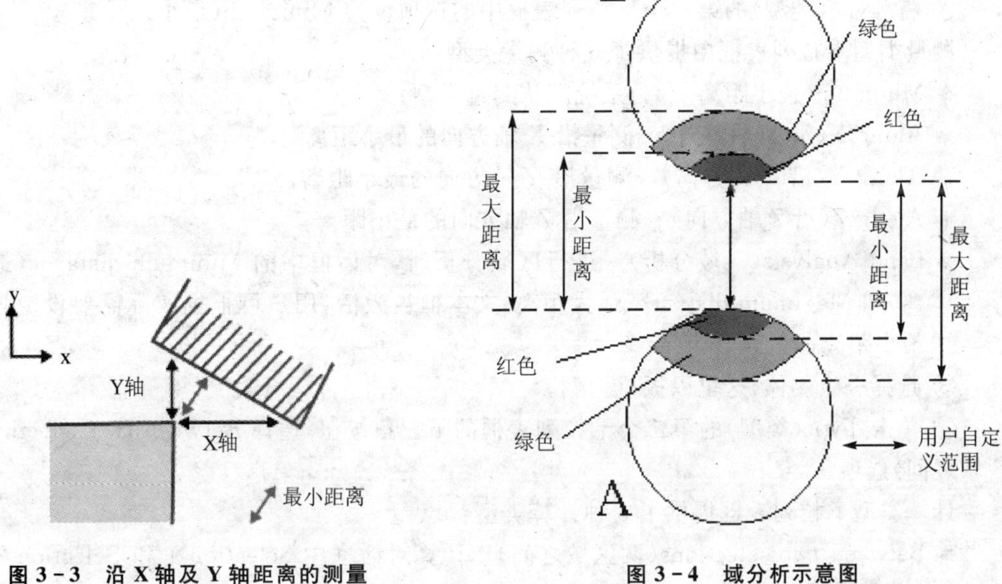

图 3－3　沿 X 轴及 Y 轴距离的测量　　图 3－4　域分析示意图

A 物体上，浅色区域代表该区域内所有点到 B 物体的最短距离全部落在用户规定的尺寸范围内；深色区域代表该区域内的所有点到 B 物体的最短距离全部小于规定的最短距离。B 物体上的区域代表的意义与 A 相同。

如果用户对其中的一个物体进行了修改(例如移动或改变内容)，则只需再运行一次距离测量即可获得最新数据。

在运行距离测量之前，用户可以单击工具栏中的 Group(组)工具按钮或选择 Insert(插入)|Group(组)菜单项来创建用户想要分析的物体组。在以下各节中将对这些功能进行详细介绍。

3.2.2 最小距离测量分析

本节将介绍如何测量物体间的最小距离以及沿 X 轴、Y 轴和 Z 轴方向的距离。

在本例中用户将要测量位于不同区域中两个物体间的最小距离以及沿 Z 轴方向的距离，测量过程分为以下几个步骤：

① 在 DMU Space Analysis(电子样机空间分析)工具栏中，单击 Distance and Band Analysis(距离和区域分析)工具按钮，或选择 Insert(插入)| Distance and Band Analysis(距离和区域分析)菜单项，则弹出如图 3-5 所示的对话框。其中，默认的距离测量选项是测量区域中的最小距离。

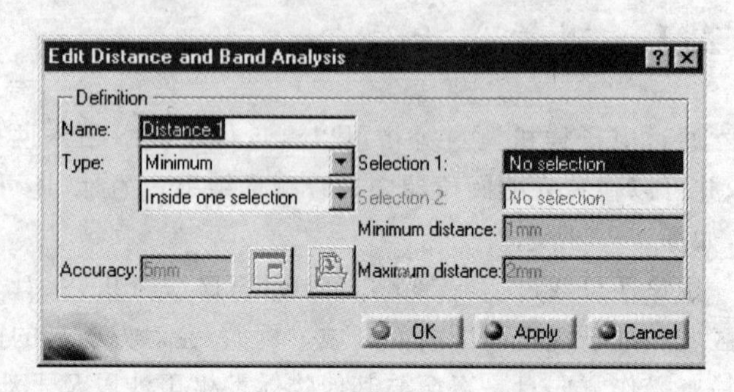

图 3-5 距离和区域分析编辑对话框

② 将 Type(类型)的第一个下拉列表框中的选项设为 Minimum(最小)。

测量类型下拉列表框中提供了 5 种测量类型：

- Minimum(最小距离) 为系统默认测量类型；
- Along X(沿 X 轴方向) 测量沿 X 轴方向的最小距离；
- Along Y(沿 Y 轴方向) 测量沿 Y 轴方向的最小距离；
- Along Z(沿 Z 轴方向) 测量沿 Z 轴方向的最小距离；
- Band Analysis(区域分析) 进行区域分析时，对话框中的 Minimum distance(最小距离)和 Maximum distance(最大距离)文本框被激活，用户可根据实际需要设定最大和最小距离。

③ 选择一个物体，这里以扳机为例。

④ 单击 Type(类型)的第二个下拉列表框的下三角按钮，选择 Between two selections(两区域之间)选项。

计算类型下拉列表框提供了 3 种计算类型：

- Between two selections(两区域之间) 计算对话框中 Selection 1 和 Selection 2 内所选择的两部分物体间的距离；
- Inside one selection(区域内部) 计算对话框中 Selection 1 内所选物体之间的距离，为系统默认选项；
- Selections against all(区域中相对其他所有) 计算对话框中 Selection 1 内所选物体相对其他所有物体之间的距离。

⑤ 选择另一个物体。

⑥ 单击 Apply(应用)按钮计算距离，则出现一个包含用户所选择的产品和测量的最小距离的预览窗口，以及显示测量结果的 Edit Distance and Band Analysis(距离和区域分析编辑)对话框，如图 3-6 和图 3-7 所示。用户可以通过平移、旋转和缩放操作来更好地显示预览窗口中的测量结果。

最小距离和距离元素的其他信息会在扩展的对话框中显示，选择物体进行距离测量的同时，X、Y、Z 轴也被确定。

用户还可以在另一个分离的窗口中查看测量结果，即在 Edit Distance and Band Analysis（距离和区域分析编辑）对话框中单击 Results（结果）工具按钮，实现 Preview（预览）窗口和 Results（结果）窗口之间的切换。

⑦ 选择 Type（类型）下拉列表框的 Along Z（沿 Z 轴方向）选项。

⑧ 单击 Apply（应用）按钮，计算结果会分别在图 3－7 所示对话框和预览窗口中显示，如图 3－8 及图 3－9 所示。

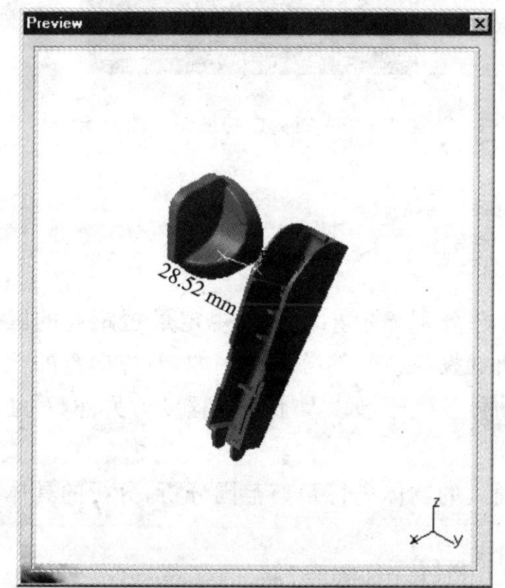

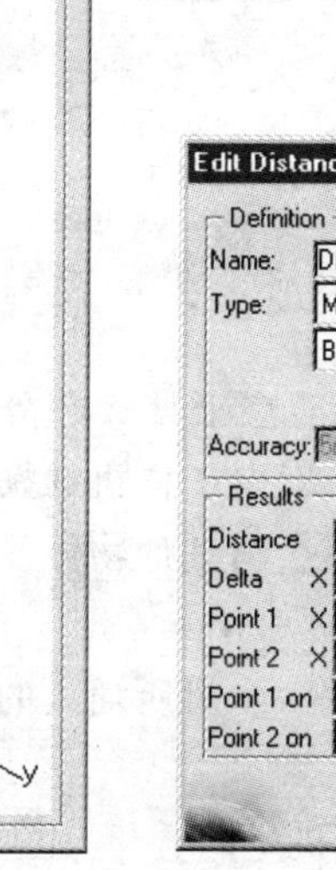

图 3－6 预览窗口

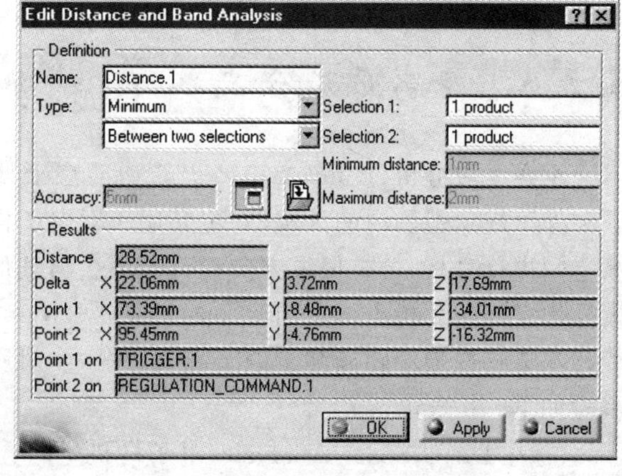

图 3－7　最小距离计算结果

⑨ 单击 OK（完成）按钮结束此次测量。

距离的定义和测量结果都会保留在特征树上，如图 3－10 所示，这就意味着当用户移动了一个物体或修改了组的内容之后，还可以再运行一次测量来实时地更新测量结果。

为使测量结果更易于观察，用户还可为测量结果指定不同的特性，可通过 Properties（特性）菜单项或图解特性工具栏实现。其中，通过 Properties（特性）菜单项，用户可设定显示测量结果的直线或曲线的颜色、线型和粗细程度，设定的主要步骤为：

① 选中特征树上的 Distance（距离），右击选择 Properties（特性）菜单项。

② 在对话框中设置线型、线条粗细和颜色。

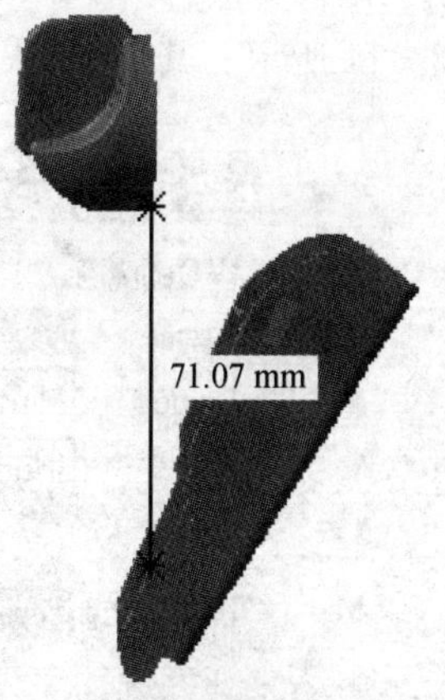

图 3－8　预览窗口

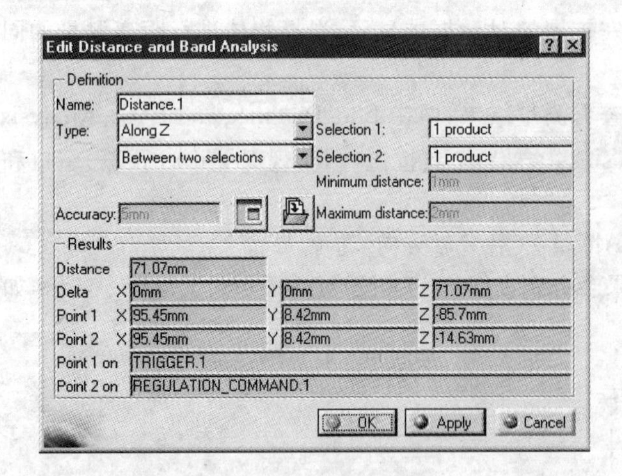

图 3－9 计算结果窗口

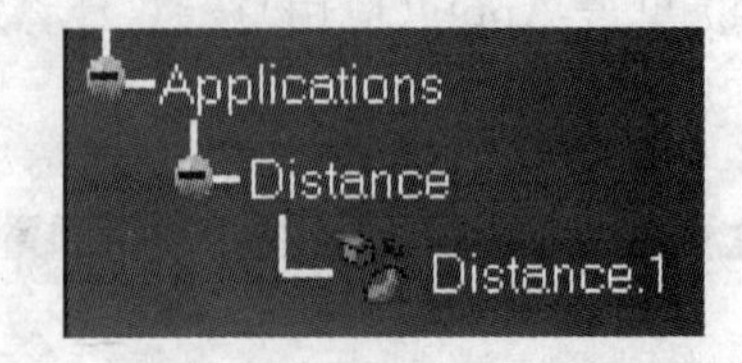

图 3－10 距离在特征树上的显示

3.2.3 距离区域分析

距离区域分析(Band Analysis)的功能在于计算并分别显示小于用户规定最短距离的区域和处于规定范围内的区域,它主要用于对电子样机的操纵空间的分析。例如,对方向盘的操纵空间进行分析,检查操纵方向盘时会不会与其他物体发生干涉以及干涉的程度。另外,对踏板操作空间的分析也可以用此命令完成。

本节将在最小距离测量的基础上,进一步对所插入的物体进行距离范围分析,分析的具体步骤如下。

① 在 DMU Space Analysis(电子样机空间分析)工具栏中,单击 Distance and Band Analysis(距离和区域分析)按钮或选择 Insert(插入)|Distance and Band Analysis(距离和区域分析)菜单项,则弹出 Edit Distance and Band Analysis(距离和区域分析编辑)对话框,如图 3－11 所示。其中,默认的距离测量类型为最小距离测量。

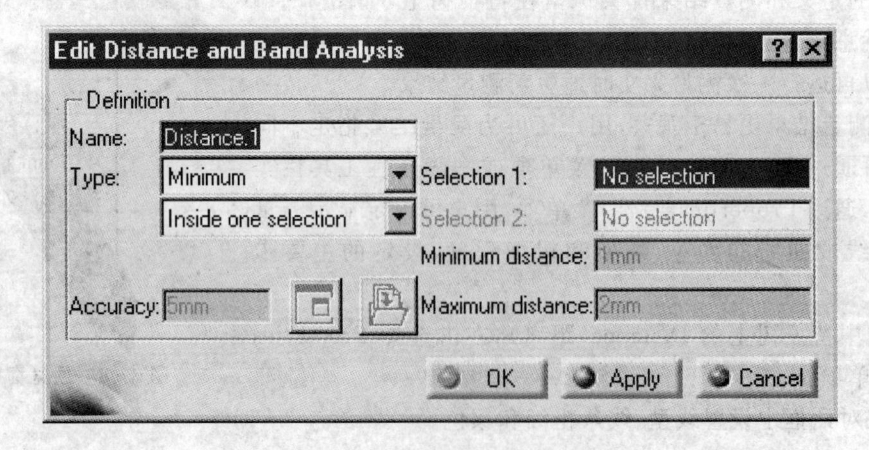

图 3－11 距离和区域编辑对话框

② 分别选择两个物体并测量两者之间的最小距离。

③ 单击 Apply(应用)按钮,则在预览窗口中出现结果,如图 3-12 所示。

图 3-12　最小距离测量结果

④ 在测量类型下拉列表框中,选择 Band Analysis(距离区域分析)。

⑤ 类型设置完成后,Minimum distance(最小距离)和 Maximum distance(最大距离)列表框被激活,分别将后面的数值改为 32 mm 和 36 mm。

⑥ 若用户需要设定精度值,则在被激活的 Accuracy(精度)列表框中键入精度值,此处默认值为 5 mm。

⑦ 单击 Apply(应用)按钮,则出现计算过程条以方便用户监测和打断计算过程,如图 3-13 所示。

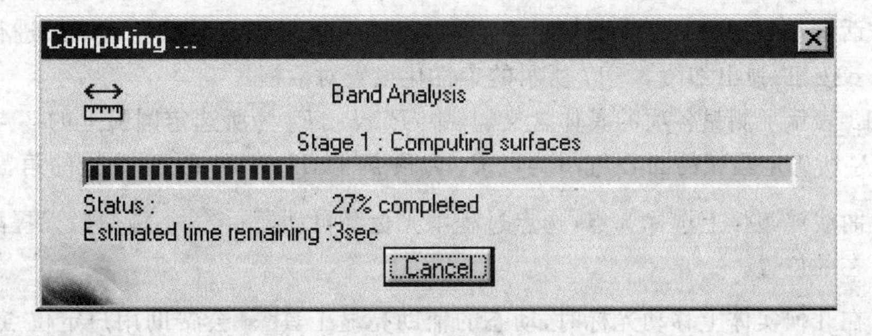

图 3-13　计算过程条

距离区域分析完成后，计算结果显示在对话框中，如图 3－14 所示。

⑧ 单击 OK(完成)按钮，则计算结果保存在特征树中，如图 3－15 所示。

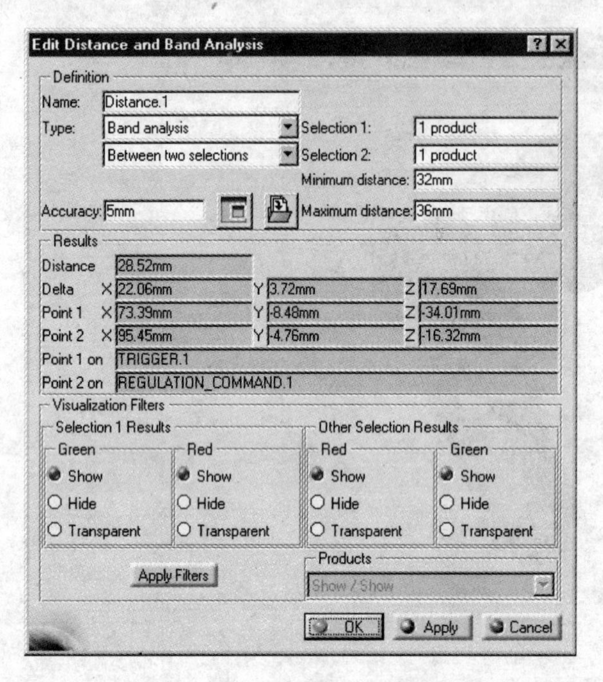

图 3－14 距离区域分析计算结果

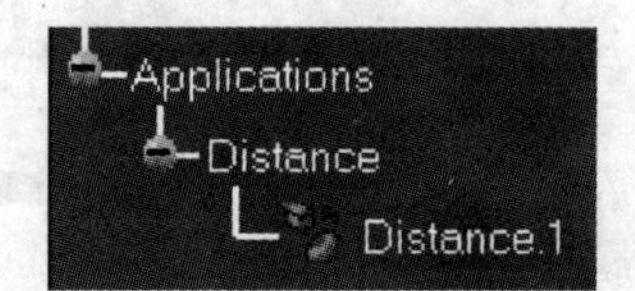

图 3－15 在特征树中保存测量结果

3.2.4 圆弧测量分析

三点弧线测量(Arc through Three Points)是指通过定义弧线上的 3 点(起点、中点、终点)来确定一段圆弧，并用这段圆弧来近似反映被测弧线。其中，可测量的项目包括弧线长度、中心角、顶点角、半径、直径以及 3 点的坐标值。

在 DMU Space Analysis(电子样机空间分析)工具栏中，单击 Arc through Three Points(三点弧线测量)按钮，或选择 Analyze(分析)|Arc through Three Points(三点弧线测量)菜单项，则弹出如图 3－16 所示的对话框。

其中，位于对话框左下角的 Keep Measure(保存测量)的功能是把测量结果保存在特征树中。位于对话框右下角的 Customize(个性设置)选项可以根据需要对测量结果进行设置。单击 Customize 按钮，弹出如图 3－17 所示的个性化设置对话框。

图 3－18 表示了测量各项的具体含义，其中，P_1，P_2，P_3 为所选定圆弧上的 3 点，α 为弧线上 P_1，P_2，P_3 所确定圆弧的圆心角，β 为以 P_2 为顶点、以 P_1P_2 和 P_2P_3 为边的角。

在一段曲线或圆弧上选择 3 点，选点过程中光标会自动提示，以提醒用户此时在测量中所在的位置。

当用户在几何实体上移动光标时，动态的辅助亮显工具会帮助用户定位点，当光标移动到边界时，边界会高亮显示。

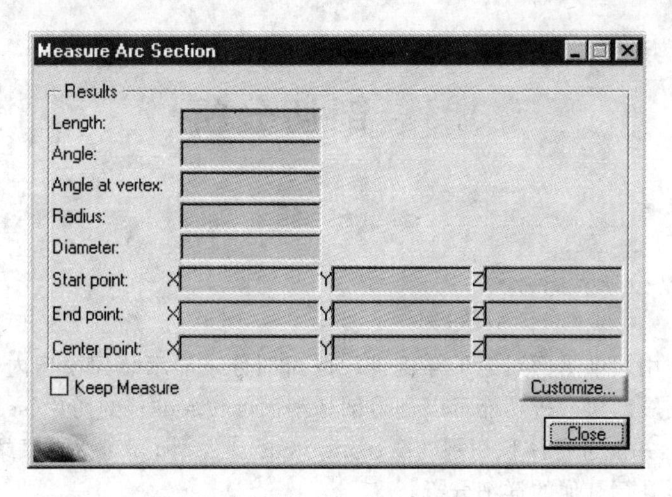

图 3－16　三点弧线测量对话框

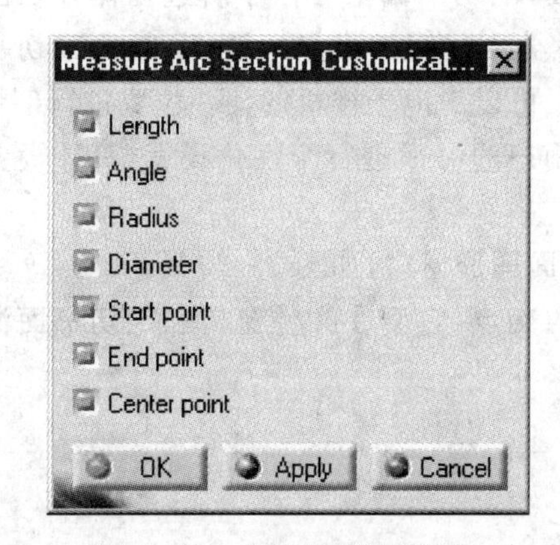

图 3－17　个性化设置对话框

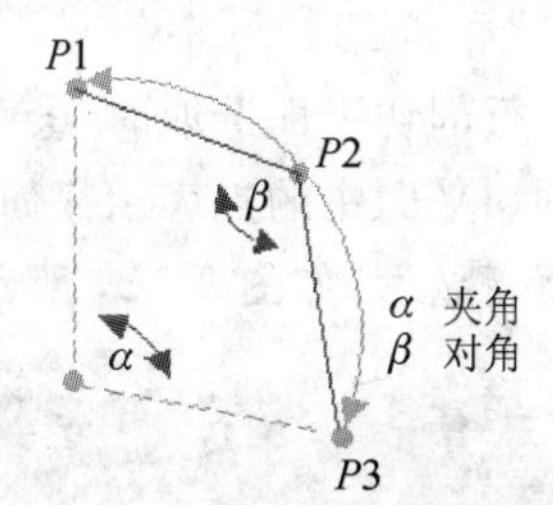

图 3－18　三点弧线测量选项示意图

如果对批注位置进行修改，可以将光标移到批注区域，当光标变成十字箭头时，单击并将批注拖到理想位置，如图 3－19 所示，同时测量结果对话框也列出了测量结果。其中，在批注结果中，标有“～”的测量结果表示近似值，用户可将其删除。

单击 Close(关闭)按钮，结束测量。

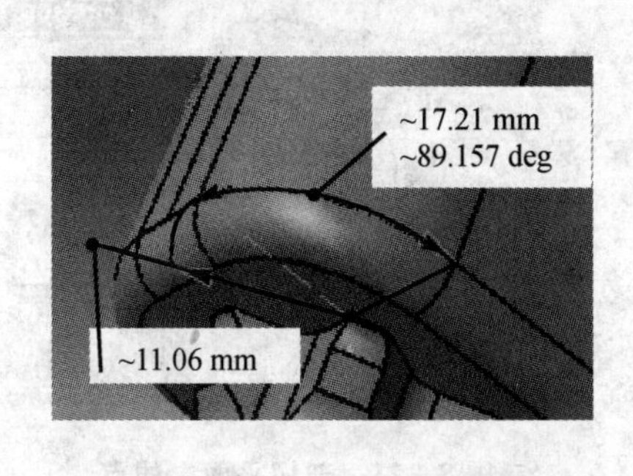

Measure Arc Section

Results

	X	Y	Z
Length: 17.21mm			
Angle: 89.157deg			
Angle at vertex: 135.421deg			
Radius: 11.06mm			
Diameter: 22.12mm			
Start point:	130.731mm	3.498mm	-101.104mm
End point:	120.8mm	14.498mm	-105.735mm
Center point:	120.707mm	3.438mm	-105.778mm

Keep Measure　Customize...　Close

图 3－19　弧线测量计算结果

3.3 剖切分析

3.3.1 剖切分析简介

剖切分析是利用切削平面对电子样机进行截面剖分来显示装配模型内部结构，并进行简单的干涉分析。利用剖切分析功能可以创建剖切平面(sections)、剖切片(section slices)、剖切箱(section boxes)，并能进行体积切割(3D section cut)。另外，还可以在系统提供的结果窗口中对二维截面图形进行其他的详细分析。

默认剖切平面平行于系统坐标系的 YZ 平面，剖切平面中心位于所选物体外切圆的圆心位置。剖切平面有自身的定位坐标系。U,V,W 分别代表三个坐标轴，W 轴为剖切平面的法向量。进行剖切分析时，利用剖切平面操作命令，可以对电子样机的任一位置进行剖切，其中，剖切平面的默认位置和法向量的方向可以根据用户的习惯进行个性化设置，具体设置方法见 3.3.2 节的介绍。

进行剖切平面选取时，会弹出一个单独的截面图形窗口，如图 3-20 所示。

剖切平面中的点表示任何曲线元素同平面的交点，它们在文件窗口和剖切平面浏览器中都会高亮显示，如图 3-21 所示。

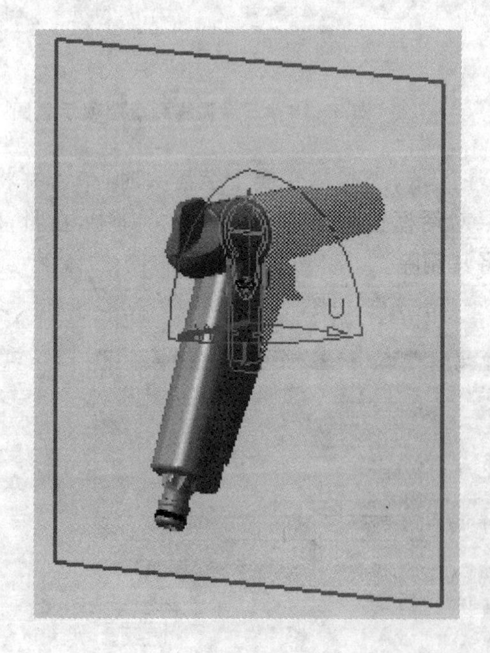

图 3-20 剖切平面与被切物体

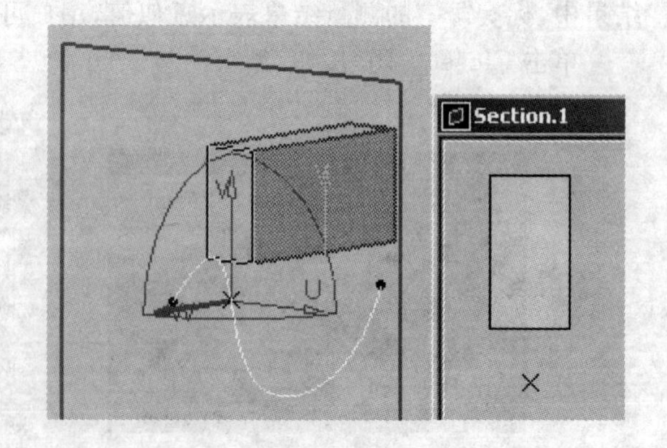

图 3-21 剖切平面中的点

体积切割是将材料从剖切平面的反方向切除，暴露电子样机的内腔，以便观察电子样机的内部结构。此外，剖切平面可选取功能结合的两项测量功能对剖切图进行测量。

3.3.2 剖切设置

为使选取的剖切平面操作环境更加适合用户的要求，本节将详细介绍剖切平面选取个性化设置的方法，主要分为以下几个步骤：

① 选择 Tools(工具)|Options(操作)菜单项。

② 在对话框左侧特征树中，单击 Digital mockup(数字模型)|DMU Space Analysis(电子样机空间分析)，则在对话框右侧弹出相应的个性化设置选项。

③ 单击 DMU Sectioning(剖切)标签，则弹出剖切平面选取个性化设置选项，如图 3－22 所示。其中，剖切平面的个性化设置内容包括 Section Planes(剖切平面)，Section Grid(剖切栅格)及 Result Window(结果窗口)设置。

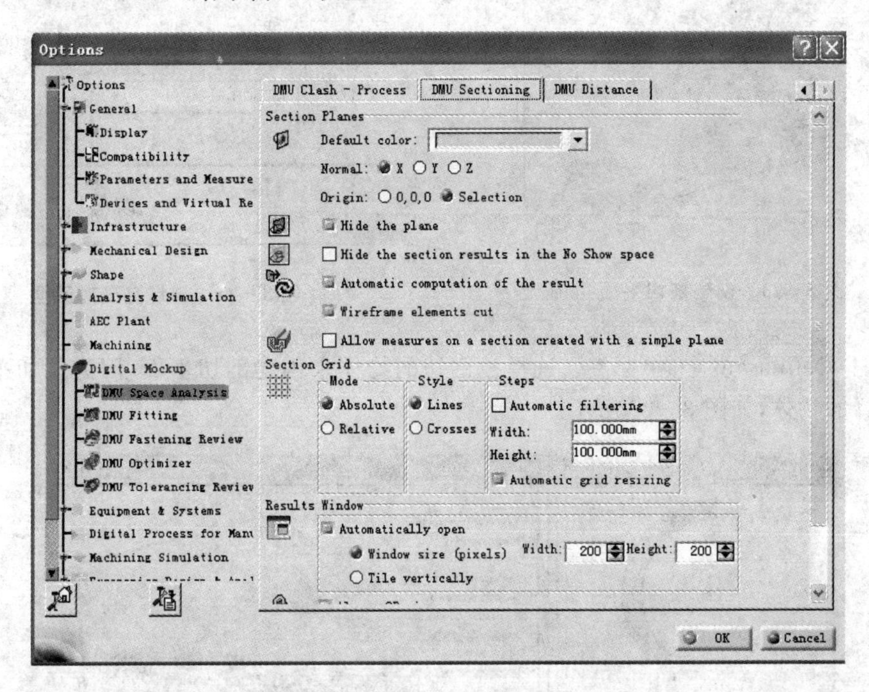

图 3－22 剖切平面选取的个性化设置

3.3.3 创建剖切

本节将介绍如何创建剖切和确定剖切平面的法向矢量的方向，具体操作方法如下：

① 选择 Insert(插入)|Sectioning(剖切)菜单项，或在 DMU Space Analysis(电子样机空间分析)工具栏中，单击 Sectioning(剖切)按钮创建一个剖切平面，如图 3－23 所示。

其中，剖切平面是自动创建的，如果在输入命令之前没有创建剖切平面，则新建的平面剖切整个物体；如果在输入命令之前选择了物体，则新建的平面剖切选中的物体。

② 输入命令后则弹出现剖切定义对话框，如图 3－24 所示。该对话框提供了一系列对定位、移动和旋转剖切平面、剖切片和剖切箱的工具。

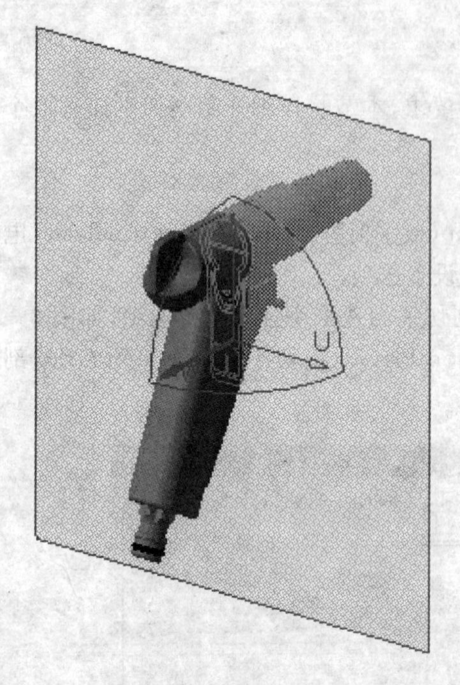

图 3-23　创建剖切平面

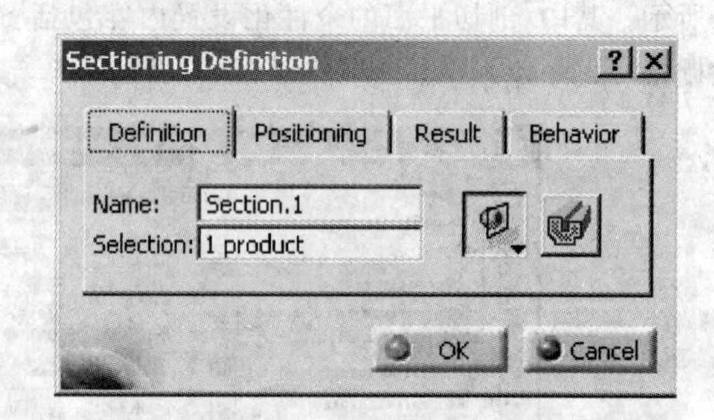

图 3-24　剖切定义对话框

③ 单击 Definition(定义)标签。选择被剖切的物体来创建剖切平面，因为剖切平面只剖切用户选择的物体，如图 3-25 所示。

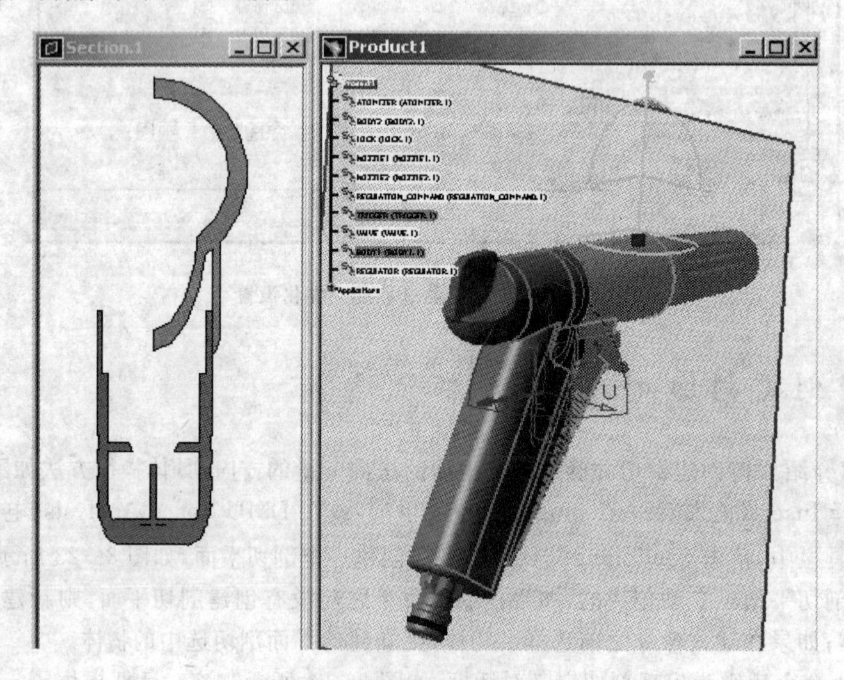

图 3-25　创建剖切平面

④ 利用剖切平面操作命令可以调整截面的尺寸和位置。

⑤ 在剖切平面定义对话框中单击 Positioning(定位)标签，则弹出剖切平面定位对话框，如图 3-26 所示。选择 X，Y 或 Z 单选按钮来定位剖切平面的法向矢量。这里，以 Z 单选按钮为例，则剖切平面被定位为垂直于 Z 轴，如图 3-27 所示。

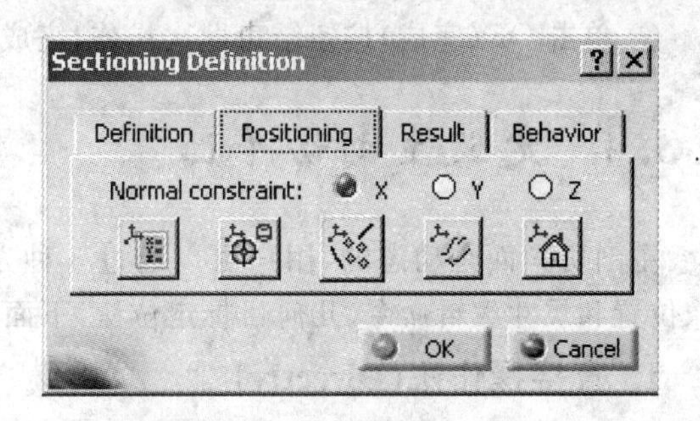

图 3-26　剖切平面定位对话框

⑥ 双击剖切平面的法向矢量或单击 Invert Normal(翻转法线)按钮以翻转剖切平面的法线方向，如图 3-28 所示。

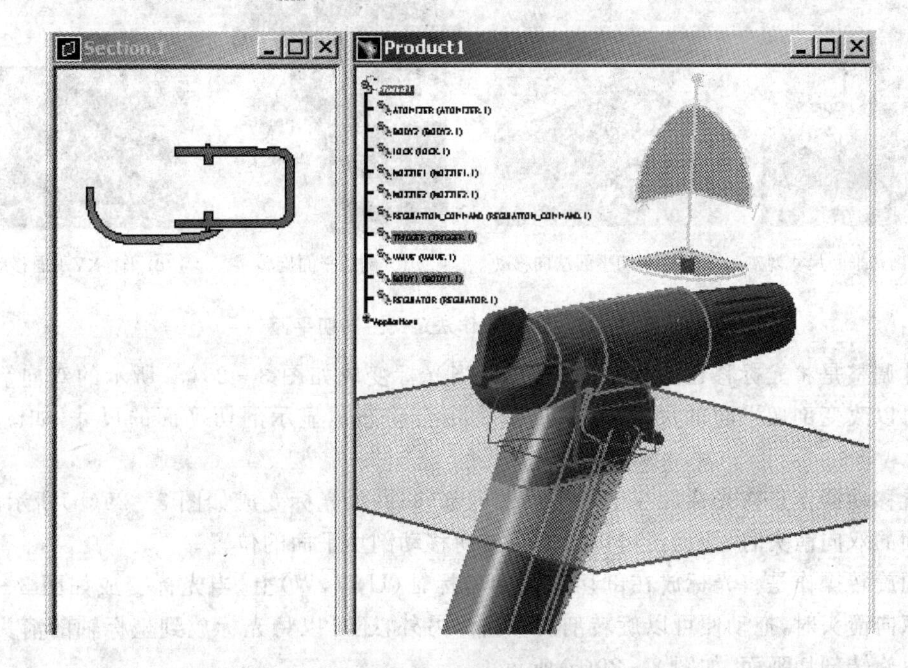

图 3-27　剖切平面定位

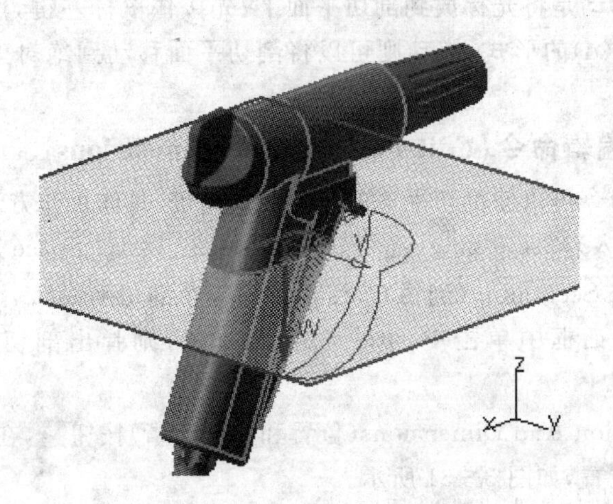

图 3-28　翻转剖切平面法线

⑦ 单击 OK(完成)按钮结束此次操作,完成剖切平面的创建。

3.3.4 定义主剖切平面

主剖切平面是动态的,用户可以通过 3 种方法对主剖切平面进行操作,分别为直接操作法、位置和尺寸编辑命令、几何目标定位法,下面将分别介绍这 3 种方法。

1. 直接操作法(Directly)

直接操作法就是直接利用鼠标完成,一般剖切平面的操作是尺寸调整、方向旋转、XY 平面内的位置移动、平行 XY 平面的移动,分别如图 3-29 所示。

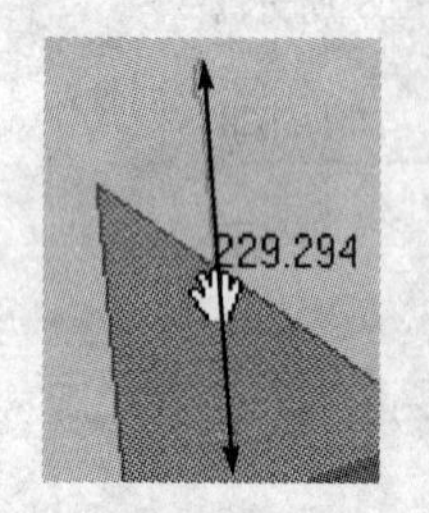

(a) 剖切平面尺寸调整

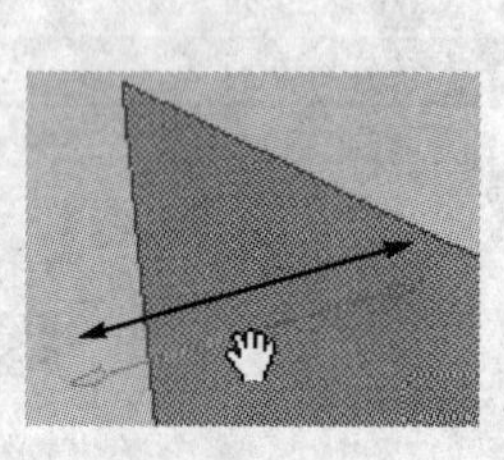

(b) 剖切平面法向移动

(c) 剖切平面旋转

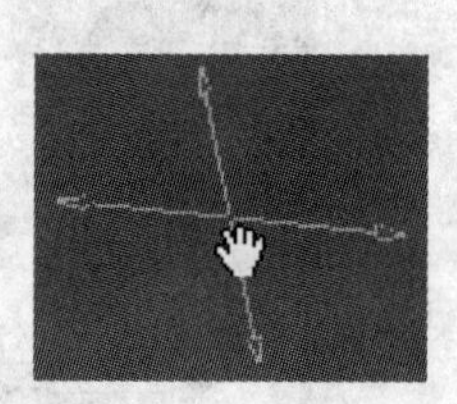

(d) 平行XY平面移动

图 3-29 直接操作法定义主剖切平面

尺寸调整是将光标移在剖切平面的边上,当光标变成如图 3-29(a)所示的双向箭头时,拖动则可以改变剖切平面的尺寸,拖动的过程中会动态地显示剖切平面的尺寸,如图 3-29(a)所示。

位置移动操作是将光标放在剖切平面的内部移动,当光标变成如图 3-29(b)所示的垂直剖切平面的双向箭头时,拖动便可以沿箭头方向移动剖切平面的位置。

方向旋转操作是将光标放在剖切平面的坐标轴(U,V,W)上,当光标变成如图 3-29(c)所示的双向箭头时,拖动便可以旋转剖切平面。另外,还可以将光标放到坐标轴的箭头处,拖动便可以旋转剖切平面,如图 3-29(c)所示。

平行 XY 平面的移动是将光标放到剖切平面上,先按住鼠标左键,然后再按住鼠标中键,这时光标变成图 3-29(d)的形式,拖动则可以将剖切平面移动到绝对坐标系的任一位置,但是剖切平面不能旋转。

2. 位置和尺寸编辑命令(Edit Position And Dimensions)

位置和尺寸编辑命令可以使剖切平面的定位更加精确,具体操作方法如下:

① 选择 Insert(插入)|Sectioning(剖切)菜单项,或在 DMU Space Analysis(电子样机空间分析)工具栏中,单击 Sectioning(剖切)按钮创建一个剖切平面。

② 在剖切定义对话框中单击 Position(定位)标签,则弹出剖切平面定义对话框,如图 3-30 所示。

③ 单击 Edit Position And Dimensions(位置和尺寸编辑)按钮,在弹出的对话框中键入参量定义剖切平面的位置,如图 3-31 所示。

定义剖切平面的中心位置:Origin 栏中的 X,Y,Z 分别是剖切平面中心的绝对坐标值。

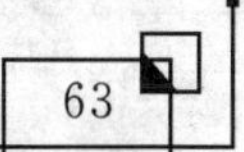

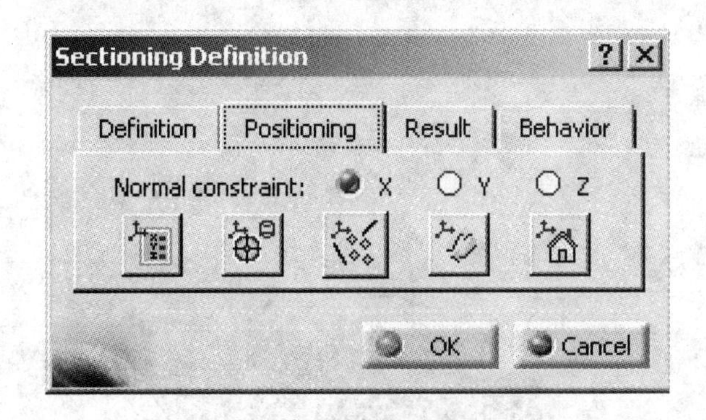

图 3-30　剖切定义对话框

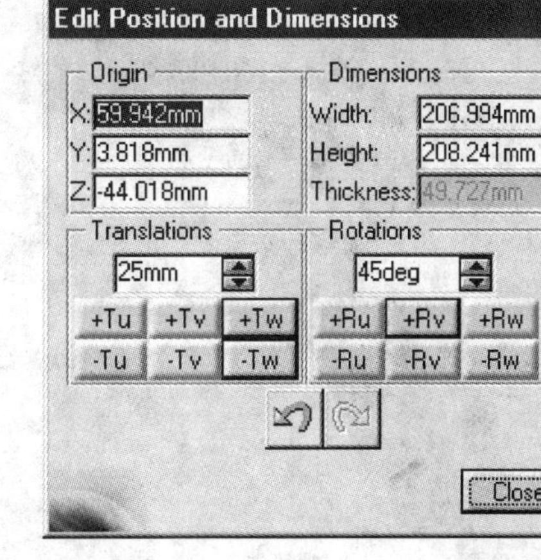

图 3-31　位置和尺寸编辑对话框

设定剖切平面的尺寸：Dimensions 栏中的 Width 和 Height 分别为剖切平面的宽度和高度，Thickness 为剖切片和剖切箱的厚度。

剖切平面的移动：Translations 栏中的数值为每次移动的单位距离，其数值可以用微调按钮调节，也可以从键盘输入，±Tu，±Tv，±Tw 按钮分别代表剖切平面沿 3 个坐标轴移动的方向。例如，将 Translations 栏中的数值设置为 25 mm，然后单击＋Tw 按钮，则剖切平面将会沿 W 轴的正向移动 25 mm，如图 3-32 所示。

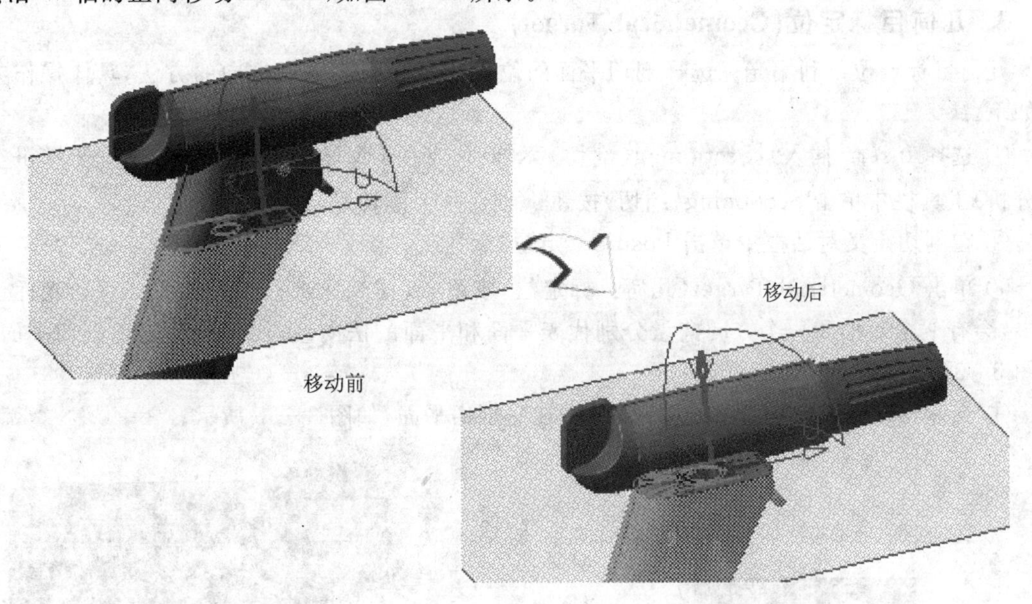

图 3-32　剖切平面的移动

Rotations 栏中的数值为每次旋转的单位角度。±Ru，±Rv，±Rw 按钮分别代表剖切平面绕坐标轴旋转的方向。例如，在 Rotations 栏设置角度值 45°，然后单击＋Rv 按钮，则剖切平面将会绕 V 轴顺时针旋转 45°，如图 3-33 所示。

④ 剖切平面到达用户满意的位置后，在位置和尺寸编辑对话框中单击 Close（关闭）按钮。

⑤ 在剖切平面定义对话框中单击 OK（完成）按钮完成主剖切平面的定义。

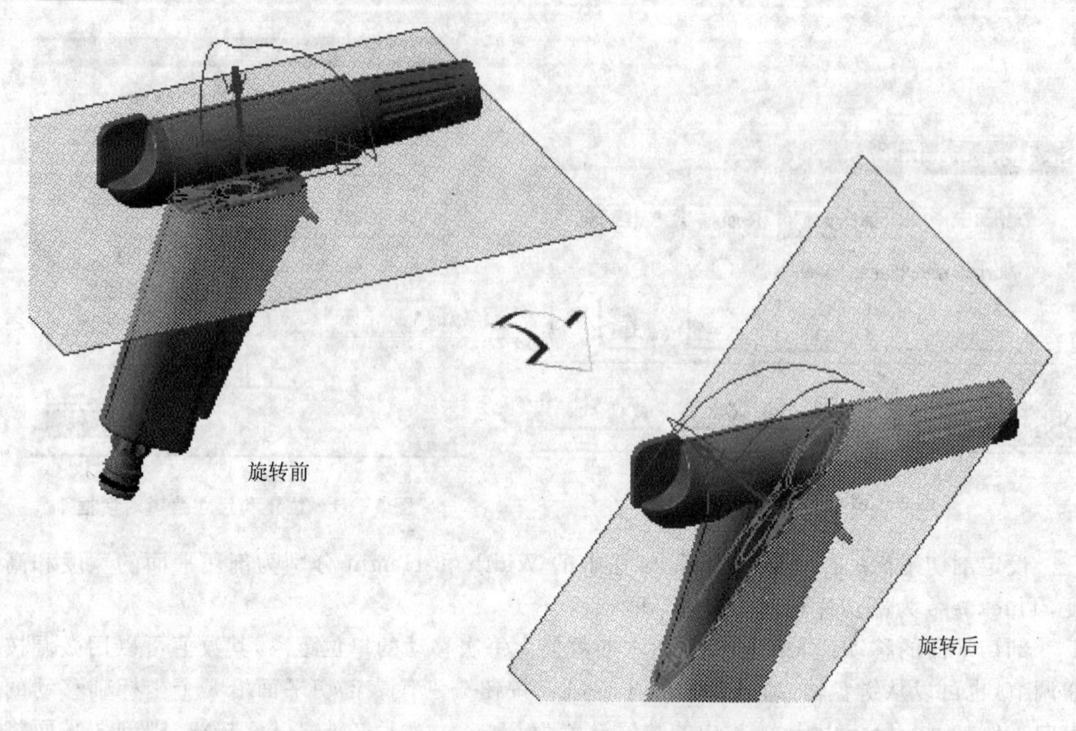

图 3-33 剖切平面的旋转

3. 几何目标定位(Geometrical Target)

几何目标定位是利用光标选择剖切平面的位置并控制剖切平面方向的方法,具体操作方法如下:

① 选择 Insert(插入)|Sectioning(剖切)菜单项,或在 DMU Space Analysis(电子样机空间分析)工具栏中单击 Sectioning(剖切)按钮创建一个剖切平面。

② 在剖切定义对话框中单击 Position(定位)标签。

③ 单击 Geometrical Target(几何目标定位)按钮,用光标选择目标位置。移动光标过程中,会有一个矩形和一个方向向量分别代表平面和平面的法向量,用来辅助定位剖切平面,如图 3-34 所示。

④ 光标移动到用户满意的位置后,单击建立剖切平面,如图 3-35 所示。

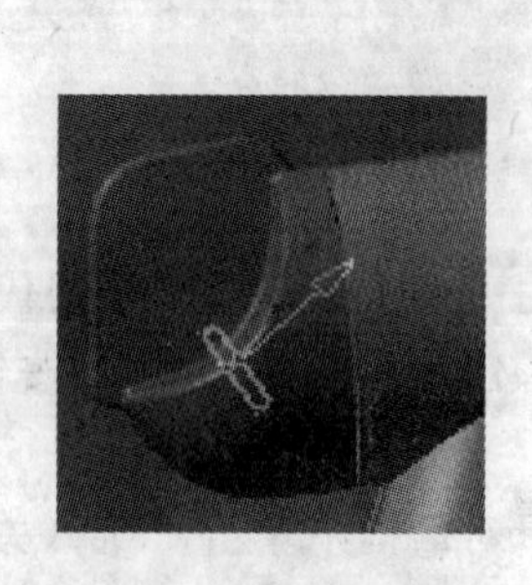

图 3-34 几何目标定位

图 3-35 建立剖切平面

如果剖切平面垂直边界线，则单击该边界线即可。该命令具有智能识别圆柱体的功能，并自动捕捉其轴线；如果要取消该捕捉功能，只要在寻找目标位置处按住 Ctrl 键即可。

⑤ 单击 Reset Position（重新定位）按钮将剖切平面的中心恢复到原始位置。

⑥ 单击 OK（完成）按钮完成此次操作。

3.3.5 剖切分析浏览

本节将讲述如何使用大部分的剖切分析浏览功能。

在剖切平面定义对话框中 Result 标签下以及右击弹出的菜单项中提供了大部分对剖切结果进行操作的工具，分别如图 3-36 和图 3-37 所示。下面将以具体实例分别讲述这些工具的使用，具体操作方法如下：

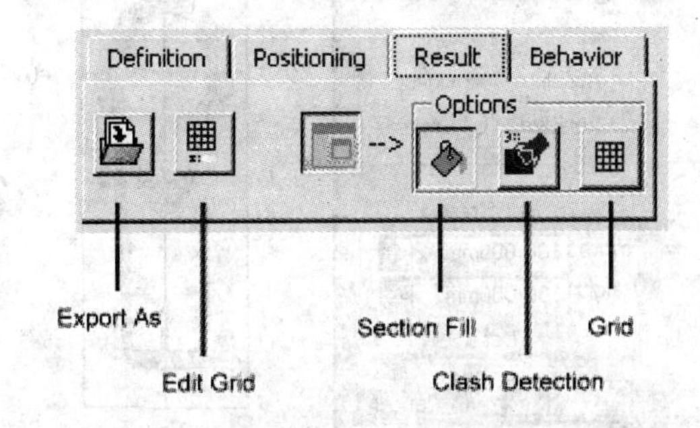

图 3-36　剖切平面定义对话框提供的工具

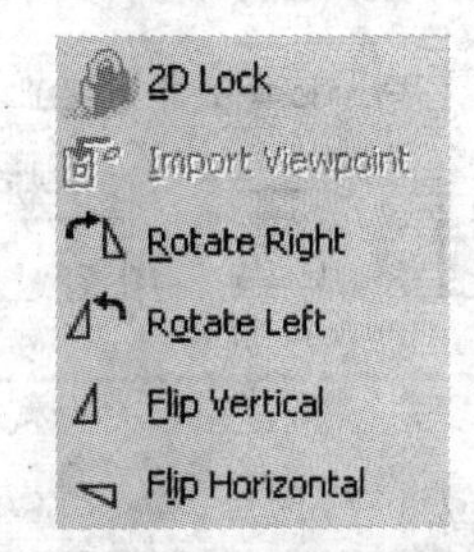

图 3-37　右击弹出的菜单项提供的工具

① 选择 Insert（插入）|Sectioning（剖切）菜单项，或在 DMU Space Analysis（电子样机空间分析）工具栏中，单击 Sectioning（剖切）按钮。创建一个剖切平面，如图 3-38 所示。

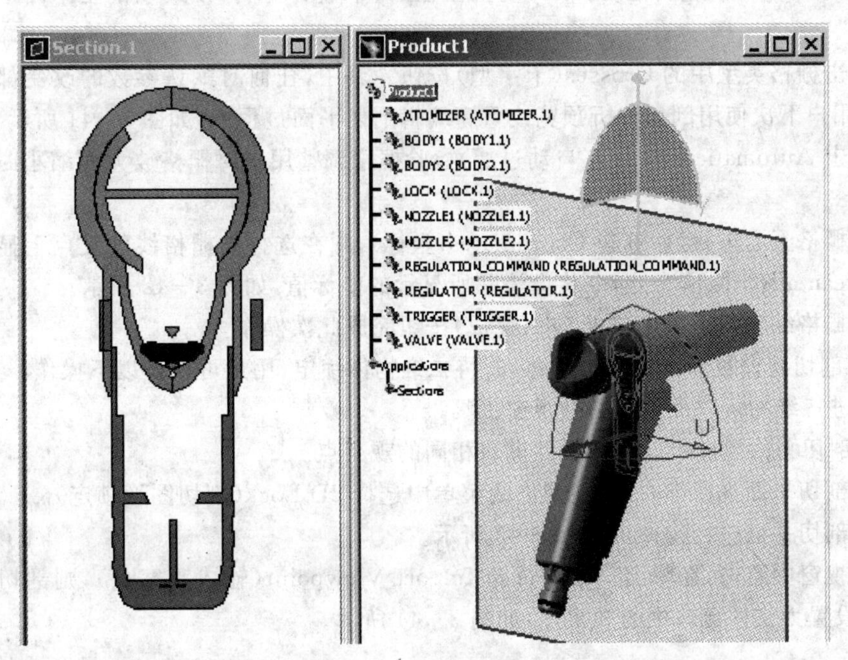

图 3-38　创建剖切平面

② 右击则出现翻转和旋转命令，如图 3-37 所示。

单击 Flip Vertical(垂直翻转)按钮 或 Flip Horizontal(水平翻转)按钮 使剖切平面垂直或水平翻转 180°。

单击 Rotate Right(右旋转)按钮或 Rotate Left(左旋转)按钮使剖切平面向右或向左旋转 90°。

③ 在 Sectioning Definition(剖切平面定义)对话框中单击 Result(结果)按钮，如图 3-39 所示。然后单击 Grid(栅格)按钮，则显示二维的栅格。

④ 单击 Edit grid(栅格编辑)按钮调整栅格的参数，如图 3-40 所示。

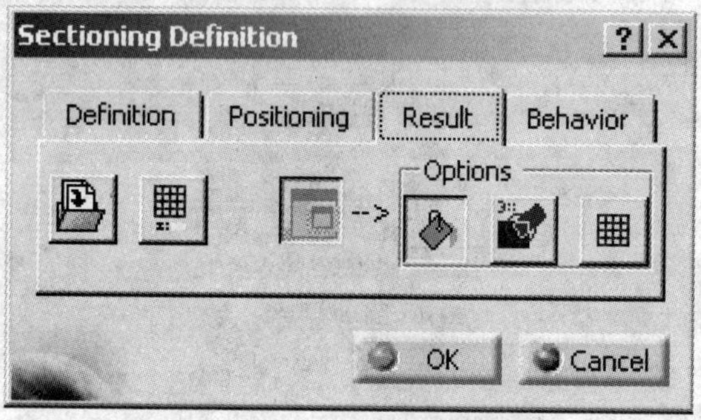

图 3-39 剖切平面定义对话框

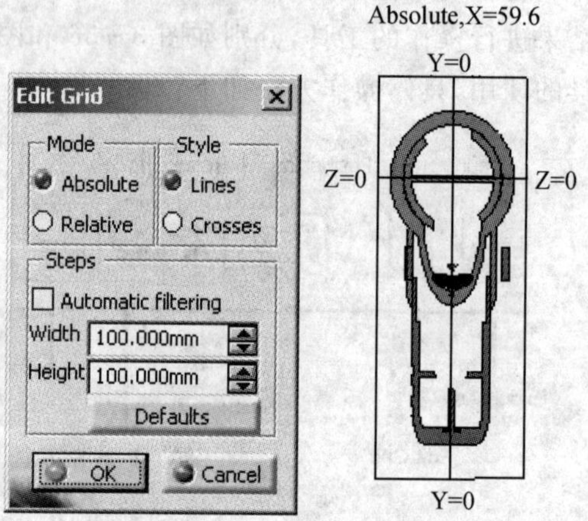

图 3-40 栅格编辑

⑤ 通过定义栅格水平方向的宽度和垂直方向的高度，将栅格尺寸设置为 10×10。

⑥ 单击 Relative(相对坐标)模式定义按钮，其中，相对坐标模式以剖切平面中心为坐标原点。

⑦ 单击栅格类型中的 Crosses(十字型)按钮。其中，任何对默认参数的改变都会被保存并应用于用户下次使用剖切分析预览或重新编辑剖切平面过程中，如图 3-41 所示。

⑧ 单击 Automatic filtering(自动过滤)检验框来调整用户对栅格放大和缩小时栅格显示的细节。

⑨ 在栅格上右击，然后选择 Coordinates(坐标)，则在选择的栅格线的交点上显示交点的坐标值，Clean all(清除所有)命令将会清除所显示的坐标值，如图 3-42 所示。

⑩ 在栅格编辑对话框中单击 OK(完成)按钮完成此次操作。

此外，剖切视窗被锁定在二维物体，若将二维物体锁定，用户可执行以下操作：

* 引进三维物体以及使用三维视窗工具；
* 在剖切平面视窗中设置和文件窗口相同的观察点。

⑪ 在剖切平面视窗中右击，在弹出的菜单中选择 2D Lock(剖切图形锁定)。

⑫ 对剖切平面进行操作，如图 3-43 所示。

⑬ 在视窗中右击，在弹出菜单中选择 Import Viewpoint(输入观察点)，则剖切视窗中的观察点被设置为文件窗口中的观察点，如图 3-44 所示。

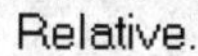

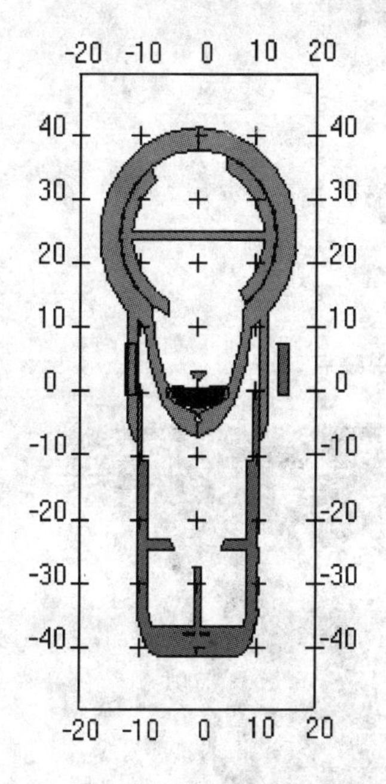

图3-41　栅格参数重新编辑

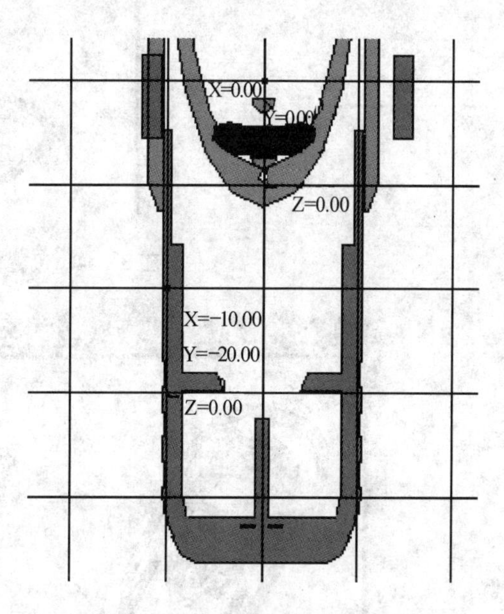

图3-42　显示栅格交点坐标值

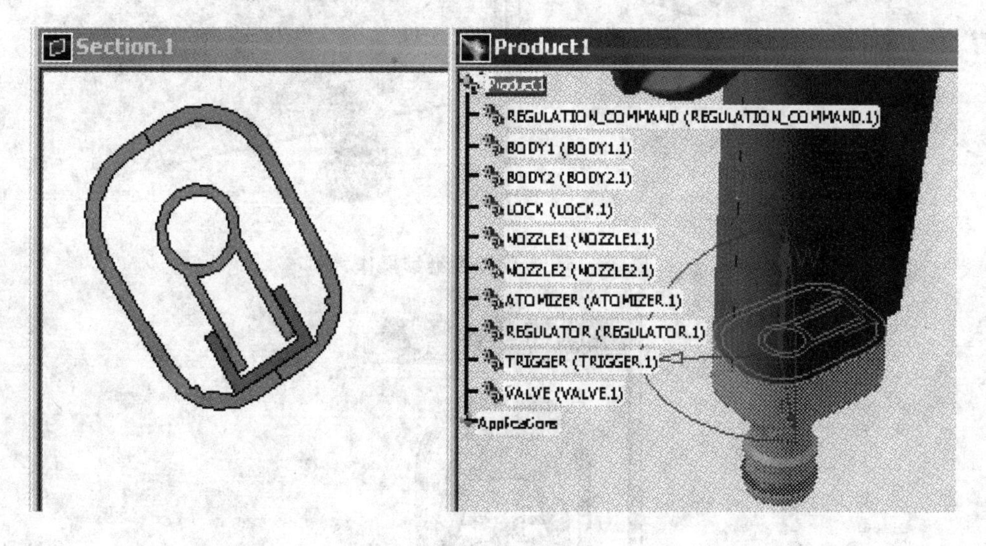

图3-43　操作剖切平面

⑭ 继续对剖切平面进行操作，如图3-45所示。

⑮ 返回被锁定的二维物体，如图3-46所示。

用户可以通过选择Sectioning Definition（剖切平面定义）对话框中Result（结果）产生的级联菜单中的Export As（输出）选项或选择Tools（工具）|Image（图像）|Capture（抓获）菜单项保存剖切分析结果。

⑯ 在剖切平面定义对话框中单击OK（完成）按钮完成操作。

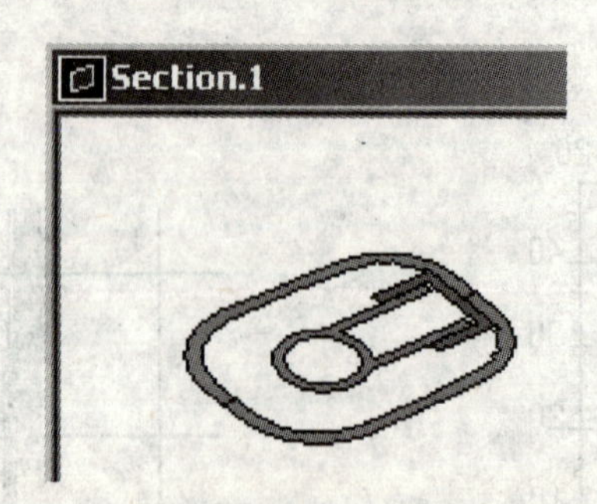

图 3-44　设置剖切视窗中的观察点

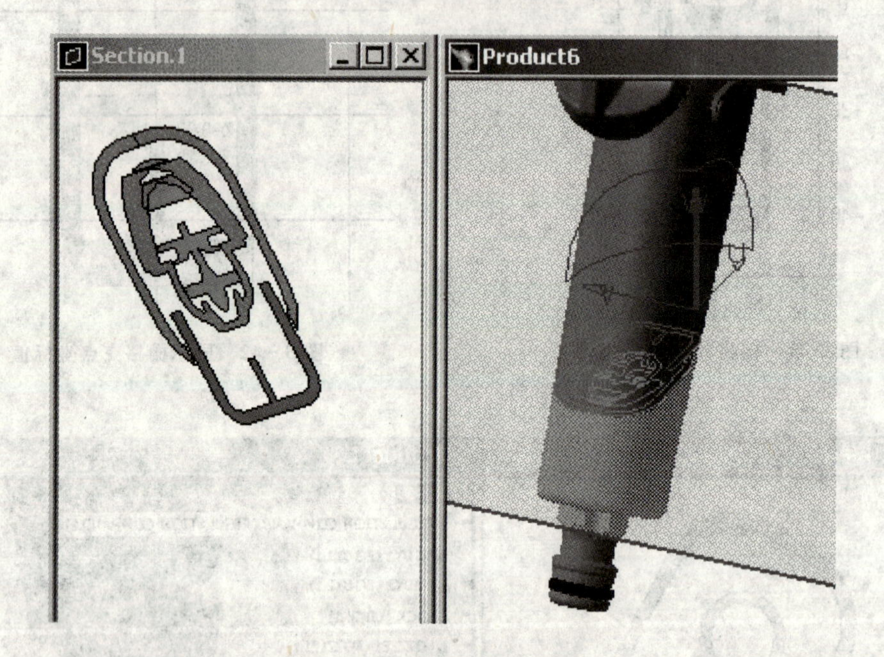

图 3-45　剖切平面继续操作

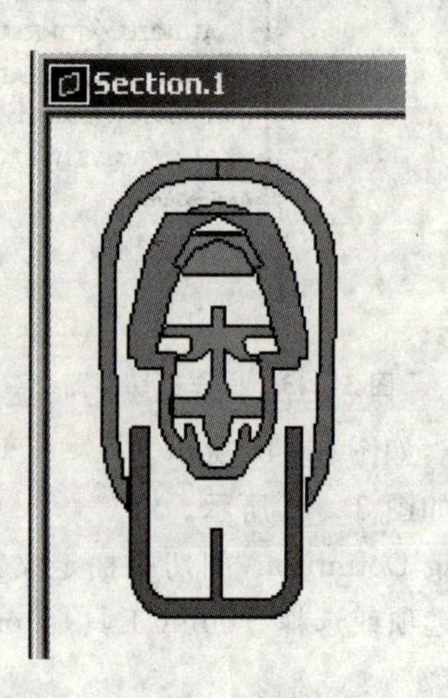

图 3-46　被锁定的二维物体

3.3.6 编辑剖切分析结果

主要从以下两个方面编辑分析结果。

1. 剖切平面更新

更新的步骤是：

① 右击特征树中的剖切平面名称。

② 选择 Section. 1 object(剖切平面1物体)|Update the section(更新剖切平面)菜单项，如图 3-47 所示。剖切平面更新后将删除所有的批注。

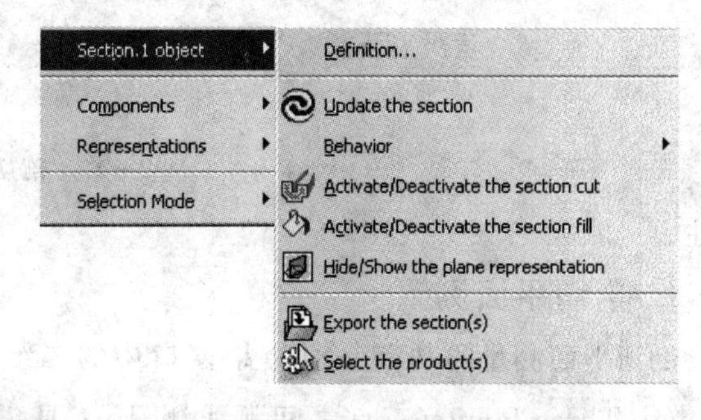

图 3-47 剖切平面自动更新设置

2. 保存剖切分析结果

在前面的章节中已经介绍过，用户可通过多种方法保存剖切分析结果，下面将进行具体介绍。

(1) 通过 Export As(输出)命令保存结果

下面将以具体实例对 Export As 命令进行讲解。操作步骤是：

① 选择 Insert(插入)|Sectioning(剖切)菜单项，或在 DMU Space Analysis(电子样机空间分析)工具栏中单击 Sectioning(剖切)工具按钮创建用户想要建立的剖切平面。

② 在 Sectioning Definition(剖切平面定义)对话框中单击 Result(结果)标签，如图 3-39 所示。

③ 单击 Export As(输出)工具按钮，保存结果文件。

④ 在 Save in(保存)下拉列表框内选择保存路径。

⑤ 在 File name(文件名)下拉列表框中键入保存文件名称。

⑥ 在 Save as type(保存类型)下拉列表框中选择保存文件的类型。

⑦ 单击 Save(保存)按钮，保存完成。

(2) 通过 Capture(抓获)命令保存结果

操作步骤是：

① 建立剖切平面。

② 在活动浏览器中选择 Tools(工具)|Image(图像)|Capture(抓获)菜单项。

③ 在 Capture(抓获)工具栏中单击 Vector mode(向量模式)工具按钮。

④ 单击 Save(保存)工具按钮完成对结果的保存。

3.3.7 注释剖切分析

用户可通过使用普通的测量工具，例如二维和三维测量工具，对结果窗口中的二维截面图形进行注释，总体效果如图 3-48 所示。

下面将简单介绍以下 3 种类型的剖切平面批注方法：剖切平面测量、三维批注和二维

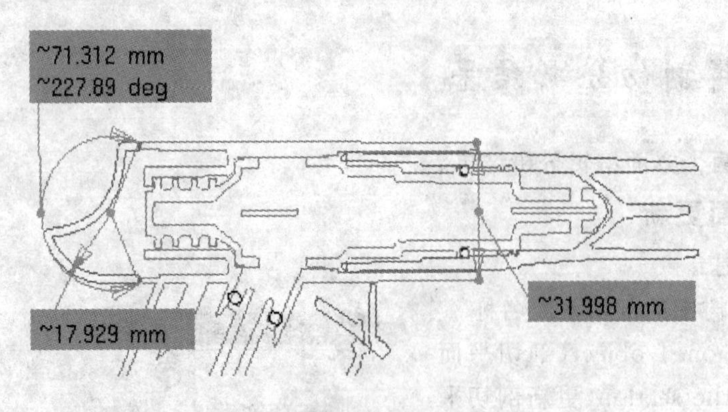

图 3-48 剖切注释

批注。

1. 剖切平面测量

剖切平面测量的功能是对结果窗口中的二维图形进行测量，可利用的测量工具有 Arc through Three Points(三点之间弧线测量)工具，Measure Between(距离测量)工具及 Measure Item(项目测量)工具。

2. 三维注释

三维注释的功能是为二维剖切平面图形进行文字注释、零件名称注释和点坐标的注释，使用方法如下：

① 双击特征树中的剖切平面选取结果，如果在剖切平面选取中直接进行注释，则此步可以省略。

② 选择 Insert(插入)|3D Annotation(三维注释)菜单项，或在 DMU Space Analysis(电子样机空间分析)工具栏中单击 3D Annotation(三维注释)工具按钮，在二维剖切平面图形上选择注释的位置后单击，则弹出注释文本对话框及文本特性工具栏中进行文字编辑，如图 3-49 所示。

图 3-49 注释文本对话框和文本特性工具栏

在 NT 系统中，可以在注释窗口中插入 Symbol(符号)图标，单击 Text Properties(文本特性)右下角的下三角按钮，则弹出如图 3-50 所示的符号列表。

③ 在 Annotation Text(注释文本)对话框中键入要输入的文字，使用 Text Properties(文本特性)工具栏可以改变字体大小和类型，如图 3-51 所示。

④ 使用绿色操作器定位输入的文本，如图 3-52 所示。

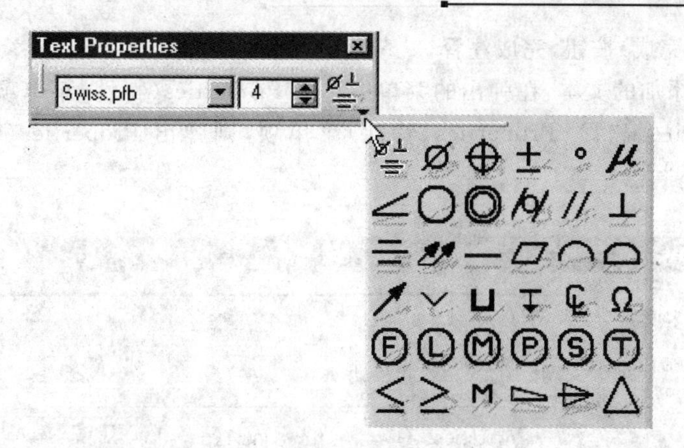

图 3-50 文本特性符号列表

图 3-51 文本特性工具栏的使用及效果

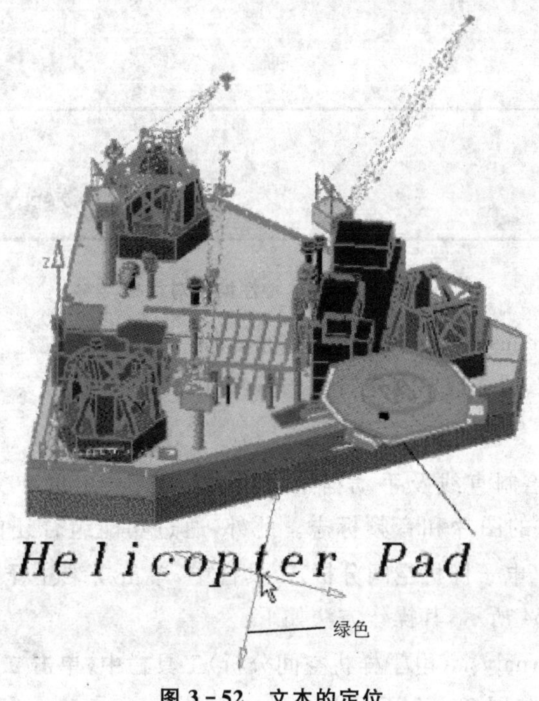

图 3-52 文本的定位

⑤ 单击 OK(完成)按钮,完成注释。

⑥ 右击用户添加的文本,在弹出的菜单中选择 Properties(特性)菜单项,或单击文本,在菜单栏中选择 Edit(编辑)| Properties(特性)菜单项,则弹出 Properties(特性)对话框,如图 3-53 所示。

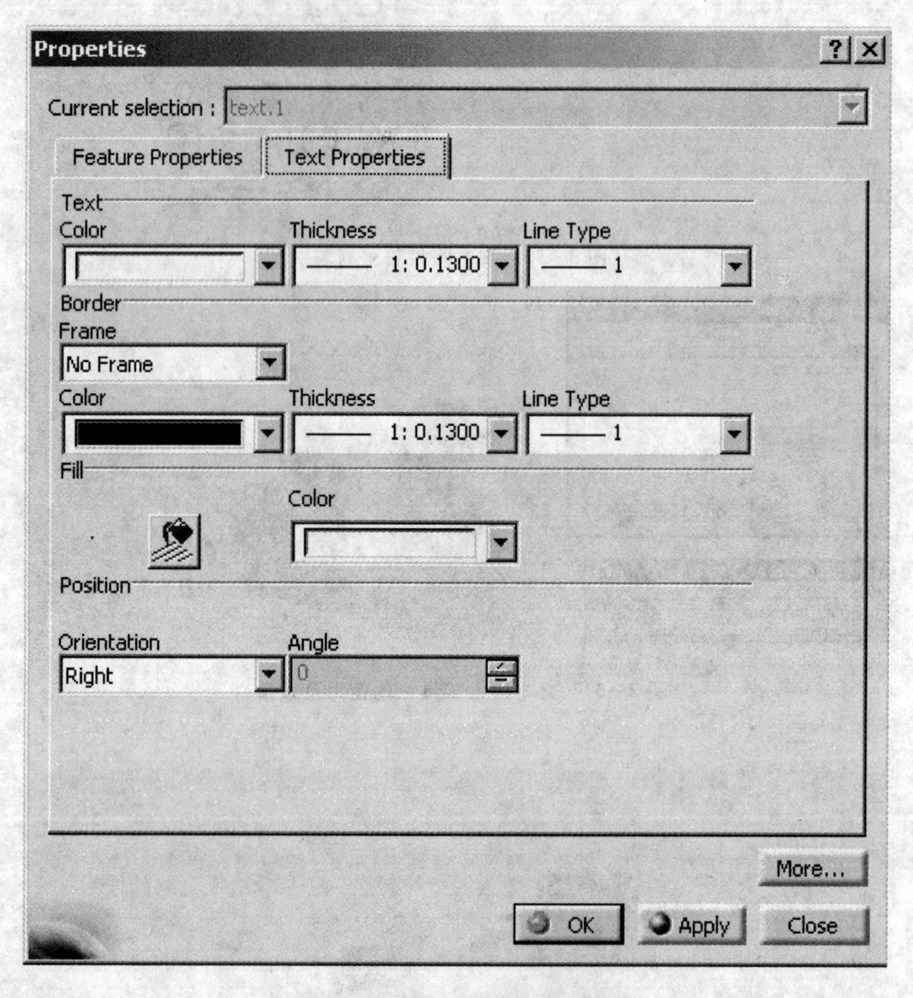

图 3-53 文本特性编辑对话框

⑦ 单击 Text Properties(文本特性)标签,对文本特性进行修改。

⑧ 单击 OK(完成)按钮完成对文本特性的编辑。

3. 二维注释

二维注释功能用于绘制直线及手动描绘直线、圆、箭头、矩形和文字注释等,并能插入 tiff,jpg,bmp 和 rgb 格式的图片和音频标志。此外,通过功能组合还能够进行复杂的注释。在 DMU Space Analysis(电子样机空间分析)工具栏中,单击二维注释工具按钮,则弹出二维注释工具栏,如图 3-54 所示,其操作方法如下:

① 在 DMU Space Analysis(电子样机空间分析)工具栏中,单击二维注释工具按钮,在特征树中建立 2D View,如图 3-55 所示。

② 在二维注释工具栏中选择相应的工具按钮,可绘制直线及手动描绘线、圆、箭头和矩形。

③ 将光标移至要创建对象的起点,单击并拖动到要创建对象的终点,放开鼠标即可。

④ 在特征树中右击 View. 1,选择 View. 1 object|Link/Unlink(连接/断开)菜单项,则注释将不再与视图连接,如图 3-56 所示。

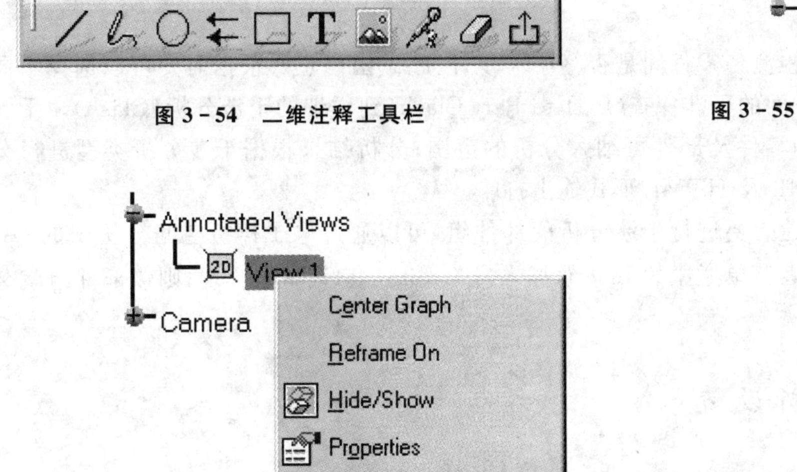

图 3-54 二维注释工具栏

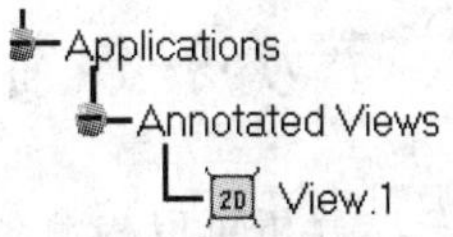

Applications
Annotated Views
View.1

图 3-55 二维注释特征树

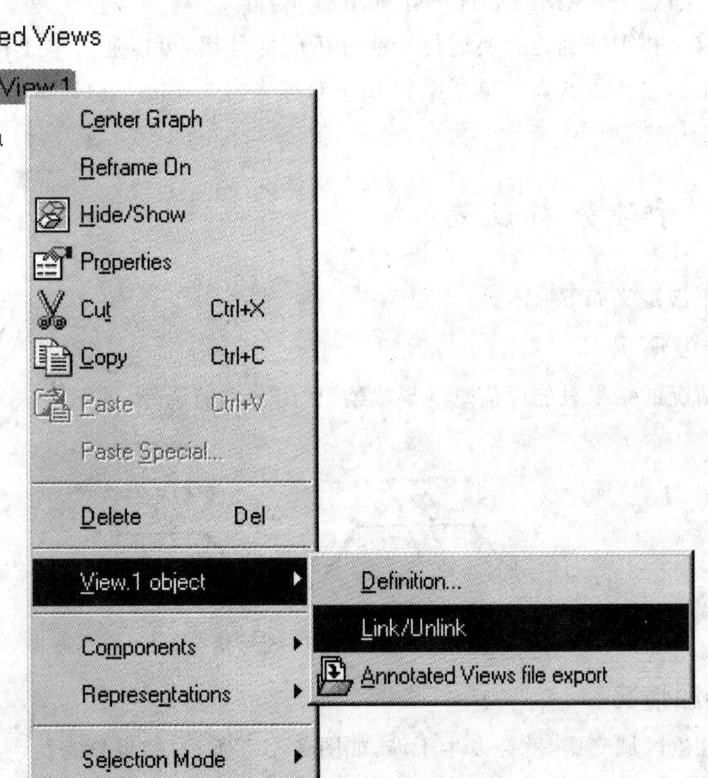

图 3-56 注释与视图连接间的切换

注意,注释必须在激活窗口时进行,因为注释与激活窗口默认时是连接在一起的,如果视图被旋转、移动或缩放,则注释消失。如果取消注释与视图的连接,注释将被锁定。

⑤ 如果要连接注释和视图,则重复第④步。

⑥ 单击“文字编辑”工具按钮 T,进行文字批注的编辑,步骤与三维注释相同。

3.4 干涉分析

3.4.1 干涉分析简介

通过干涉分析可以检测各零件间是否存在干涉，以此做出修正。根据需要可以选择不同层次的干涉分析，从零件间的干涉探查(Part to Part Clash)到详细的干涉分析(Clash)。干涉分析过程中，只有可见的零件及部件可纳入分析的范围；分析结果根据干涉分析类型进行分类，同时可以以 text，XML 及 HTML 形式输出打印。

做干涉分析前需创建想要进行干涉分析的部件组，可以通过电子样机空间分析中的 Grroup(组)工具按钮或者菜单栏中的 Insert(插入)| Group(组)菜单项实现，则该部件组就会在特征树中显示。

3.4.2 干涉分析设置

各种干涉定义如下所示。

1. 干涉情况

干涉情况的结果只能以信息的形式给出，用户不能选择，如图 3-57 所示。

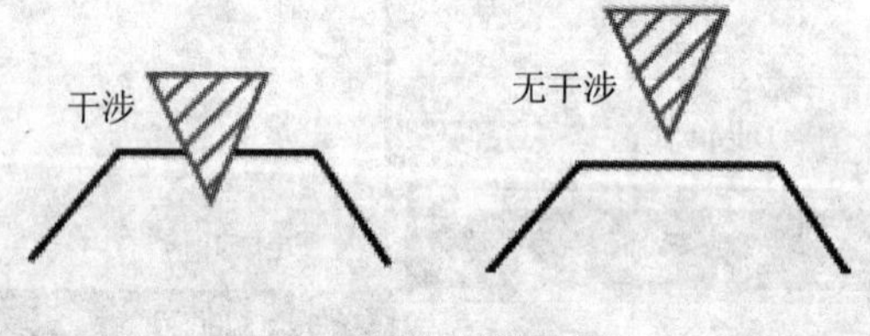

图 3-57 干涉情况

2. 接触情况

如果红色区域交迭，就会发生干涉，如图 3-58 所示；如果只有黄色区域交迭，就会发生接触干涉，如图 3-59 所示；如果黄色区域之间的最短距离 d 小于两部分(sag1 + sag2)间的垂直距离，则发生接触干涉，如图 3-60 所示。

3. 间隙接触干涉

如果总的垂直距离(sag1+sag2)小于最短距离 d，同时最短距离 d 又小于指定的间隙距离 D，则发生间隙干涉，如图 3-61 所示。

4. 穿透干涉及穿透接触干涉

穿透干涉及穿透接触干涉，如图 3-62、图 3-63 所示。其中，V 表示穿透深度的穿透向量。如果 $V<$sag1+sag2，在不同情况下将会发生穿透干涉或穿透接触干涉。

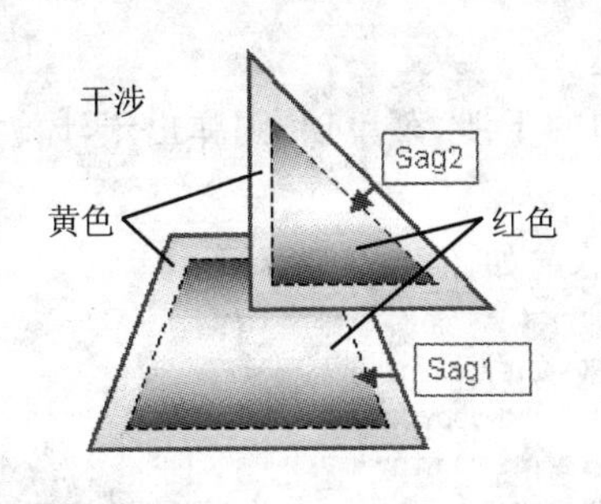

图 3-58　干涉(接触情况)

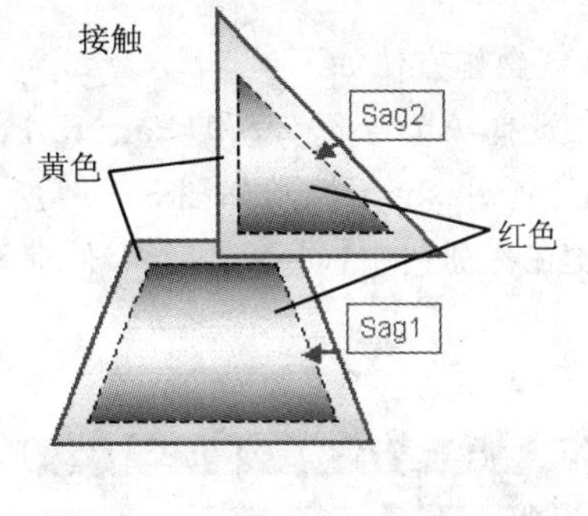

图 3-59　接触干涉(接触情况)

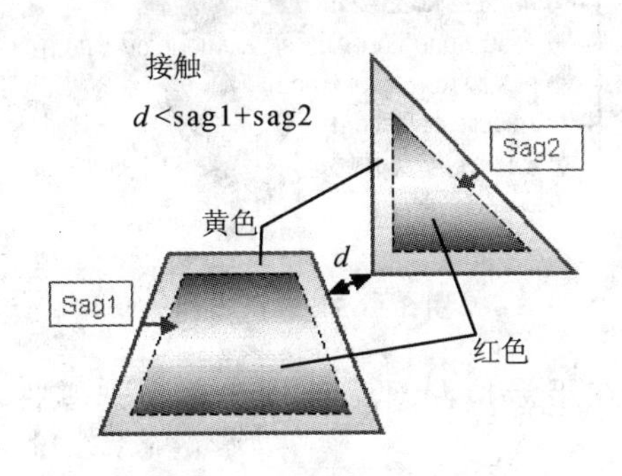

图 3-60　接触干涉

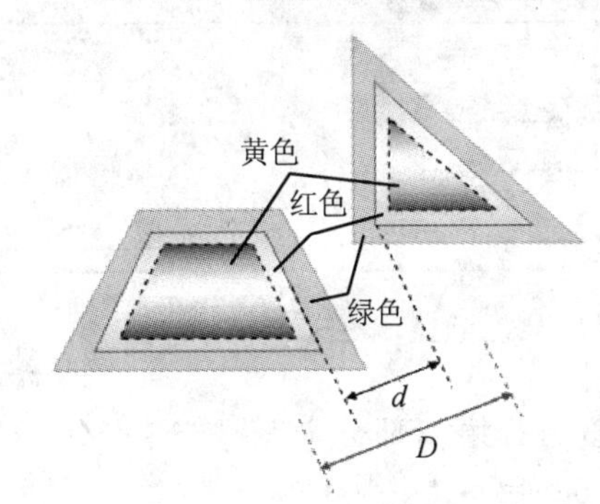

图 3-61　间隙干涉

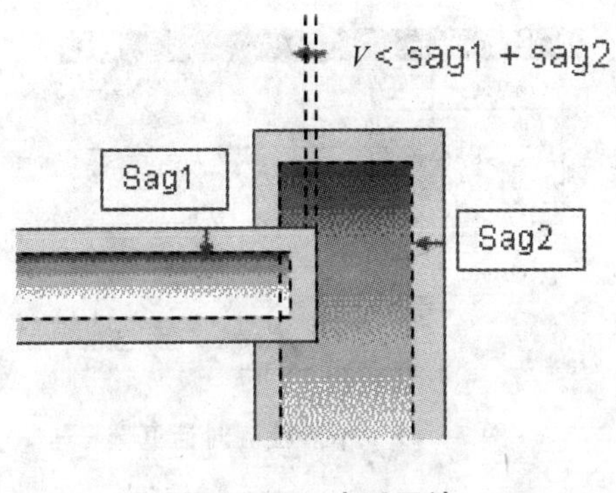

图 3-62　穿透干涉

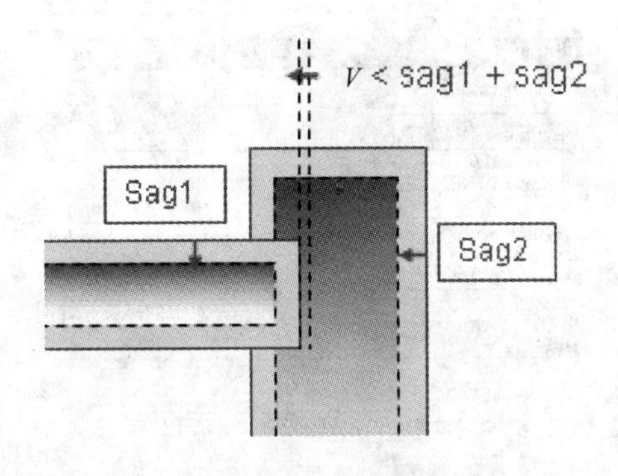

图 3-63　穿透接触干涉

进行干涉分析时，只要在干涉对话框中选择所要分析的文件及项目即可进行相应项目的干涉分析。以下用零件间碰撞干涉实例进一步说明干涉分析的具体设置方法。

3.4.3　干涉分析计算

干涉分析提供了两种进行干涉计算的方法，分别为：

※ 零件间的干涉(Part to Part Clash)　可对两个零件间的干涉和间隙进行探测，用于初步干涉分析。

※ 干涉(Clash)　对选择的部件进行详细干涉、接触和间隙分析，是进行干涉分析的主要

工具。

具体操作方法如下：

① 选择 Analyze(分析)|Part to Part Clash(零件间的干涉)菜单项，则弹出干涉检测对话框，默认为 Clash(干涉)，如图 3-64 所示。

② 在特征树中选择第一个零件喷雾器“ATOMIZER”，如图 3-65 所示。

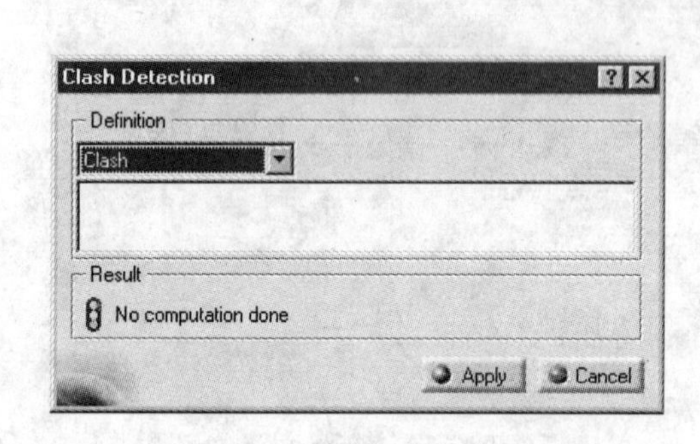

图 3-64 干涉检测对话框

图 3-65 选择零件

③ 选择第二部分喷嘴 1“NOZZLE1”。同时，在干涉检测对话框中出现所选零件，如图 3-66 所示。

④ 单击 Apply(应用)按钮即可进行碰撞干涉分析，如图 3-67 所示。此时，检测状态按钮变成红色，表示检测到碰撞干涉。

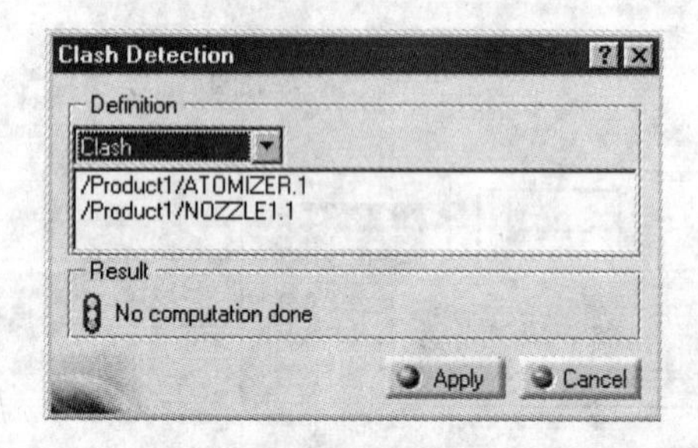

图 3-66 干涉检测对话框

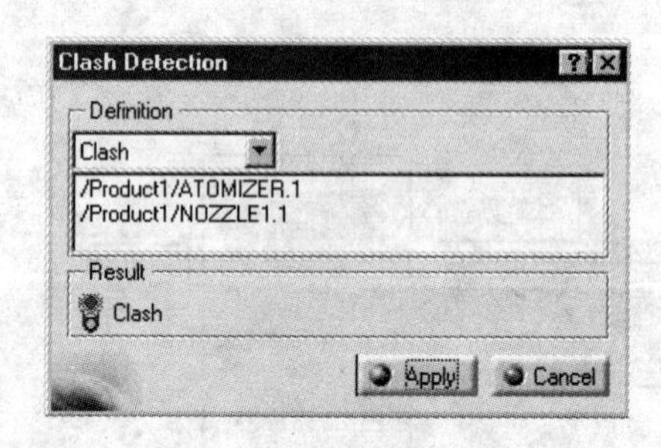

图 3-67 干涉检测对话框

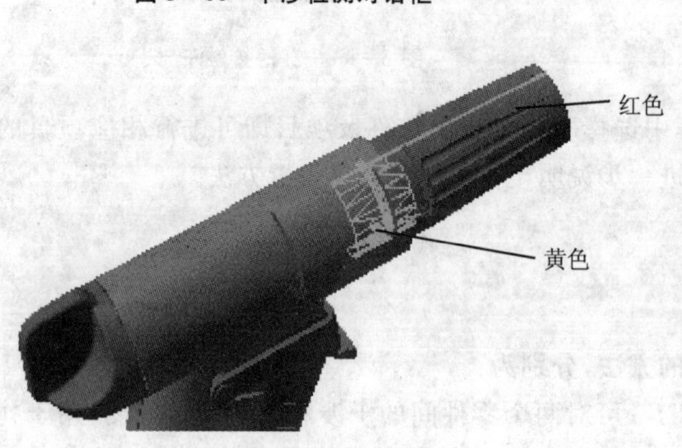

图 3-68 干涉分析结果

⑤ 从近视角观看几何图像。这时出现碰撞干涉的点变成红色，与其相连接的点变为黄色，如图 3-68 所示。

⑥ 使用同样的方法可以检测其他零件间的碰撞接触干涉。若进行间隙干涉分析，则在干涉检测对话框中的下拉列表框中选择 Clearance(间隙干涉)选项，在间隙距离框中键入数值，并选择要分析的零件，最后单击 Apply(应用)按钮即可。间隙干涉以绿色显示。

⑦ 完成工作后，单击 Cancel(取消)按钮。

另外一种检测干涉的方法是使用碰撞命令。选择 Insert(插入)|Clash(干涉)菜单项或者在 DMU Space Analysis(电子样机空间分析)工具栏中，单击 Clash(干涉)工具按钮，则弹出检测干涉对话框，如图 3-69 所示。在该对话框中可以对所做干涉分析进行命名、选择干涉分析类型及选择要分析的零件，这个过程如上所述。最后，单击 Apply(应用)按钮，则弹出如图 3-70 所示的计算监控对话框。

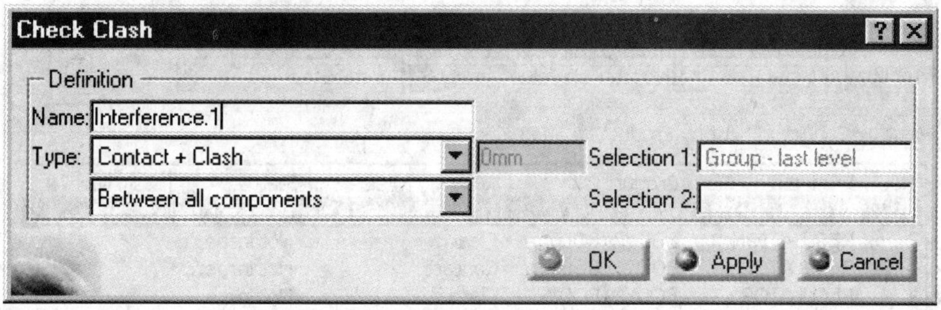

图 3-69　检测干涉对话框

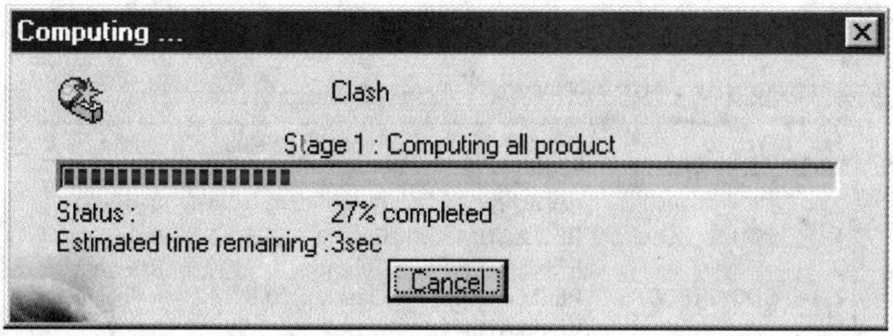

图 3-70　干涉计算监控对话框

3.4.4　干涉分析的结果读取

主要分为以下步骤：

① 选择 Insert(插入)|Clash(干涉)菜单项或者在 DMU Space Analysis(电子样机空间分析)工具栏中，单击 Clash(干涉)按钮，则弹出干涉检测对话框，从该对话框中可以看到检测到 4 个干涉，如图 3-71 所示。

其中，状态显示各项的含义如下：

※ 红色　至少有一个相关碰撞。

※ 橙色　没有相关碰撞，至少有一个碰撞没有被检测到。

※ 绿色　所有的碰撞都不相关。

干涉分析结果在对话框中以以下 3 种方式排列：

※ 碰撞标签排列　根据碰撞标签对干涉结果分行排列。

※ 零件排列　碰撞干涉分析结果根据零件来排列；一个零件可能有多个碰撞干涉，如

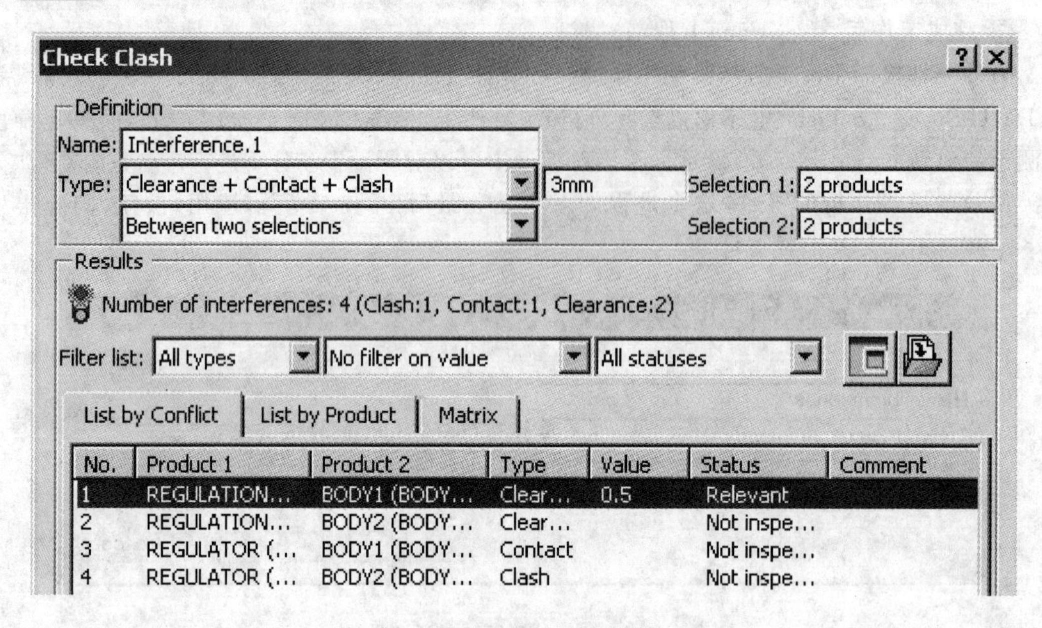

图 3-71 干涉检测结果对话框

图 3-72 所示。

List by Conflict | List by Product | Matrix

No.	Product 1	Product 2	Type	Value	Status
1	REGULATION...	BODY1 (BODY...	Clear...	0.5	Relevant
2		BODY2 (BODY...	Clear...	0.5	Relevant
1	BODY1 (BODY...	REGULATION...	Clear...	0.5	Relevant
3		REGULATOR (...	Contact	0	Relevant
2	BODY2 (BODY...	REGULATION...	Clear...	0.5	Relevant
4		REGULATOR (...	Clash	-0.95	Relevant
3	REGULATOR (...	BODY1 (BODY...	Contact	0	Relevant
4		BODY2 (BODY...	Clash	-0.95	Relevant

图 3-72 零件排列

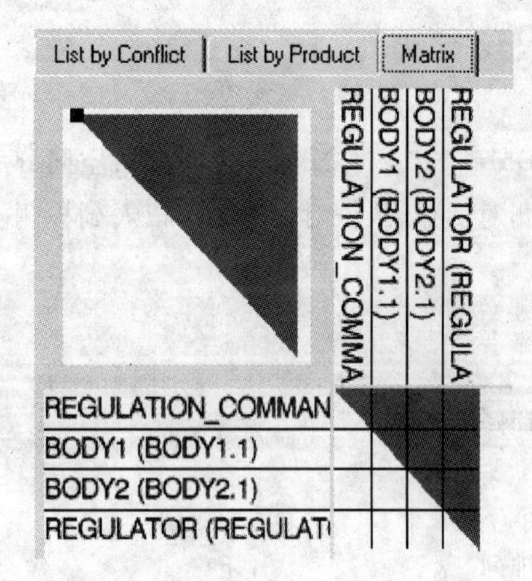

图 3-73 矩阵排列

⁕ 矩阵排列　碰撞干涉分析结果以矩阵的形式显示，如图 3-73 所示。

通过选择 Tools(工具)|Options(选项)|Infrastructure(构造)|Product Structure(物体结构)菜单项，用户还可以命名、注释或描述零部件。

其中，矩阵排列中各颜色的含义是：

⁕ ■　碰撞干涉。

⁕ ■　接触干涉。

⁕ ■　间隙干涉。

⁕ ■　当前干涉，在当前干涉周边有一个突出的框。

干涉计算结果还可以通过预览窗口查看，通过选

择 Tools(工具)|Options...(选项)|Digital Mockup(数字模型)菜单项实现。用户还可以改变预览窗口的默认设置。

若关闭了预览窗口,需要重新打开时,分为以下几个步骤:

(a) 单击干涉检测对话框中的结果窗口图标,则打开干涉结果窗口。

(b) 再次单击结果窗口图标,则干涉结果窗口关闭同时预览窗口恢复。然而若是通过结果显示窗口中的标题栏关闭了结果显示窗口,则预览窗口不会恢复,预览窗口如图 3-74 所示。其中,各颜色的含义同上所述。

② 在预览窗口中可以通过放大及旋转等方式更好地查看干涉结果。

③ 依次选择以干涉标签排列的干涉结果,则可以看到详细的计算结果。当用户在碰撞检测对话框中的数值及状态显示栏时,同时预览窗口中也随其更新。

为获得接触及间隙干涉以曲面的形式表示计算结果,设置如下:

(a) 选择 Tools(工具)|Options...(选项),Digital Mockup(数字模型)|DMU Space Analysis(电子样机空间分析)菜单项,再选择 DMU Clash(干涉)|Detailed Computation(详细计算)选项。

(b) 单击 Surface under Contact & Clearance Results 按钮。

(c) 设置精确度,单击对话框中的 OK 按钮。

其中,精确度设置是用来确定表示计算结果的三角网格最长边的大小,其值越小越能得到更准确的结果,但同时计算时间更长。三角网格是用来获得黄色(接触干涉)与绿色(间隙干涉)的面。用户还可以在特定的窗口下查看所选的干涉面,单击干涉检测对话框中的结果窗口图标,如图 3-75 所示。

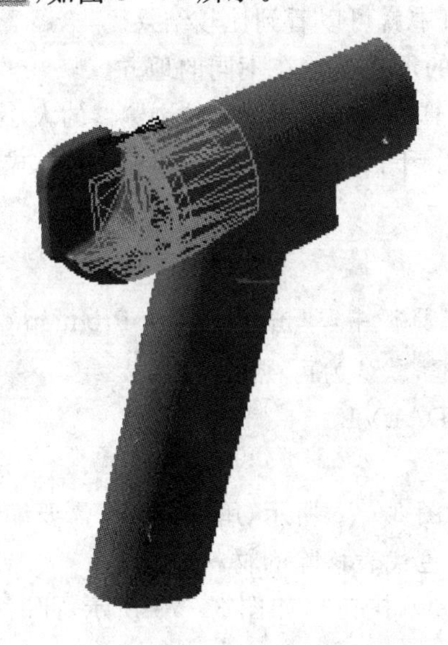

图 3-74　干涉结果预览窗口

图 3-75　显示干涉面窗口

④ 在对话框中的"过滤显示"对话框中列表及查看计算结果,可以有以下选择方式:

❋ 类型　干涉、接触和间隙。

❋ 值　没有过滤,渐增值或渐减值。穿透深度以干涉值,最小间隙距离及非接触显示。

※ 状态　所有的，没有检测的，相关，非相关。

⑤ 添加注释到选定的干涉中，设置如下：

(a) 在当前干涉下右击并选择 Comment(添加注释)选项。

图 3－76　添加注释对话框

(b) 在添加注释的对话框中键入注释后单击 OK(按钮)，如图 3－76 所示。

注：在注释中不能使用<,>,&,/符号，因为这些符号不支持以 XML 文件形式输出结果。

⑥ 完毕后单击 OK(完成)按钮。干涉分析结果及定义都会在特征树详细记录。当前结果数值(最小距离或穿透深度)在退出该命令后系统会自动保存。若用户随后编辑结果，则系统会再次显示最后的分析结果。

3.5　相似零部件对比分析

产品比较用于检查和比较两个部件或产品之间的不同，并显示增加和删除的材料。在设计过程的不同阶段，装配比较(Comparing)和产品比较(Comparing products)具有非常重要的意义，尤其考虑到从制造商到客户对产品要求的不同，产品比较更显得重要。

在该过程中有两种比较模式：

※ 可视模式　比较过程是完全可视的，在一个窗口中就可以看到比较结果。

※ 几何模式　比较结果在独立的窗口中以立方体的形式显示在不同的地方。

其中，可视比较模式提供了更快更优的比较，因为计算时间是与可视比较浏览器的大小成正比的；可视比较完全由像素决定，放大会得到更优的视角。下面将分别介绍这两种比较模式。

1. 可视模式

具体操作方法如下：

① 在 DMU Space Analysis(电子样机空间分析)工具栏中，单击 Compare Products(零件比较)图标，则弹出如图 3－77 所示的零件比较对话框，默认为可视模式。

② 用户选择一个需要进行比较的零部件，例如 PEDALV1。

③ 用户选择另外一个零部件，例如 PEDALV2。

④ 单击 Preview(预览)按钮查看可视比较结果，如图 3－78 所示，用户可根据需要缩放窗口。其中，黄色代表共同材料；红色代表增加的材料；绿色代表移除的材料。

⑤ 移动比较精确度滑块到最右端，再次单击 Preview(按钮)，如图 3－79 所示，此时比较精度为 2 mm，则调整精度后的结果如图 3－80 所示。

可视比较模式栏中有 3 个选项如下：

※ 全部可视(Both version)　显示两个产品公共部分和不同的部分。

※ 只有改进前产品可视(Old only)　显示两个产品公共部分和改进前的产品。

※ 只有改进后产品可视(New only)　显示两个产品公共部分和改进后的产品。

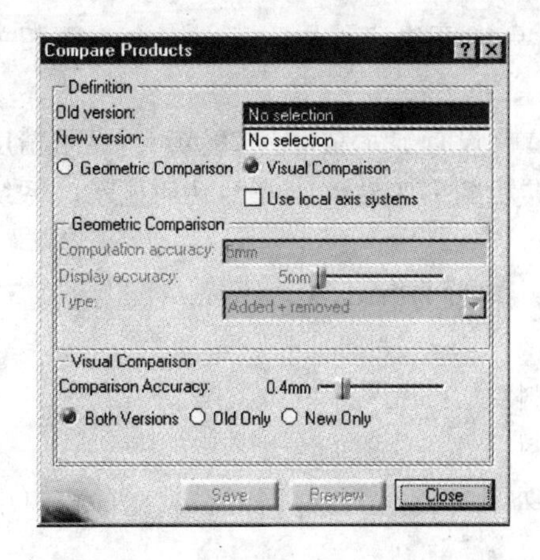

图 3-77 零件比较对话框

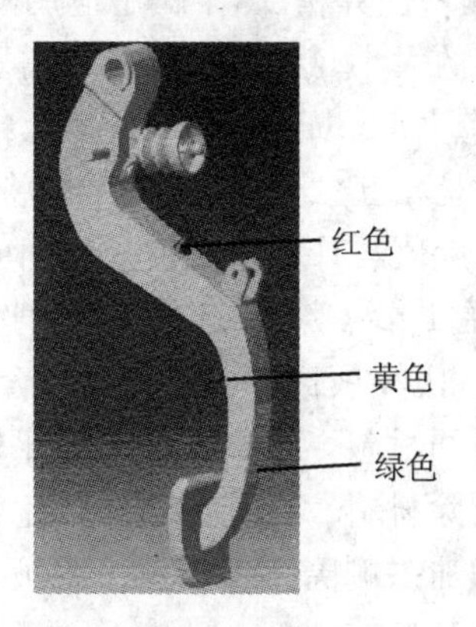

图 3-78 可视比较结果预览窗口

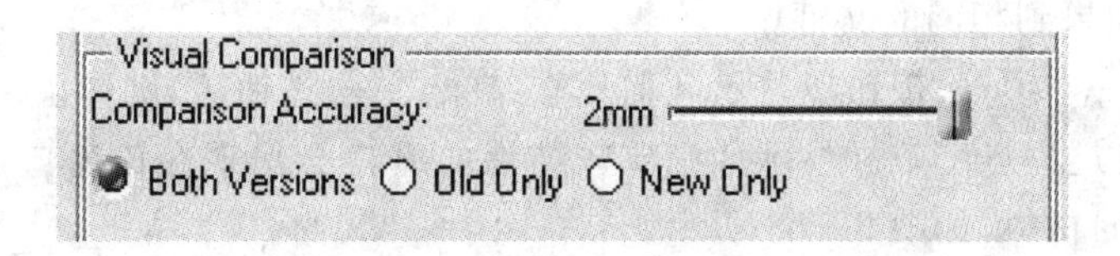

图 3-79 设置比较精度

2. 几何模式

几何比较模式主要操作步骤为：

① 在 Compare Products(零件比较)对话框中选择 Geometric Comparison(几何比较模式)选项，如图 3-81 所示。

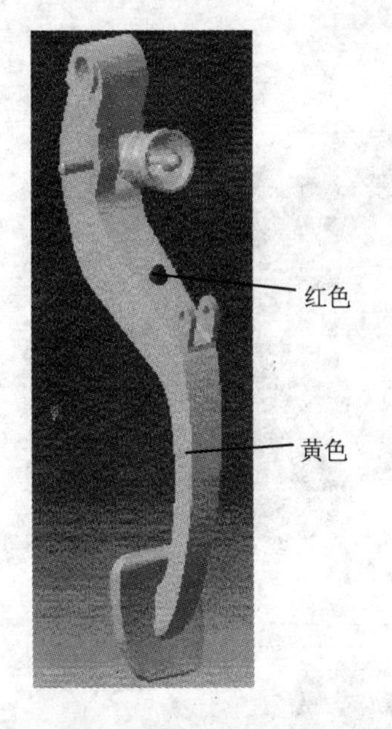

图 3-80 调整比较精度后比较结果

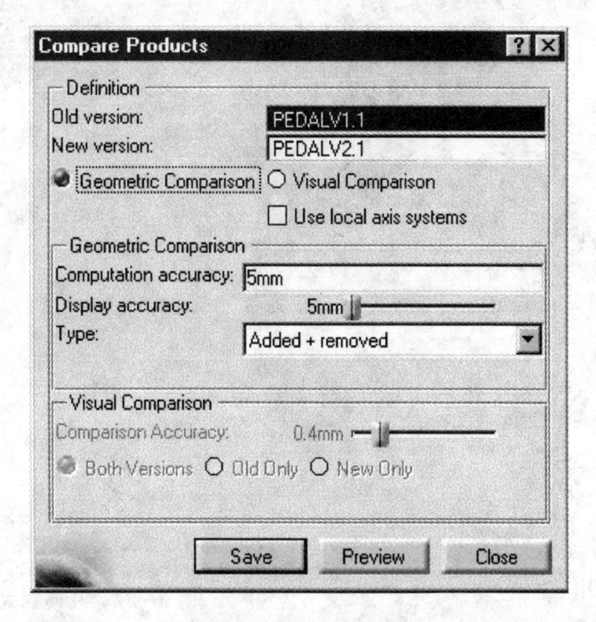

图 3-81 零件比较对话框

② 输入计算精度，本例中应用默认值 5 mm。计算精度决定了用于表示多余或不相关材料立方体的大小，精度值越小，则需要的时间越短，反之亦然。

③ 移动 display accuracy（显示精度）滑块到最右端，设置显示精度为 20 mm。显示精度与计算精度是相互独立的，用户可以将计算结果设置为“粗糙”，来达到较好的几何显示。系统默认显示精度值与计算精度值是相同的。

④ 在 Type（类型）下拉菜单中选择要比较的项目，本例为“Added + removed”。

其中，比较项目定义中各项的含义分别为：

※ 增加材料　计算给出与被比较零件的额外材料。

※ 删除材料　计算给出与被比较零件的移除材料。

※ 增加＋删除　计算给出与被比较零件间的额外及移除材料，并同时在独立的窗口中显示及保存结果。

※ 改变的　计算给出与被比较零件间的额外及移除材料，并显示两个窗口中所有的不同点及保存结果到相同的文件中。

⑤ 单击 Preview（预览）按钮以显示几何比较结果，单击按钮后，则弹出用于监视及在必要情况下中断计算的过程进度条。显示详细比较结果的窗口会出现在该窗口中，红色为增加的材料，绿色为删除的材料，如图 3－82 所示。

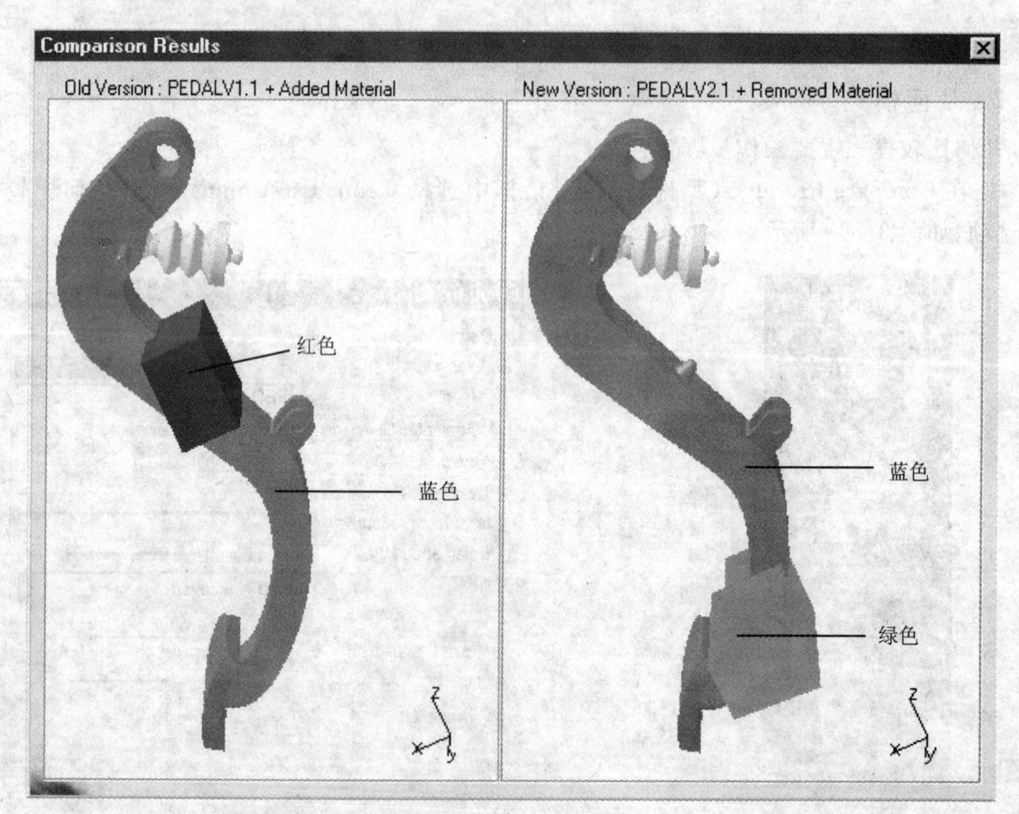

图 3－82　几何模式比较结果

⑥ 修改显示精度到与计算精度相同，为 5 mm，重复比较计算，结果如图 3－83 所示。

⑦ 调节显示精度为 2 mm，重复比较，结果如图 3－84 所示。

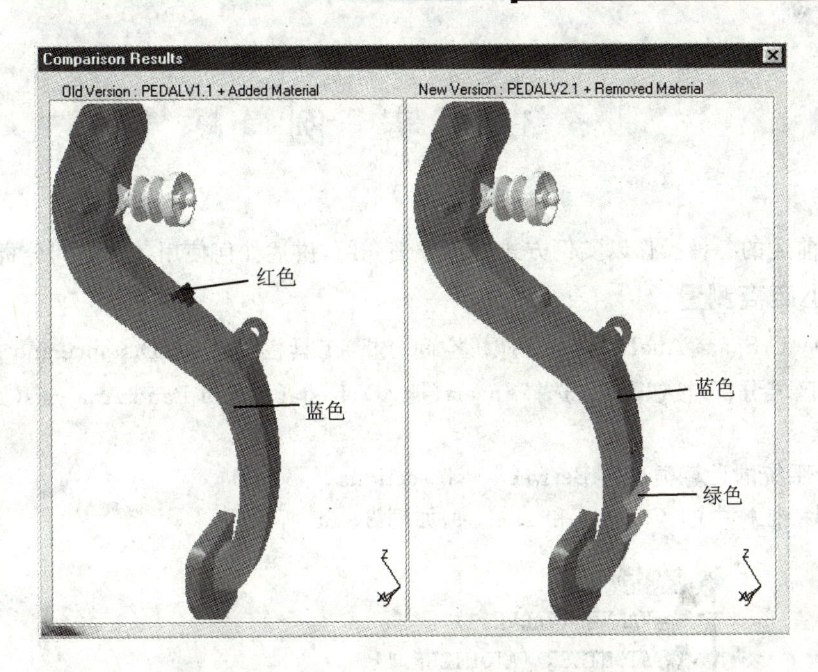

图 3-83 显示精度为 5 mm 的比较结果

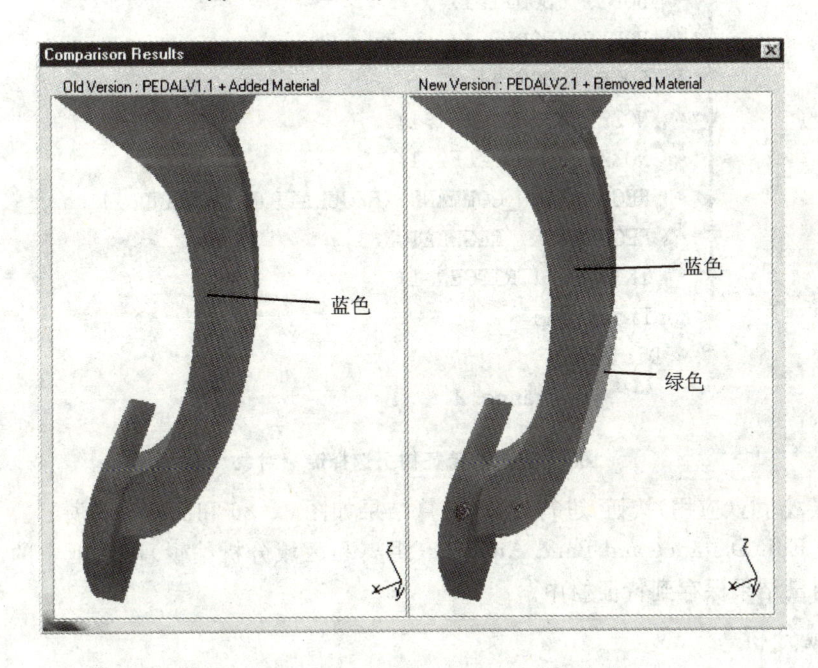

图 3-84 显示精度为 2 mm 的比较结果

几何比较完成后，用户可以将显示结果以“. 3DMap”格式、“. cgr”格式、“. wrl”格式或“. model”格式文件保存。其中“. 3DMap”格式文件可以插入到一个产品中，并可运行DMU Space Analysis（电子样机空间分析）中的Clash（干涉）或Sectioning（剖切）等命令，精选改进后的干涉评估。

3.6 实　例

本节将前述的各种操作以实例方式进行详细介绍，讲述如何使用各种空间分析命令。

1. 最小距离测量

① 在 DMU Space Analysis（电子样机空间分析）工具栏中，单击 Distance and Band Analysis（距离和区域分析）按钮，或选择 Insert（插入）|Distance and Band Analysis（距离和区域分析）菜单项。

② 选择系统的计算类型为 Between two sections。

③ 选择特征树中的 Valve.1 和 Lock.1，如图 3-85 所示。

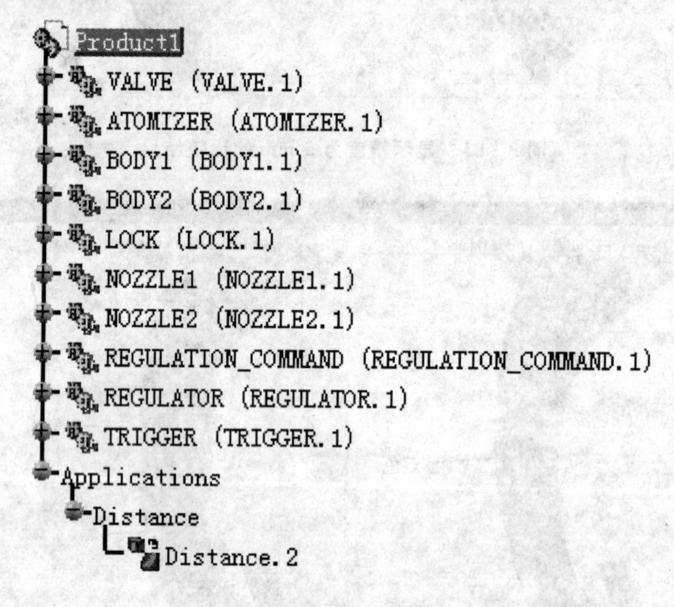

图 3-85　从特征树上选择测量对象

④ 单击 Apply（应用）按钮，进行计算，计算结果如图 3-86 和图 3-87 所示。

⑤ 单击 Edit Distance and Band Analysis（距离和区域分析编辑）对话框中的 OK（完成）按钮，则将测量结果保存到特征树中。

2. 区域分析

① 在 DMU Space Analysis（电子样机空间分析）工具栏中，单击 Distance and Band Analysis（距离和区域分析）按钮或选择 Insert（插入）|Distance and Band Analysis（距离和区域分析）菜单项。

② 在测量类型的下拉菜单中选择 Band Analysis。

③ 在计算类型的下拉菜单中选择 Between two sections。

④ 在 Section1 和 Section2 中分别选择 Valve.1 和 Lock.1。

⑤ 在 Minimum distance（最小距离）和 Maximum distance（最大距离）列表框中分别键入

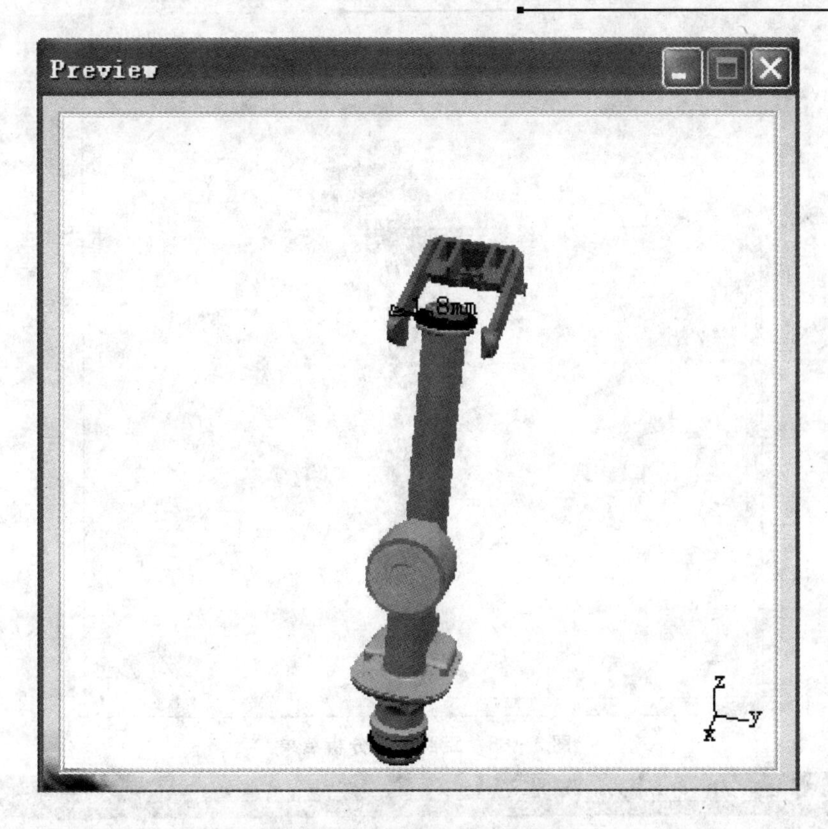

图 3-86　最小距离测量结果

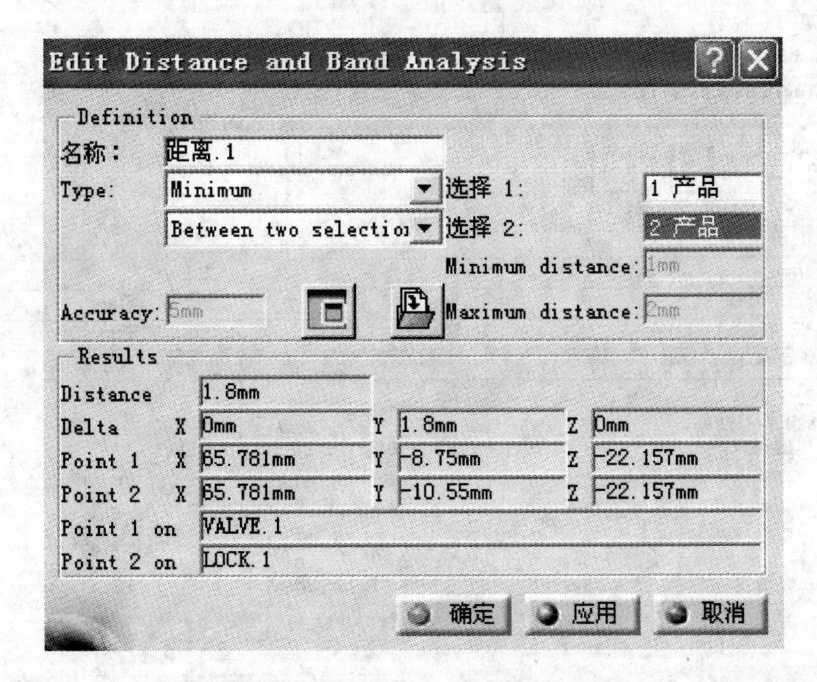

图 3-87　最小距离计算结果

1 mm 和 2 mm。

⑥ 单击 Apply(应用)按钮，进行距离区域分析，结果如图 3-88 和 3-89 所示。

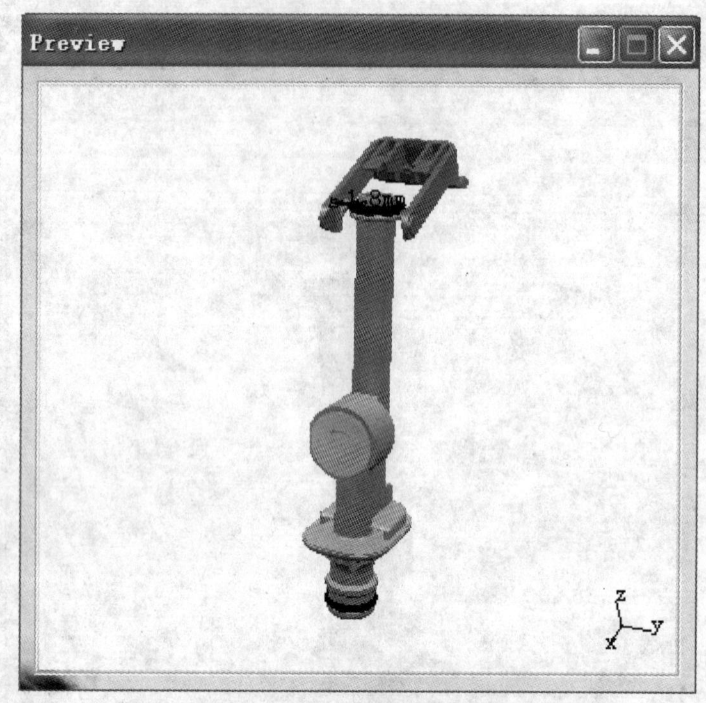

图 3－88　距离区域分析结果

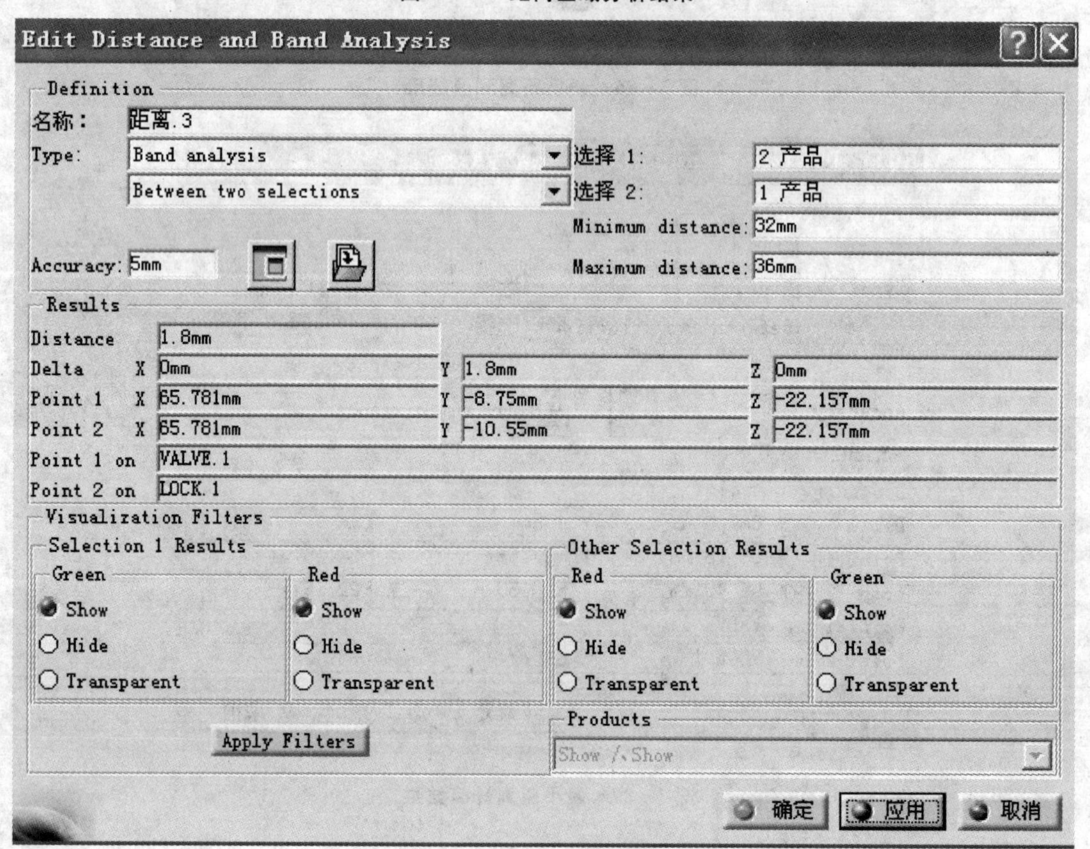

图 3－89　距离区域计算结果

⑦ 单击 OK(完成)按钮,则分析结果保存到特征树中。

3. 三点弧线测量

主要由以下几个步骤完成。

① 在 DMU Space Analysis(电子样机空间分析)工具栏中,单击 Arc through Three Points(三点之间弧线测量)按钮,或选择 Analyse(分析)|Arc through Three Points(三点之间弧线测量)菜单项。

② 单击 Measure Arc Section(测量弧段)对话框中的 Customize... 按钮,进行个性化设置。

③ 选择 Measure Arc Section Customization(测量弧段定制)对话框中的所有选项,单击 OK 按钮。

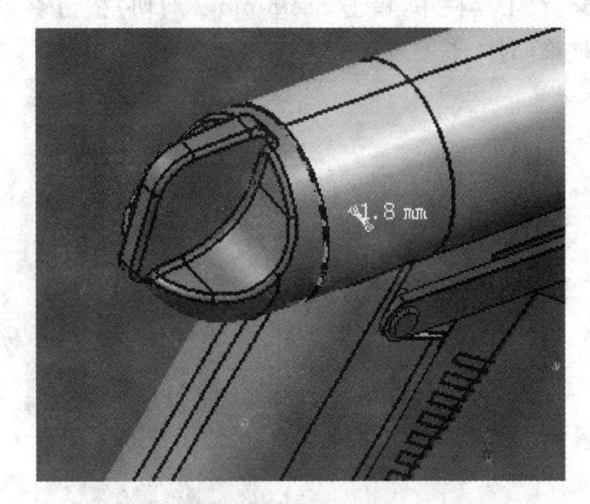

图 3-90　弧线测量

④ 在图 3-90 所示的曲线上选择 3 点,计算结果如图 3-91 所示。

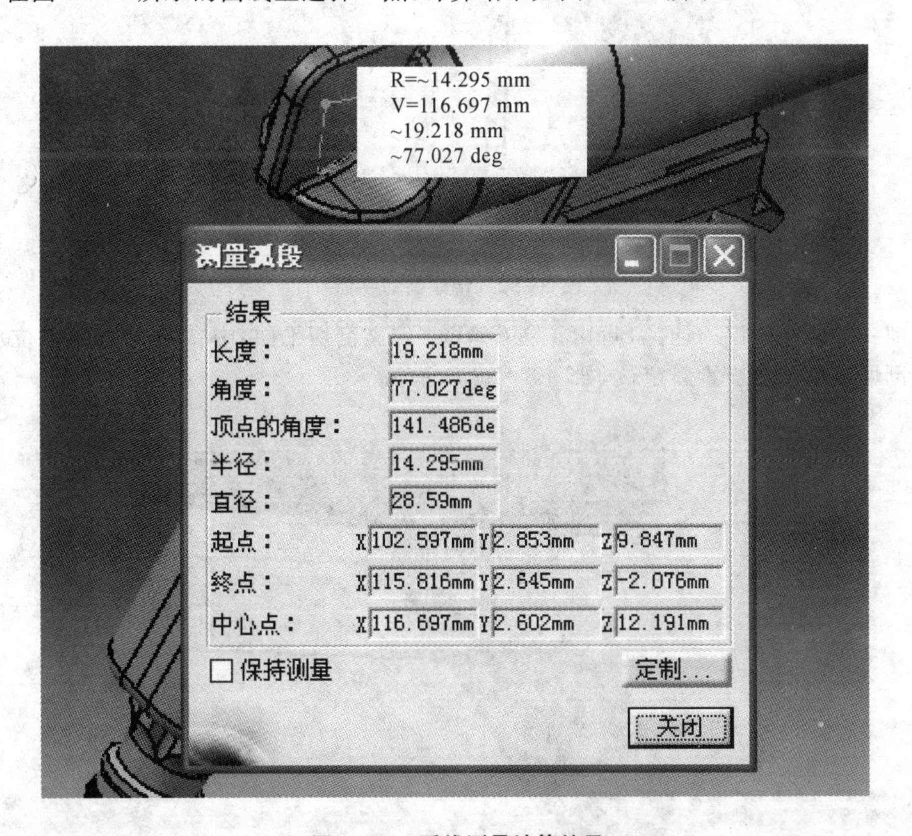

图 3-91　弧线测量计算结果

⑤ 选择 Keep Measure(保存测量)选项,将计算结果保存到特征树中。

⑥ 单击 Close(关闭)按钮,完成弧线测量。

4. 剖切分析

① 选择 Insert(插入)|Sectioning(剖切)菜单项,或在 DMU Space Analysis(电子样机空间分析)工具栏中,单击 Sectioning(剖切)按钮创建一个剖切平面,默认整个物体为截面选取对象,剖切平面位置如图 3-92 所示。

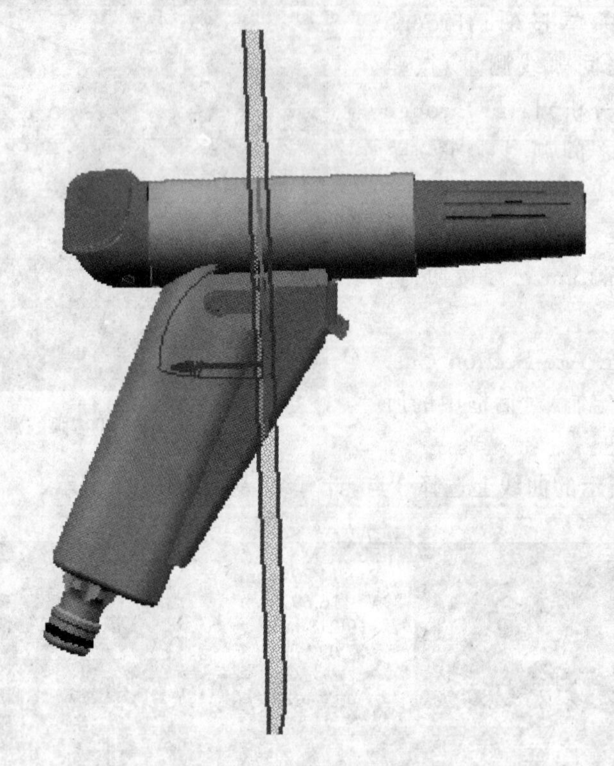

图 3-92 创建剖切平面

② 剖切平面的定位。选择 Section Definition(定义剖切平面)中 positioning(定位)后面的 Z 选项,剖切平面将会被重新定位,如图 3-93 所示。

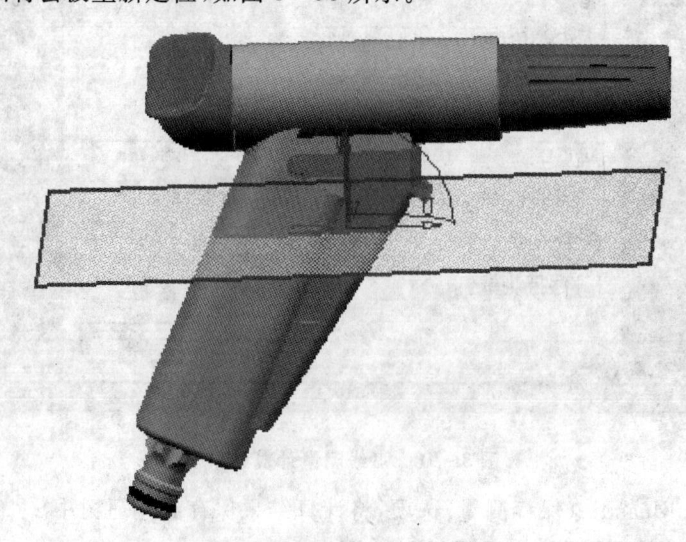

图 3-93 剖切平面重新定位

③ 用鼠标调节剖切平面的尺寸。

④ 单击对话框中的位置和尺寸编辑按钮，调整剖切平面的位置和尺寸。在弹出的对话框中，输入 Width(宽度)和 Height(高度)的值分别为 250 mm 和 200 mm，结果如图 3－94 所示。

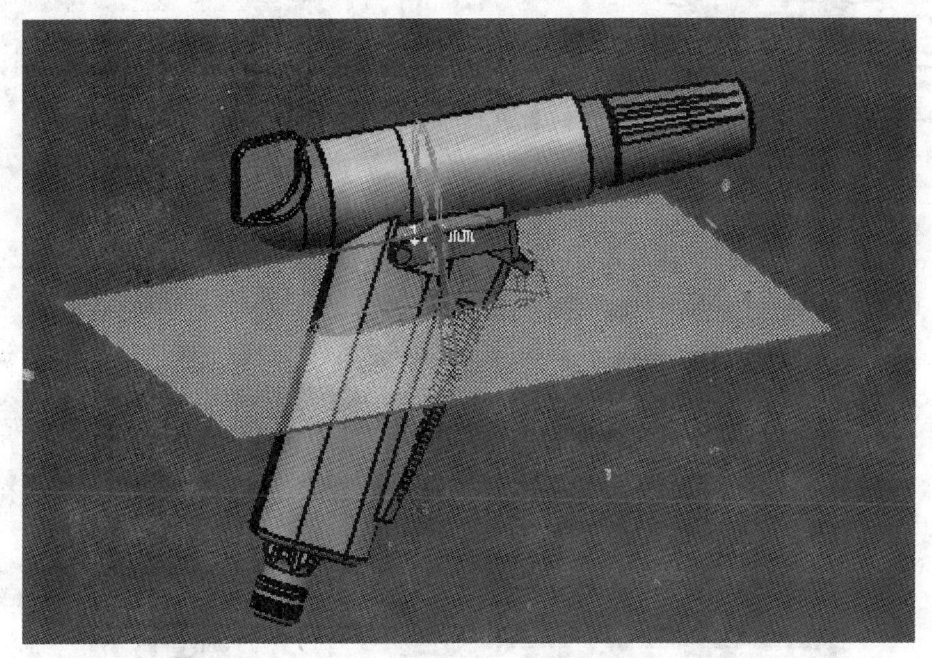

图 3－94 尺寸调整后的剖切平面

⑤ 剖切结果如图 3－95 所示。

⑥ 单击体积切割按钮，结果如图 3－96 所示。

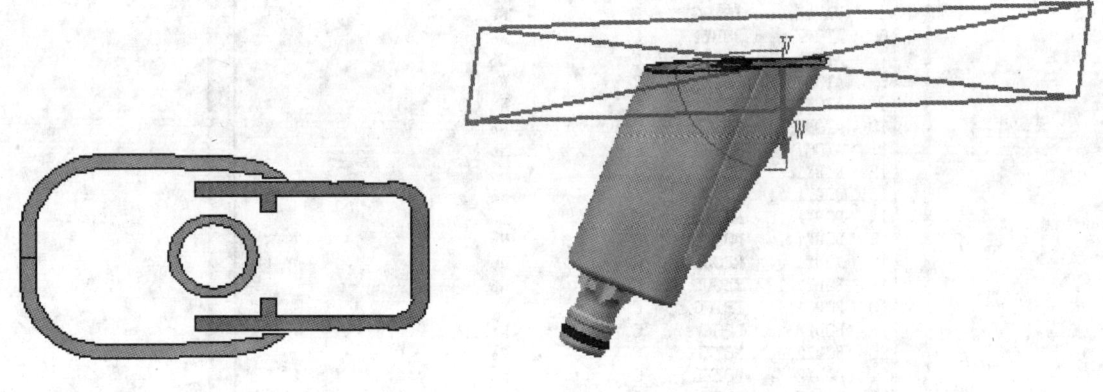

图 3－95 剖切结果

图 3－96 体积切割结果

⑦ 单击法向旋转按钮，结果如图 3－97 所示。

5. 干涉分析

① 在 DMU Space Analysis(电子样机空间分析)工具栏中，单击 Clash(干涉)按钮，弹出如图 3－98 所示的对话框。

图 3-97　反向体积切割结果

图 3-98　干涉分析对话框

② 在干涉类型的下拉菜单中选择 Clearance＋Contact＋Clash(穿透接触碰撞干涉)选项。

③ 取默认的间隙值为 5 mm。

④ 在计算类型的下拉菜单中选择默认值，这里要对这个物体的干涉情况进行分析。

⑤ 单击 Apply(应用)按钮，分析结果如图 3-99 所示。

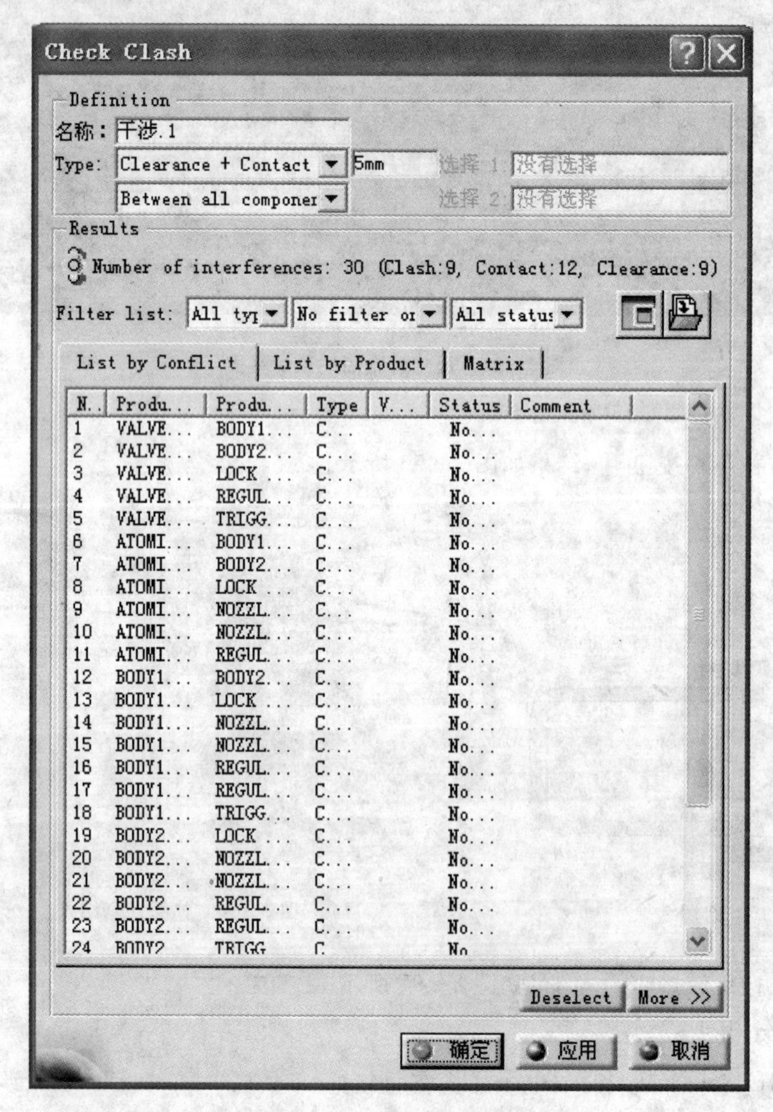

图 3-99　干涉分析结果

⑥ 设置 Filter list(文件列表)的各项内容，将干涉类型设置为 Clash(干涉)，Value 值按 Increasing Value(升序)排列，结果如图 3-100 所示。

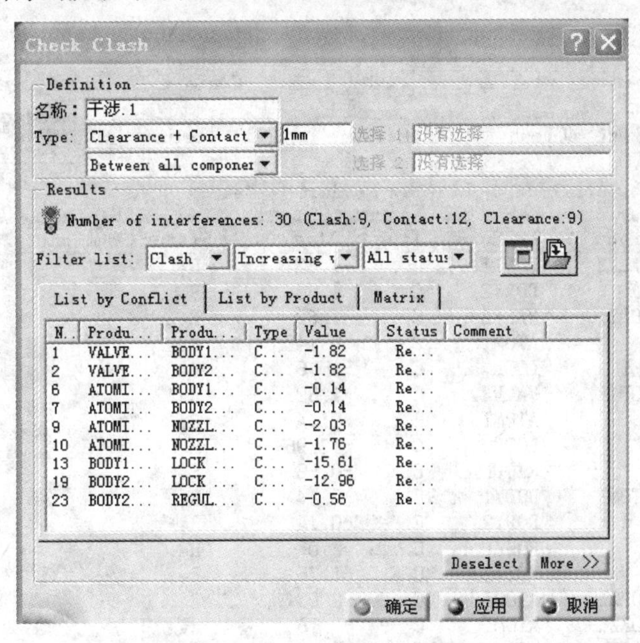

图 3-100　按干涉类型排列干涉结果

⑦ 单击 Matrix(矩阵)标签，将干涉结果按矩阵形式排列，如图 3-101 所示。

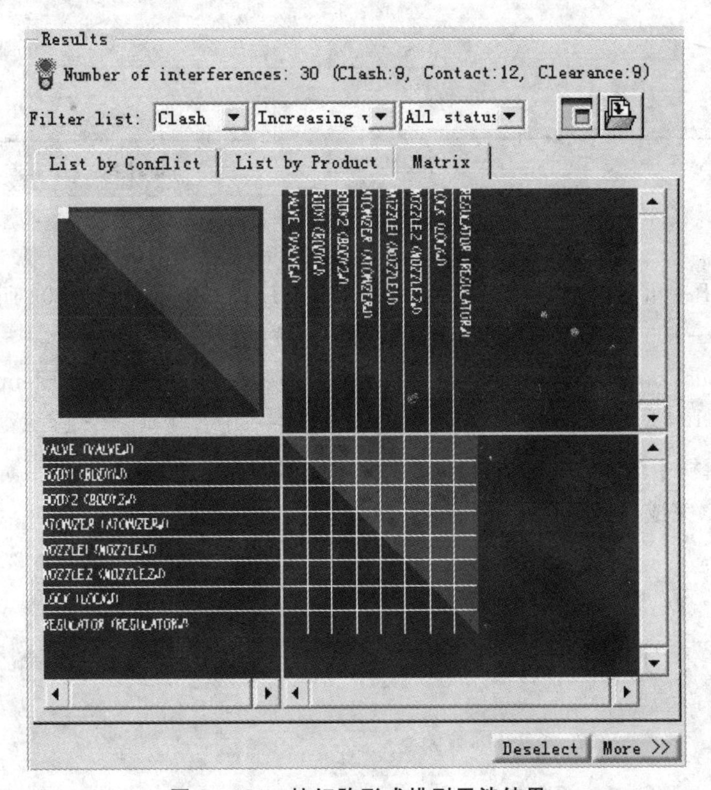

图 3-101　按矩阵形式排列干涉结果

⑧ 单击 List by Product(按产品排列)标签,将干涉结果按产品进行排列,如图 3-102 所示。

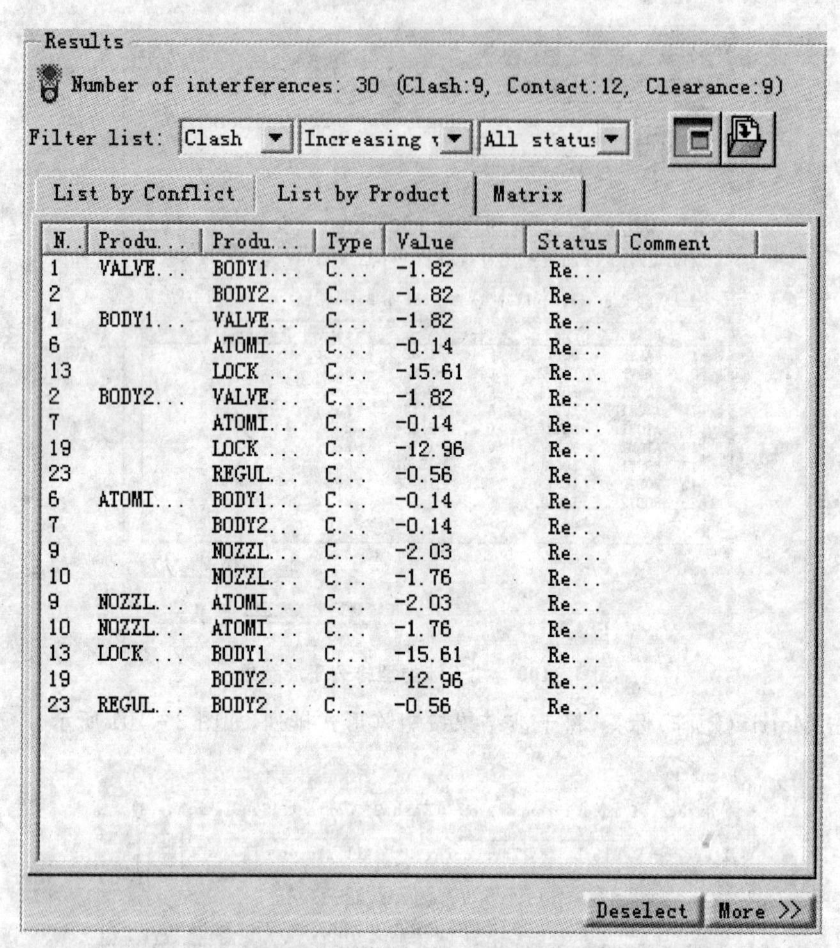

图 3-102　按产品排列干涉结果

⑨ 利用 Shift+鼠标左键选择 VALVE 至 REGULATOR,如图 3-103 所示。

⑩ 单击图 3-103 对话框中右下角的 More>>按钮。

⑪ 选择 Visualization(可视化)中的 Element(元素)选项,可以得到 Element 水平上的分析结果,如图 3-104 所示。

⑫ 单击对话框中的按钮,将干涉结果保存为 XLM 格式。

⑬ 单击 OK(完成)按钮,干涉分析结束。

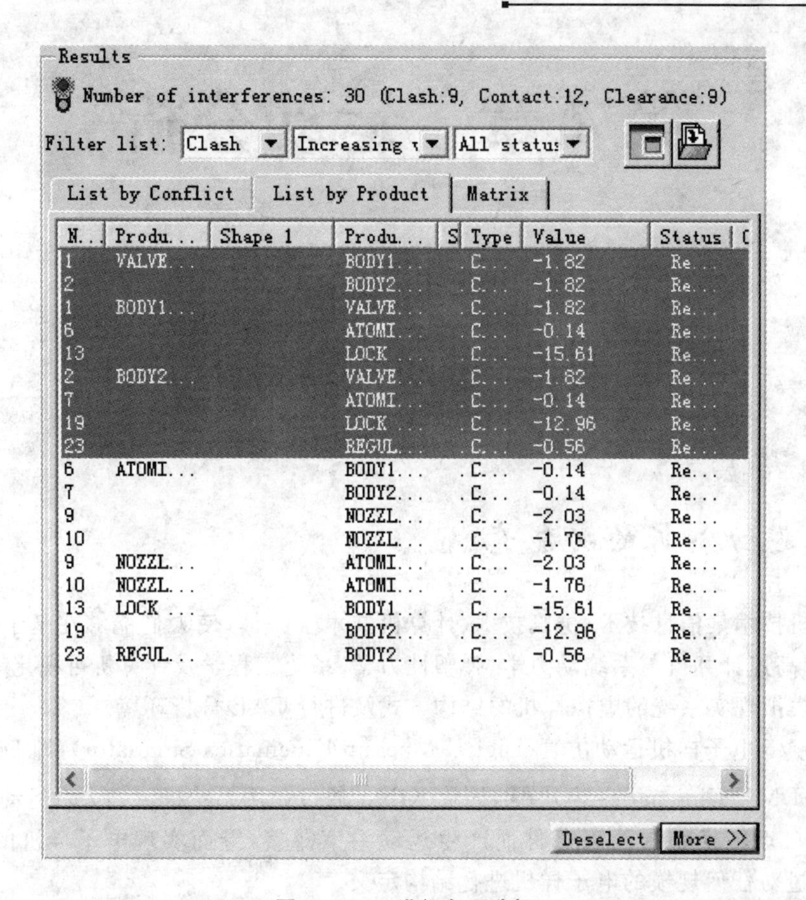

图 3-103　进行多项选择

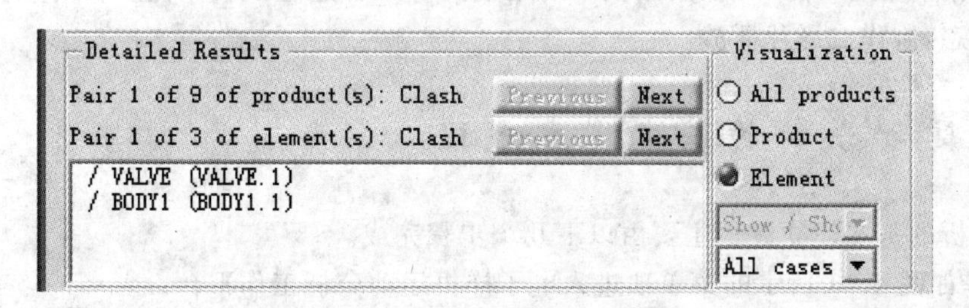

图 3-104　Element 水平上的分析结果

3.7　小　结

本章主要介绍了电子样机空间分析单元(DMU Space Analysis),通过理论讲解与实例分析对产品进行了剖切平面的观察,详细介绍了产品各个零件间的相对空间状况,并可以测量零件的尺寸、面积和体积等属性数据。通过建立剖切平面及干涉检查等功能,用户可以对零件各个截面的尺寸有了深入的了解,从而从总体上把握对产品的分析。

第 4 章　运动分析

4.1　运动分析简介

4.1.1　运动分析的功能意义

电子样机技术集信息技术、仿真技术、计算机技术于一体，使人们能够在基于虚拟现实的基础上，运用高速计算机与系统动力学、弹塑性力学、系统工程学及计算机可视化等技术，构造出一个能够模拟现实系统的虚拟样机的结构方式及进行 CAE 分析环境。

CATIA V5 电子样机运动仿真（Digital Mockup Kinematics Simulator），即 Digital Mock-up 单元里的 DMU Kinematics 模块，简称 KIN。通过调用系统提供的大量运动约束连接方式或者通过自动转换装配约束条件而产生运动约束链接，继而实现电子样机的运动仿真。KIN 可以通过对任何规模的电子样机进行结构定义。

通过本章的学习，用户可以利用基本的运动副（joint）建立机构，并且可以进行动态仿真，记录运动状态，制作成影片播放。

4.1.2　运动分析的基本建立流程

运动分析的基本建立流程主要由以下几个步骤完成。

① 选择如图 4－1 所示的菜单项进入电子样机运动分析工作平台。

② 选择 File（文件）|Open（打开）菜单项，导入一个机构，如图 4－2 所示。

③ 创建一个运动约束。例如，单击 Kinematics Joints（运动副）工具栏中的 Revolute Joint（旋转副）工具按钮，创建一个旋转副（具体创建方法将在本章的其他小节进行详细介绍），如图 4－3 所示。

④ 定义一个驱动命令。双击第③步创建的运动副，在展开的特征树中双击 Revolute. 1（旋转副. 1），如图 4－4 所示，则弹出 Joint Edition（运动副编辑）对话框，如图 4－5 所示。在该对话框中，选中 Angle driven（角度驱动）复选框，最后，单击 OK（完成）按钮关闭该对话框。

⑤ 定义一个固定件。在 DMU Kinematics（电子样机运动分析）工具栏中单击 Fixed Part（固定零件）工具按钮，则弹出 New Fixed Part（新固定零件）对话框，如图 4－6 所示。

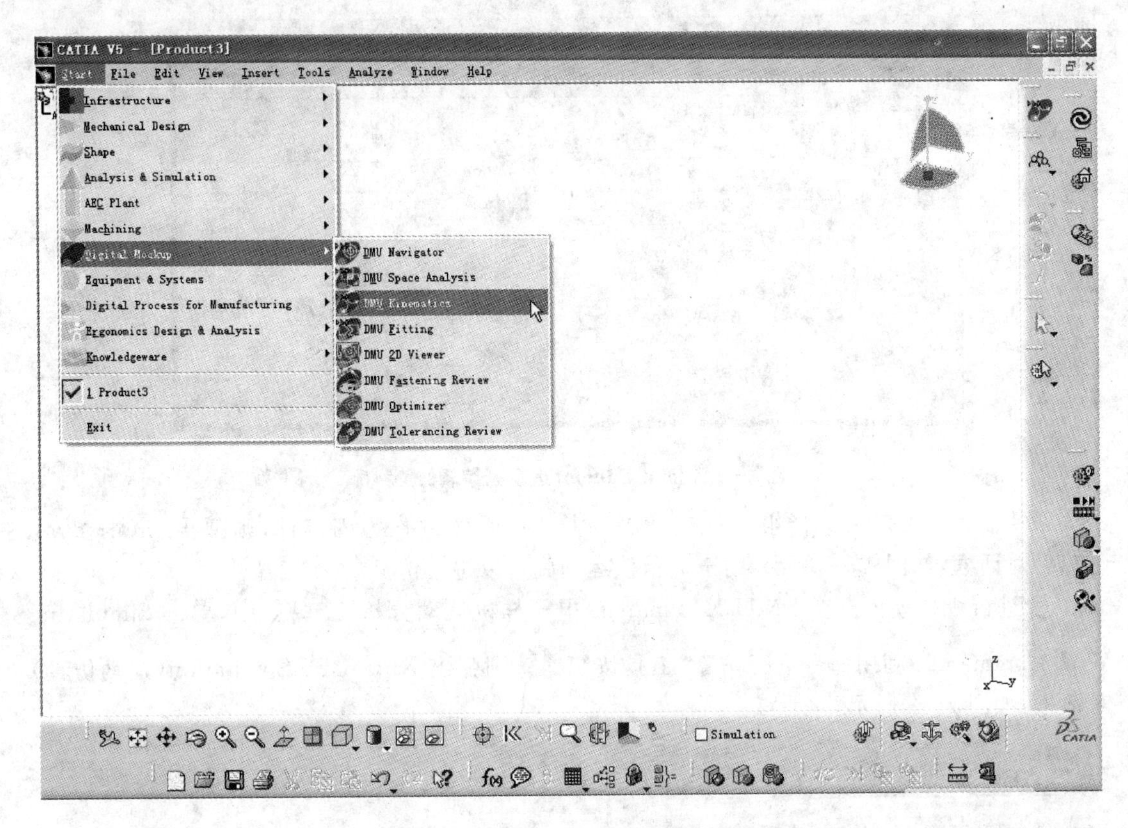

图 4-1　电子样机运动分析工作平台

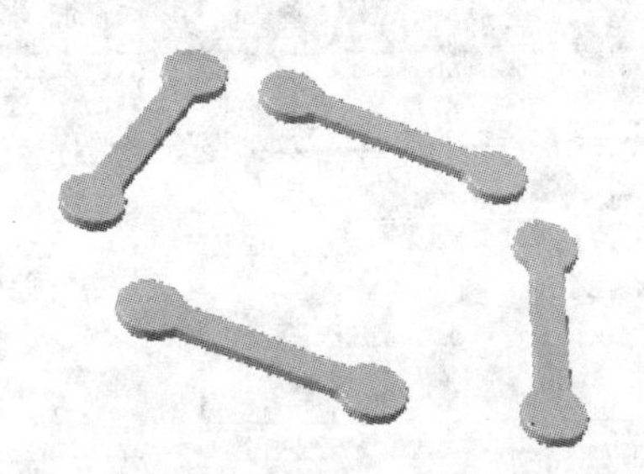

图 4-2　导入一个机构

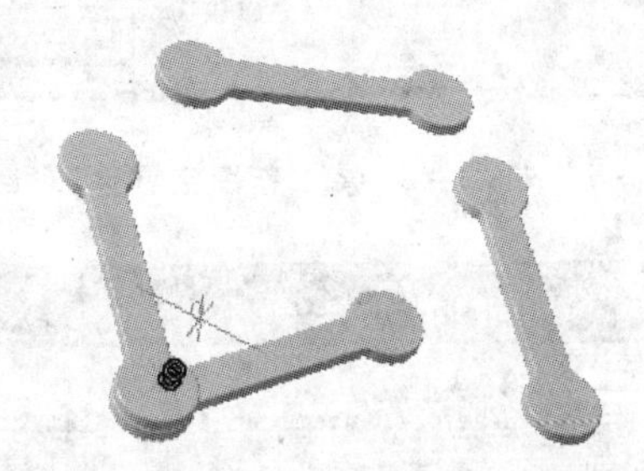

图 4-3　创建一个运动副

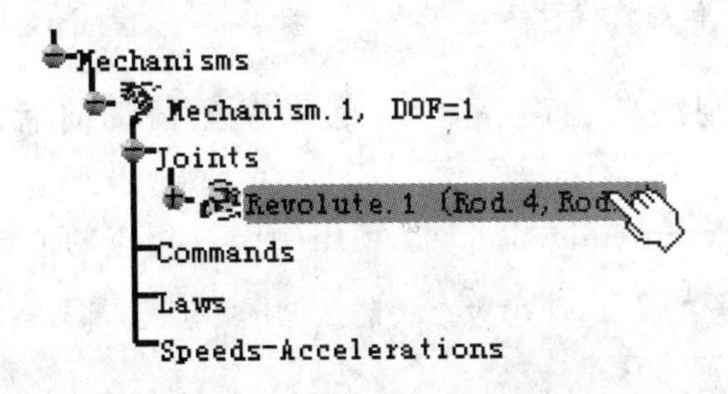

图 4-4　双击生成的旋转副

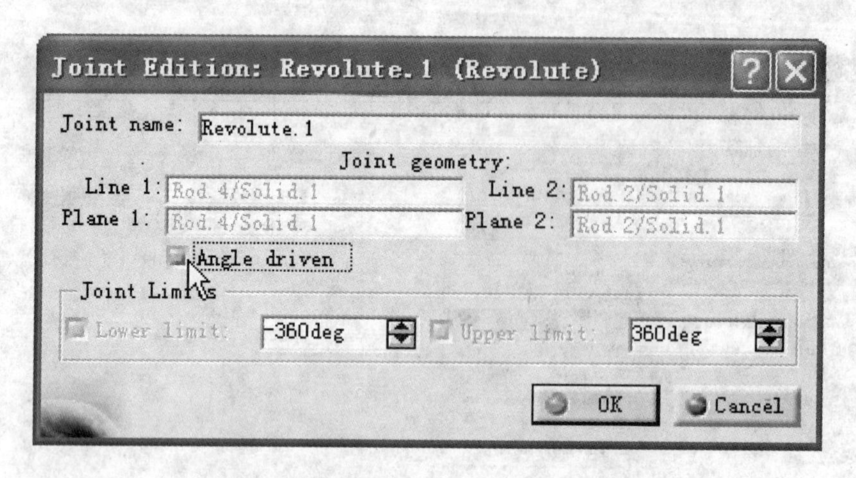

图 4-5 Joint Edition(运动副编辑)对话框

在特征树或窗口中选择组成该运动副的其中一个零件作为固定件，则弹出 Information(信息)对话框，如图 4-7 所示，用于提示该运动副可以进行仿真。

⑥ 进行机构模拟。在 DMU Kinematics(电子样机运动分析)工具栏中，单击 Simulating With Commands(利用命令进行仿真)工具按钮，则弹出 Kinematic Simulation(运动仿真)对话框，如图 4-8 所示。

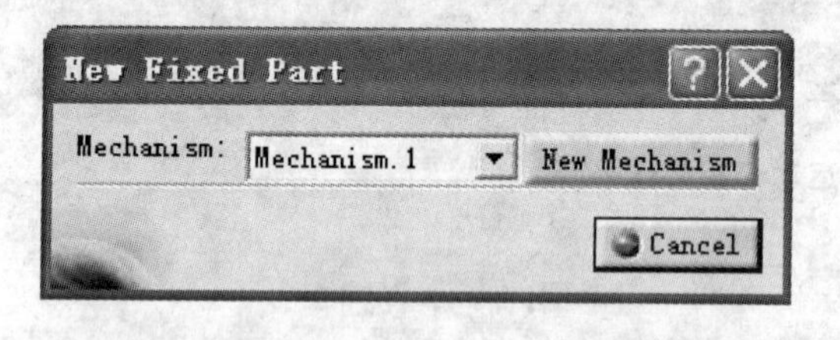

图 4-6 New Fixed Part(新固定零件)对话框

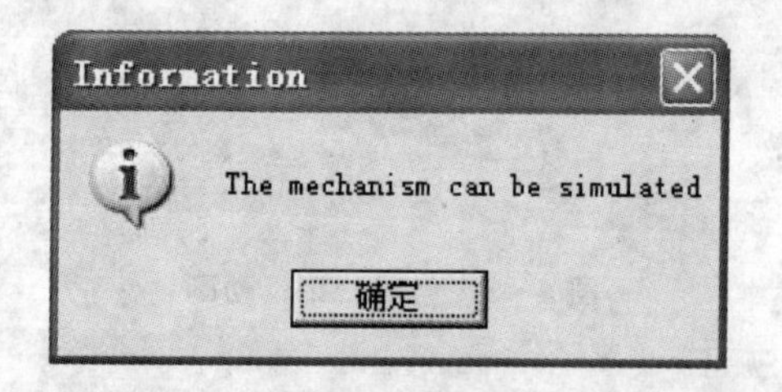

图 4-7 Information(信息)对话框

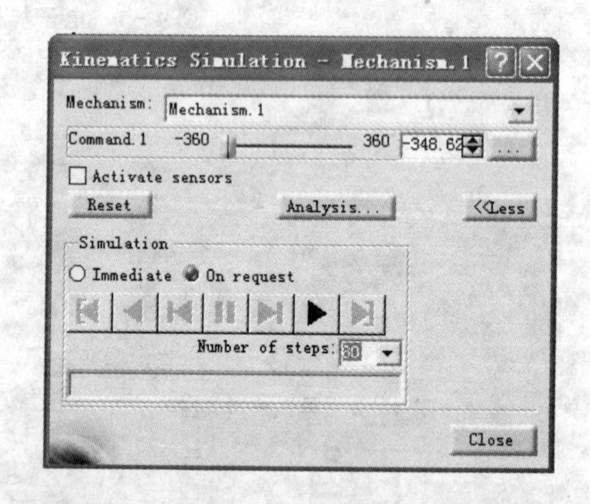

图 4-8 Kinematic Simulation(运动仿真)对话框

在视窗中拖动模型，则旋转副高亮显示，运动模型运动前后的位置情况如图 4-9 及图 4-10 所示。

另外，用户也可以在 Commands(命令)选项组中键入相应的值，如图 4-11 所示。然后单击 Simulation(仿真)标签下的 Play Forward(播放)工具按钮，查看运动状况。

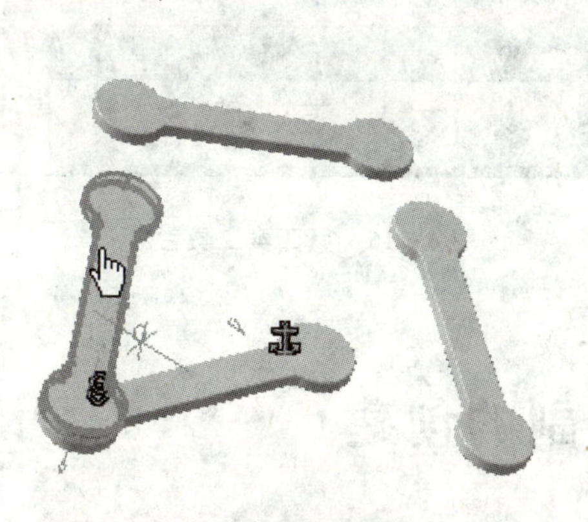

图 4-9　变化前的位置情况

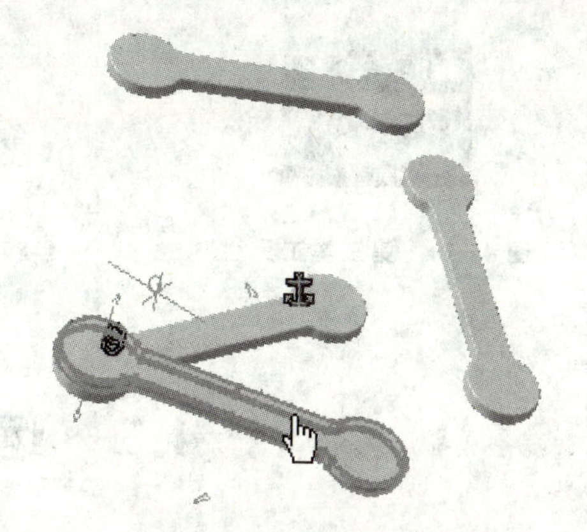

图 4-10　变化后的位置情况

图 4-11　在 Commands(命令)选项组中输入值

4.1.3　运动分析的工具栏

运动分析的工具主要分为以下几类(将在本章的其他小节分别进行详细介绍)：

- 第一类工具栏　主要用于创建各种运动副以及固定件，并且进行机构运动模拟，如图 4-12 所示。

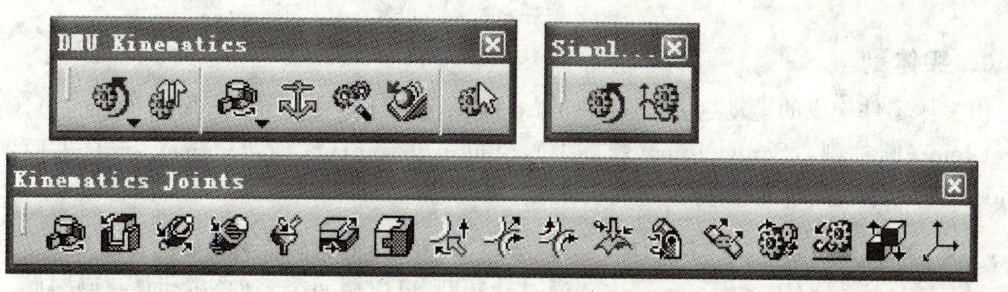

图 4-12　第一类工具栏

- 第二类工具栏　主要用于创建机构运动的影片，查看机构运动轨迹与机构操作时经过的空间范围，如图 4-13 所示。
- 第三类工具栏　主要用于物体间距离以及干涉情况的分析，如图 4-14 所示。
- 第四类工具栏　可以通过不同的查看方式观察模型，如图 4-15 所示。

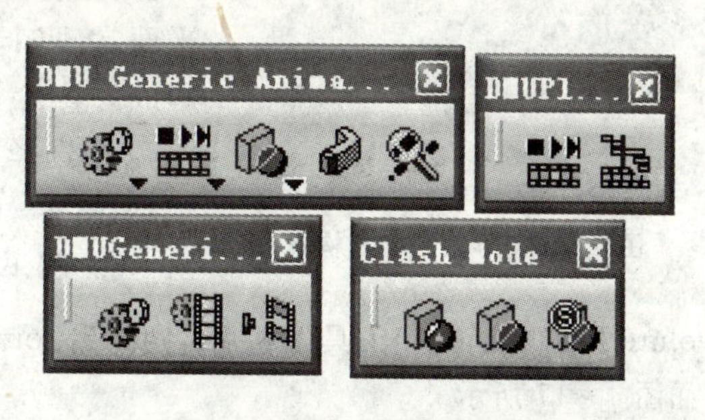

图 4-13　第二类工具栏

图 4-14 第三类工具栏

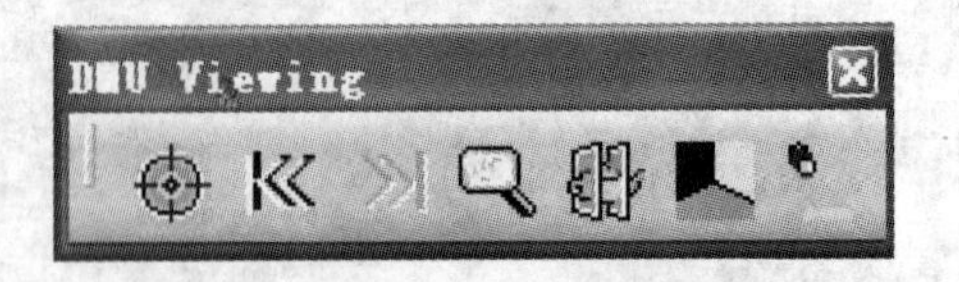

图 4-15 第四类工具栏

4.2 运动副的创建

创建运动副是进行数字模型运动分析的首要步骤,本节将介绍 17 种运动副,它们可以模拟大部分机构的运动方式,这些运动副共分为 4 大类,分别是:

※ 实体副 由实体零件所创建的运动副。

※ 几何副 利用几何图形(点、曲线、曲面)间的关系所创建的运动副。

※ 复合副 为多自由度的运动副,可以利用虚拟的约束条件创建副,不需要通过实际的几何关系。

※ 坐标对齐 利用对齐坐标轴方式创建运动副。

本节将通过实例介绍各种运动副的创建方式,并以动画形式演示实际运动情况。

4.2.1 运动副的创建

1. 实体副

由实体零件构成的运动副,包含 Revolute Joint(旋转副),Prismatic Joint(移动副),Cylindrical Joint(圆柱副),Screw Joint(螺旋副),Spherical Joint(球副),Planar Joint(平面副)及 Rigid Joint(刚体副)等,下面分别进行介绍。

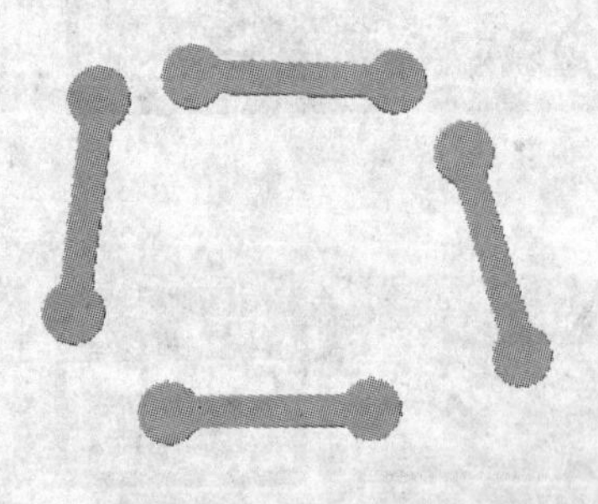

图 4-16 导入一个机构

(1) Revolute Joint(旋转副)

通过旋转副,可以使两个零件绕着同一轴转动。两个零件在接合处必须各有一个轴线以及一个与轴线垂直的平面,将两个零件的轴线重合,设置两个平面间的距离后,即成为具有一个旋转自由度的旋转副。

① 选择 File(文件)|Open(打开)菜单项,导入一个机构,如图 4-16 所示。

② 在 Kinematics Joints(运动副)工具栏中,单击 Revolute Joint(旋转副)工具按钮,则弹出 Joint Creation:Revolute(运动副创建:旋转)对话框,如图 4-17 所示。

③ 单击 New Mechanism(新的机构)按钮,则弹出 Mechanism Creation(机构创建)对话框,如图 4-18 所示。

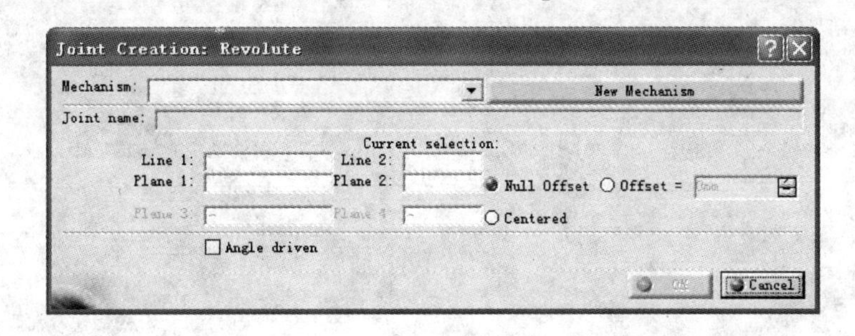

图 4-17　Joint Creation:Revolute(运动副创建:旋转)对话框

在该对话框的 Mechanism name(机构名称)文本框内为所创建的机构命名,系统默认为 Mechanism.1(机构.1),且系统将依照创建顺序为所创建的机构命名。

④ 命名完成后,单击 OK(完成)按钮,关闭该对话框,同时在特征树中显示新创建机构的名称,如图 4-19 所示。

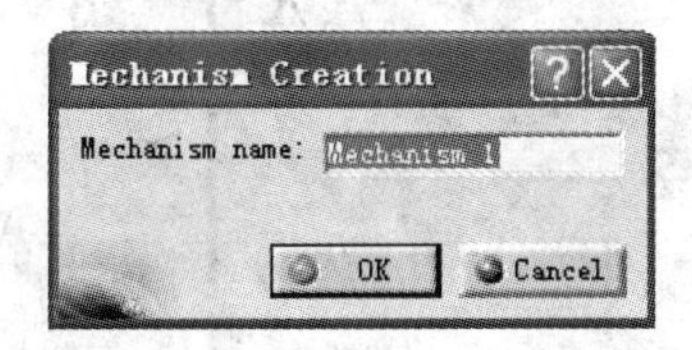

图 4-18　Mechanism Creation(机构创建)对话框

Applications
Mechanisms
Mechanism.1, DOF=0

图 4-19　特征树中显示的机构名称

⑤ 选择组成旋转副的两个零件的轴心作为转轴,分别为 Line 1(线 1)及 Line 2(线 2),如图 4-20 所示。

★ 通过单击放大所选择的零件,可以比较容易地选定其轴心。

⑥ 选择两个零件的相应平面作为 Plane 1(面 1)和 Plane 2(面 2),如图 4-21 所示。

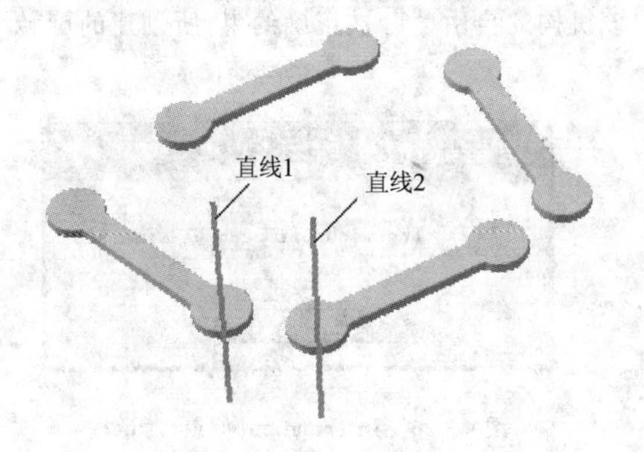

图 4-20　选择两个轴心

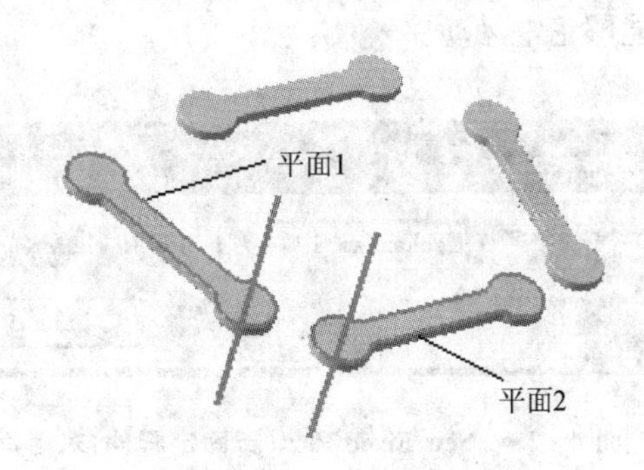

图 4-21　选择的两个平面

★ 先选择的平面会移动并对齐后选择的平面。

在设置对齐平面时,可以指定此两平面间的距离。若需要两平面重合,可选中 Null Offset(没有偏移)单选按钮,结果如图 4-22 所示;若需要两平面之间有一定的间隔,则选中 Offset(偏移)单选按钮,并在其后键入相应的偏移距离,结果如图 4-23 所示。

⑦ 选中 Joint Creation(运动副创建)对话框中的 Angle driven(角度驱动)复选框,如图 4-24 所示。

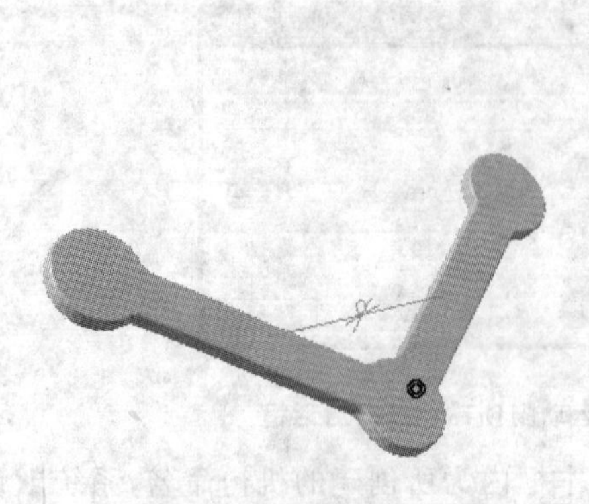

图 4-22　没有偏移的结果

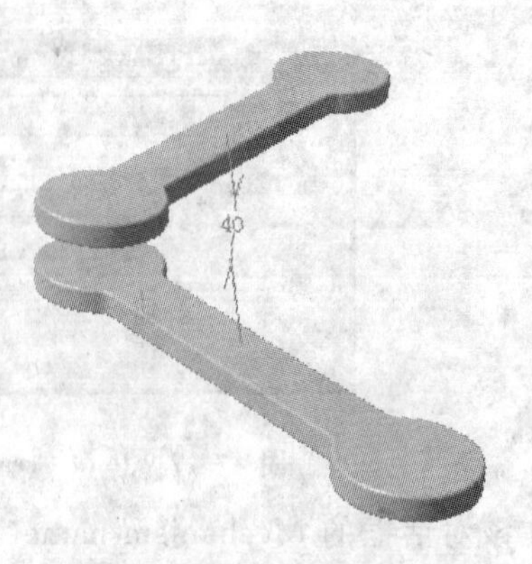

图 4-23　有偏移的结果

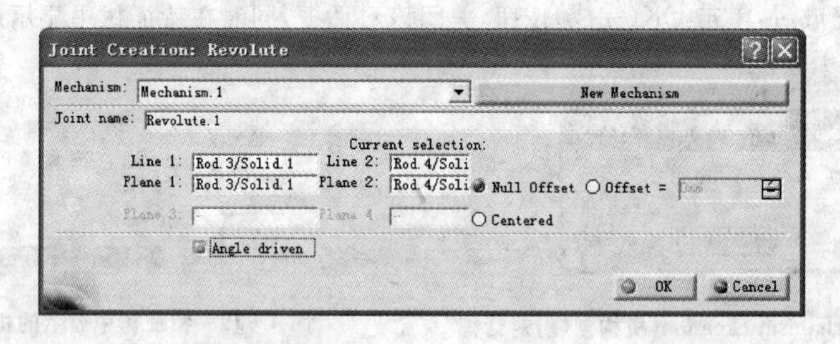

图 4-24　设置完成的 Joint Creation(运动副创建)对话框

⑧ 在 DMU Kinematics(电子样机运动分析)工具栏中,单击 Fixed Part(固定零件)工具按钮,弹出 New Fixed Part(新固定零件)对话框,如图 4-25 所示。

在特征树中或窗口中选择组成该运动副的其中一个零件作为固定件,则弹出 Information(信息)对话框,如图 4-26 所示。此对话框表明该机构的自由度已被正确约束,所创建的旋转副能够正常运动。

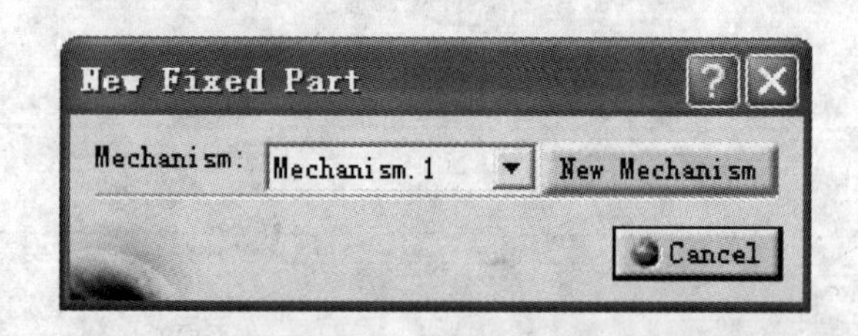

图 4-25　New Fixed Part(新固定零件)对话框

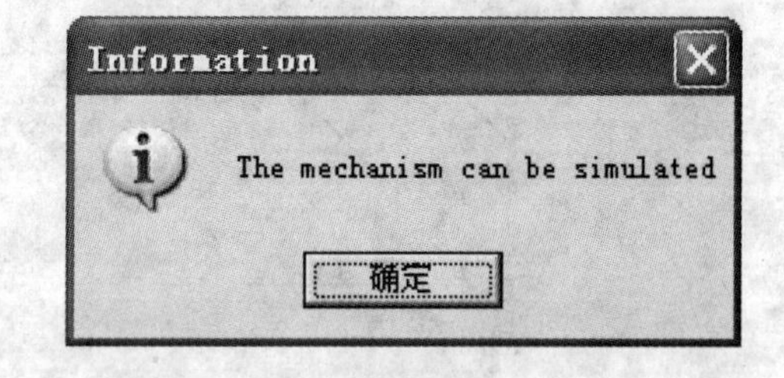

图 4-26　Information(信息)对话框

(2) Prismatic Joint(移动副)

通过移动副,可以使两个零件沿着某平面的一个方向平移。两个零件在接合处必须各有一个平面以及一个平行于平面的方向,将两个零件的平面与移动方向重合,即成为具有一个平移自由度的移动副。创建移动副的步骤是:

① 选择 File(文件)|Open(打开)菜单项,导入一个机构,如图 4-27 所示。

② 在 Kinematics Joints(运动副)工具栏中,单击 Prismatic Joint(移动副)工具按钮,则

弹出 Joint Creation:Prismatic(运动副创建:移动)对话框,如图 4-28 所示。

图 4-27 导入一个机构

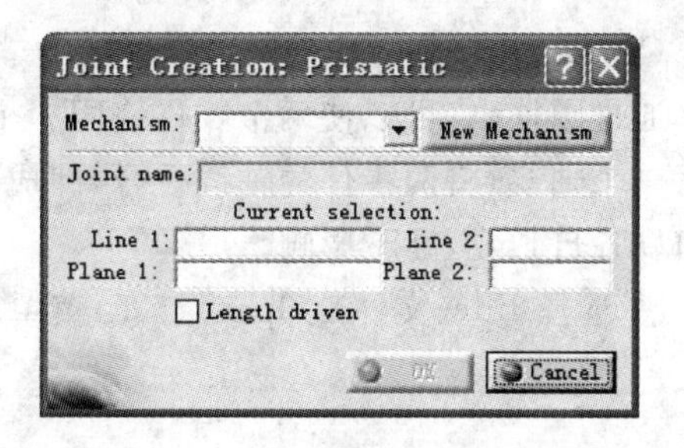

图 4-28 Joint Creation:Prismatic (运动副创建:移动)对话框

③ 单击 New Mechanism(新的机构)按钮,为所创建的机构命名。

④ 选择两条直线,作为 Line 1(线 1)及 Line 2(线 2),如图 4-29 所示。

⑤ 选择两个对齐平面作为 Plane 1(面 1)和 Plane 2(面 2),如图 4-30 所示。

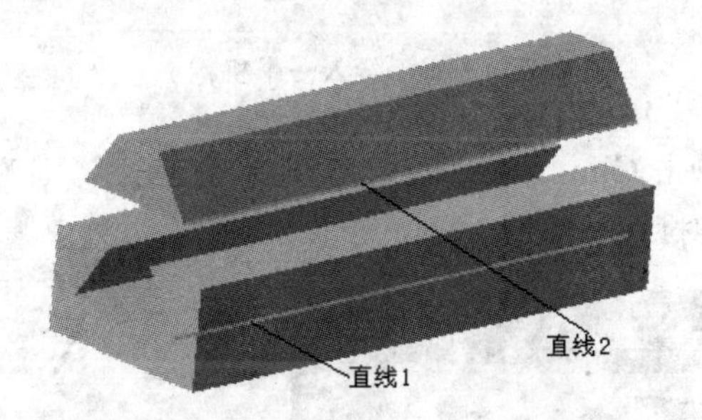

图 4-29 选择两条直线

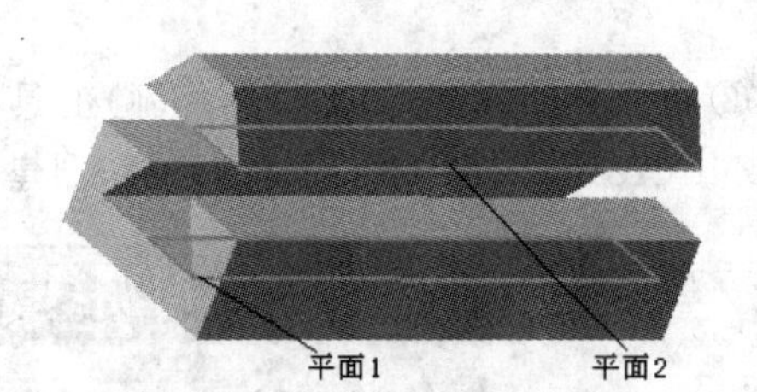

图 4-30 选择两个平面

⑥ 选中 Joint Creation(运动副创建)对话框中的 Length driven(长度驱动)复选框,如图 4-31 所示。

⑦ 在 DMU Kinematics(电子样机运动分析)工具栏中,单击 Fixed Part(固定零件)工具按钮,则弹出 New Fixed Part(新固定零件)对话框,如图 4-32 所示。

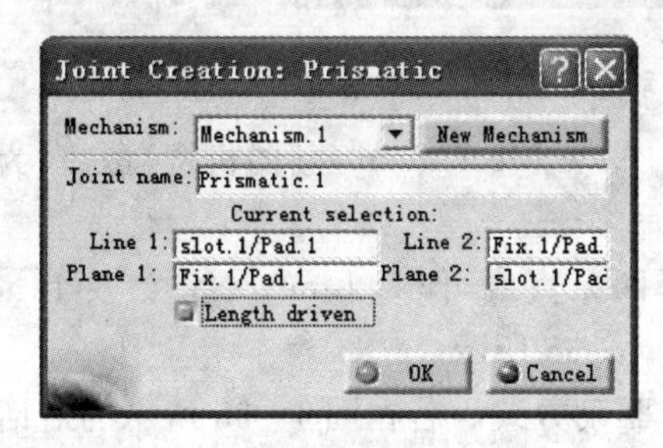

图 4-31 设置完成的 Joint Creation (运动副创建)对话框

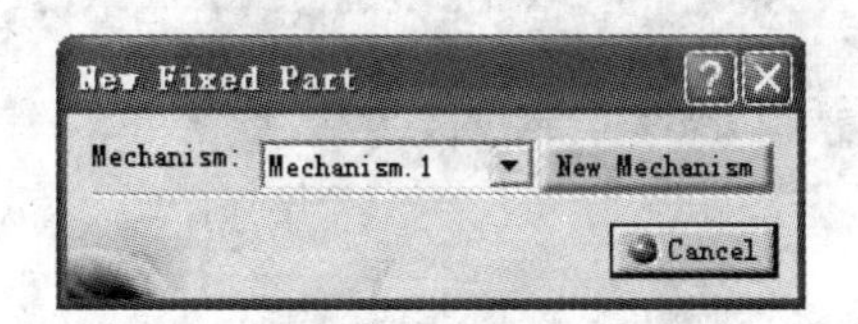

图 4-32 New Fixed Part(新固定零件)对话框

在特征树或窗口中选择组成该运动副的其中一个零件作为固定件,则弹出 Information(信息)对话框。此对话框表明该机构的自由度已被正确约束,所创建的移动副能够正常运动,创建完成后的移动副机构如图 4 - 33 所示。

(3) Clindrical Joint(圆柱副)

通过圆柱副,可以使两个零件绕同一个轴转动,并可以沿此轴向移动。两个零件在接合处各有一个轴线,将两零件的轴线重合,即成为具有两个自由度(旋转与平移)的圆柱副,这两个自由度各自独立,互不影响。

① 选择 File(文件)|Open(打开)菜单项,导入一个机构,如图 4 - 34 所示。

图 4 - 33 创建完成的移动副

图 4 - 34 导入一个机构

② 在 Kinematics Joints(运动副)工具栏中,单击 Clindrical Joint(圆柱副)按钮,则弹出 Joint Creation:Pcylindrical(运动副创建:圆柱)对话框,如图 4 - 35 所示。

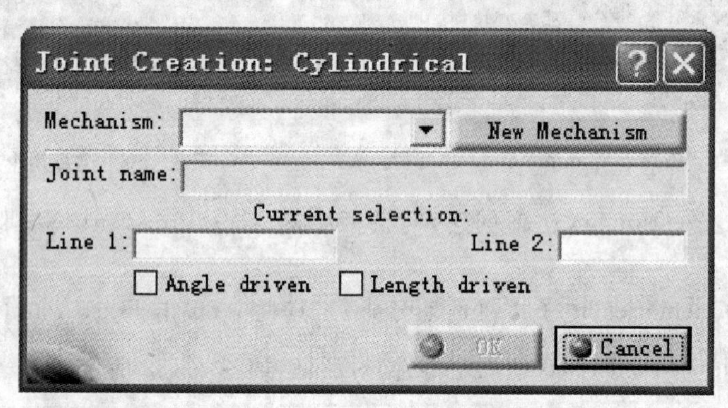

图 4 - 35 Joint Creation:Cylindrical(运动副创建:圆柱)对话框

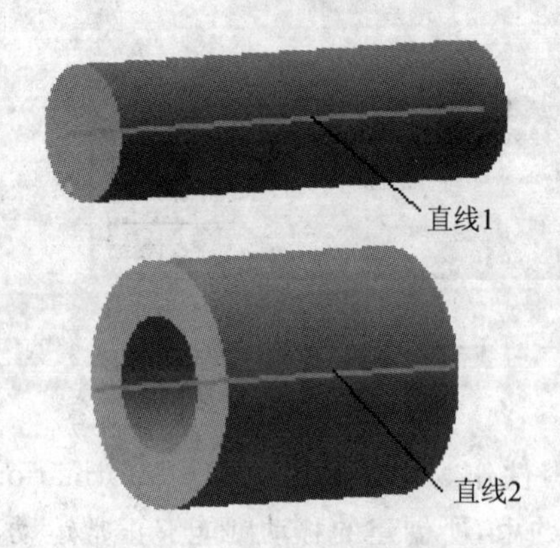

图 4 - 36 选择两条直线

③ 单击 New Mechanism(新的机构)按钮,为所创建的机构命名。

④ 选择两条直线,作为 Line 1(线 1)及 Line 2(线 2),如图 4 - 36 所示。

⑤ 选择驱动方式。若在图 4 - 35 所示的对话框中选择 Angle Driven(角度驱动)复选框,则此运动副可作为机构的角度驱动杆;若选择 Length driven(长度驱动)复选框,则此运动副可作为机构的线型驱动杆;同时选择两者则可作为螺旋驱动杆。不同的驱动方式可以用在不同的机构运动场合。

★ 若单独选择 Angle Driven(角度驱动)复选框或 Length driven(长度驱动)复选框,则此机构仍剩下一个自由度没有被驱动,需要利用其他条件约束自由度。

⑥ 单击 OK(完成)按钮,则机构根据指定的约束自动组装,如图 4-37 所示。

⑦ 在 DMU Kinematics(电子样机运动分析)工具栏中,单击 Fixed Part(固定零件)按钮,弹出 New Fixed Part(新固定零件)对话框,如图 4-38 所示。

图 4-37　组装完成的圆柱副

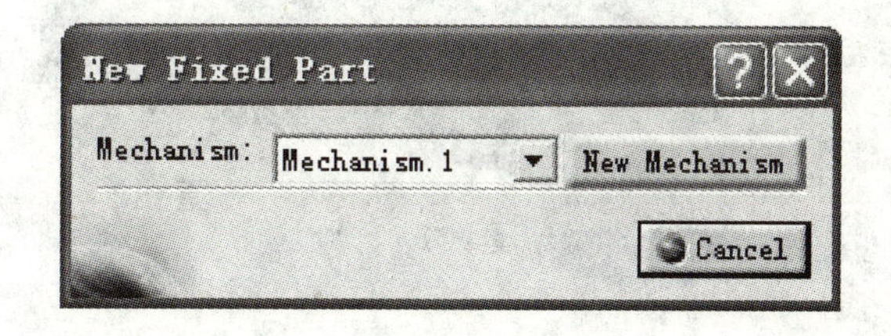

图 4-38　New Fixed Part(新固定零件)对话框

在特征树中或窗口中选择组成该运动副的其中一个零件作为固定件,此时不会弹出 Information(信息)对话框,表明该机构还不能运动。若同时选择 Angle Driven(角度驱动)复选框和 Length driven(长度驱动)复选框,则此机构即可进行运动。

(4) Screw Joint(螺旋副)

通过螺旋副,可以使两个零件绕着同一轴转动,并沿此轴向移动。两个零件在结合处各有一个轴线,将两零件的轴线重合,即成为具有两个自由度(旋转与平移)的螺旋副。与圆柱副不同,螺旋副的移动距离与旋转圈数有一定的关系,即 Pitch(截距),每转动一圈,两零件的距离会沿着轴方向移动一个截距。

① 选择 File(文件)|Open(打开)菜单项,导入一个机构,如图 4-39 所示。

② 在 Kinematics Joints(运动副)工具栏中,单击 Screw Joint(螺旋副)按钮,则弹出 Joint Creation:Screw(运动副创建:螺旋)对话框,如图 4-40 所示。

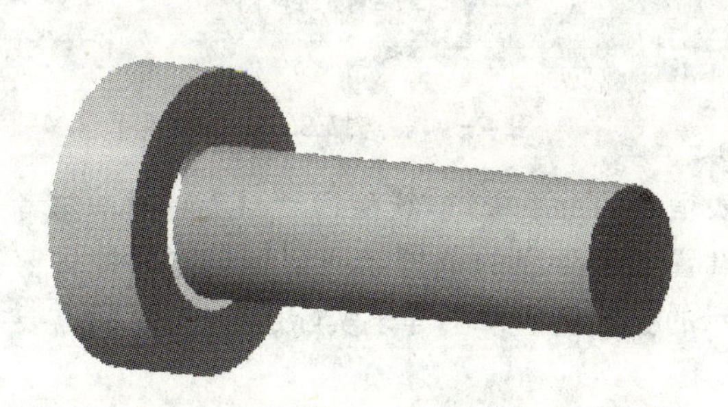

图 4-39　导入一个机构

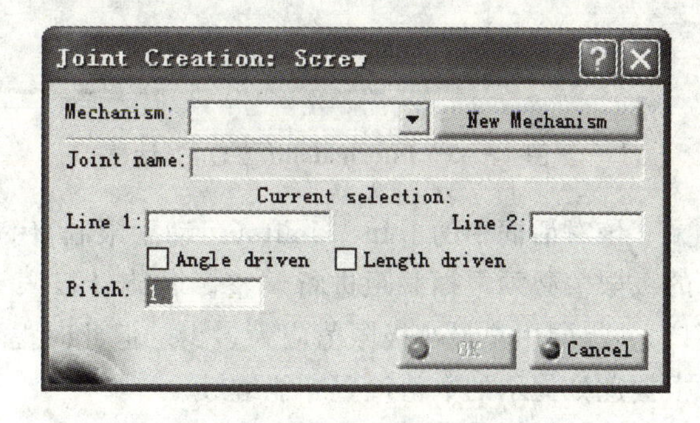

图 4-40　Joint Creation:Screw(运动副创建:螺旋)对话框

③ 单击 New Mechanism(新的机构)按钮,为所创建的机构进行命名。

④ 选择两条直线,作为 Line 1(线 1)及 Line 2(线 2),如图 4-41 所示。

⑤ 选择驱动方式,具体操作可参考圆柱副的创建方法。

⑥ 在 pitch(截距)列表框中键入适当的数值,比如 pitch(截距)为 4,表明每前进 4 mm,则螺帽转动一周(360°)。

⑦ 单击 OK(完成)按钮,则机构根据指定的约束自动组装。

⑧ 在 DMU Kinematics(电子样机运动分析)工具栏中,单击 Fixed Part(固定零件)按钮,则弹出 New Fixed Part(新固定零件)对话框,如图 4-42 所示。

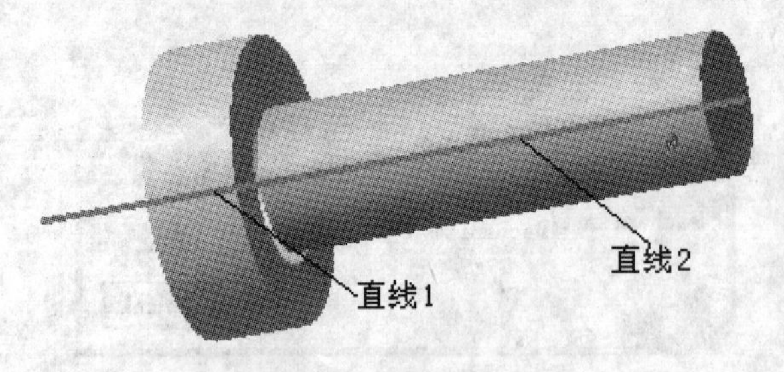

图 4-41　选择两条直线

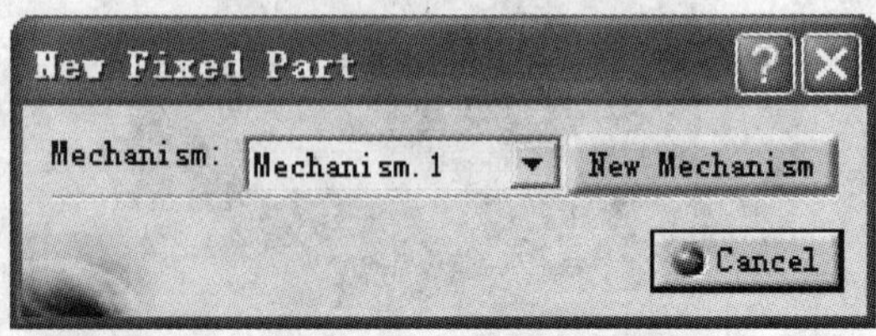

图 4-42　New Fixed Part(新固定零件)对话框

在特征树中或窗口中选择组成该运动副的其中一个零件作为固定件,则弹出 Information(信息)对话框,如图 4-43 所示。

⑨ 在特征树中双击 Screw(螺旋副),如图 4-44 所示。则弹出 Joint Edition:Screw(运动副编辑:螺旋)对话框,如图 4-45 所示。

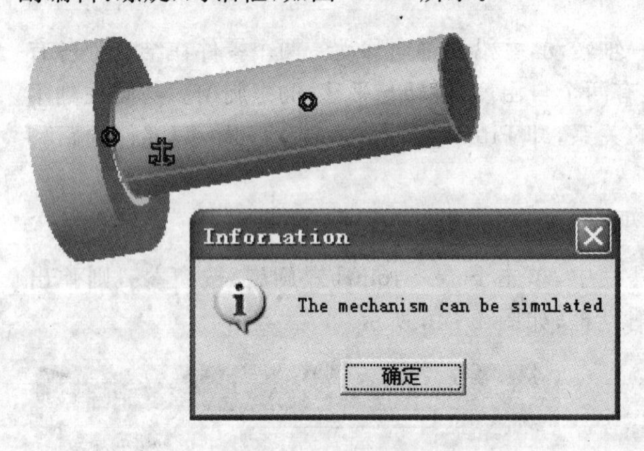

图 4-43　Information(信息)对话框

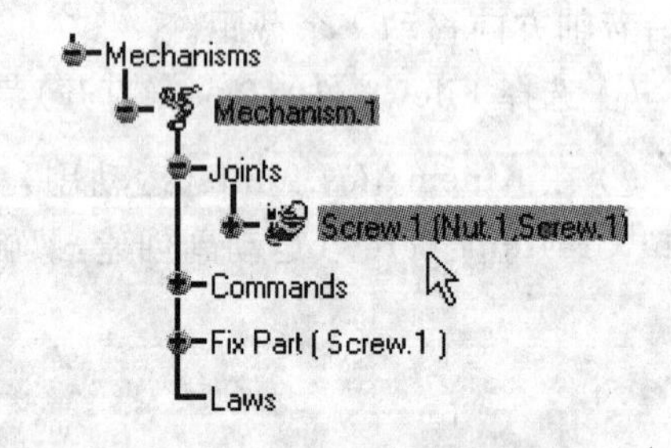

图 4-44　选择 Screw(螺旋副)

该对话框中的 Joint Limits(运动副限制)代表运动的上下极限,线型运动与旋转运动两者的极限值必须根据截距进行调整。若旋转极限设置低于一定的范围,CATIA 会出现警告窗口,并提醒用户最小极限值应为多少。但此时提示的极限值通常不等于实际的最小值,故需要根据此处提示的数值设置才能继续。

(5) Spherical(球副)

通过球副,可以使两个零件绕同一圆心转动。两个零件在接合处各有一个圆心,将两零件的圆心重合,即成为具有三个旋转自由度的球副。这三个自由度各自独立,互不影响。

① 选择 File(文件)|Open(打开)菜单项,导入一个机构,如图 4-46 所示。

② 在 Kinematics Joints(运动副)工具栏中,单击 Spherical(球副)按钮,则弹出 Joint

Joint Edition: Screw.1 (Screw)
Joint name: Screw.1
Joint geometry:
Line 1: Screw.1/Pad.1
Line 2: Nut.1/Solid.1
Angle driven
Length driven
Pitch: 3
Joint Limits
1st Lower limit: -100mm
1st upper limit: 100mm
2nd Lower Limit: Unset
2nd upper limit: Unset
OK
Cancel

图 4-45 Joint Edition:Screw(运动副编辑:螺旋)对话框

Creation:Spherical(运动副创建:球副)对话框,如图 4-47 所示。

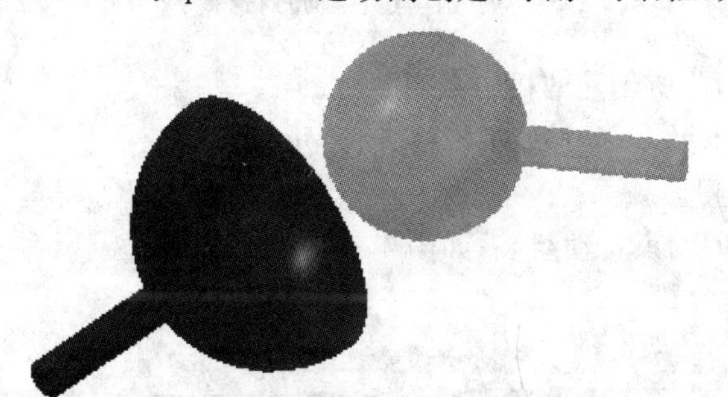

图 4-46 导入一个机构

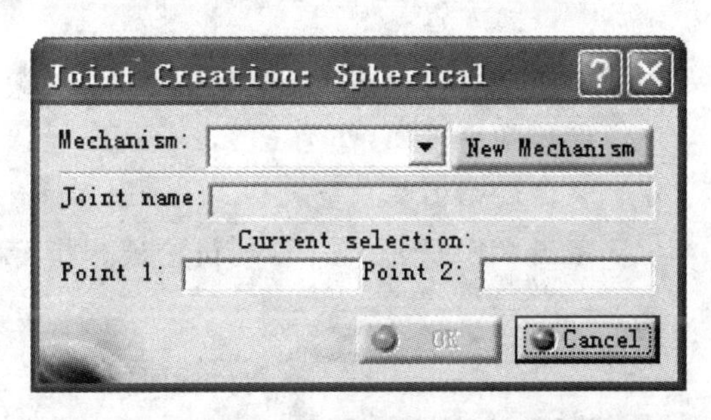

图 4-47 Joint Creation:Spherical (运动副创建:球副)对话框

③ 单击 New Mechanism(新的机构)按钮,为所创建的机构命名。

④ 选择两个点(圆心)作为 Point 1(点 1)及 Point 2(线 2),如图 4-48 所示。

★ 该运动副不提供驱动方式,仅作为杆件间的连接。

⑤ 单击 OK(完成)按钮,则机构根据指定的约束自动组装,如图 4-49 所示。

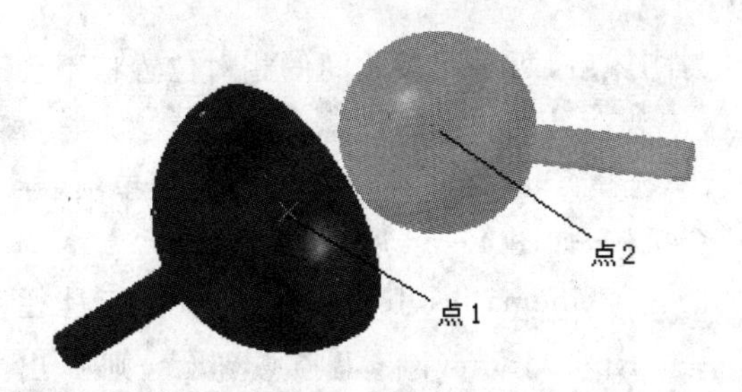

图 4-48 选择两个点

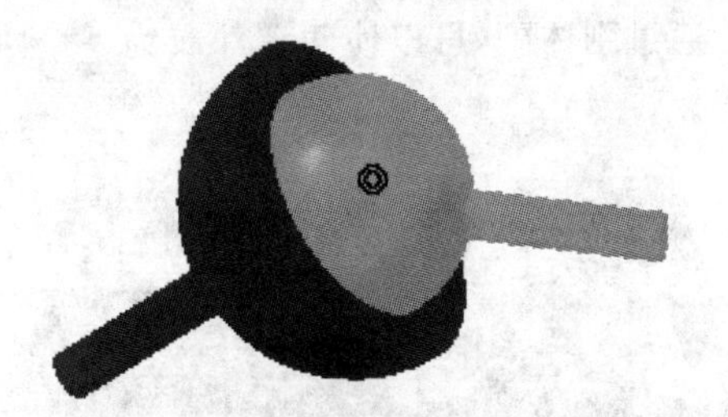

图 4-49 组装完成的球副

(6) Planar Joint(平面副)

通过平面副，可以使两个零件沿着某平面互相移动。这两个零件各有一个平面相接合，成为具有两个平移自由度的平面副。

① 选择 File(文件)|Open(打开)菜单项，导入一个机构，如图 4-50 所示。

② 在 Kinematics Joints(运动副)工具栏中，单击 Planar Joint(平面副)按钮，则弹出 Joint Creation：Planar(运动副创建：平面)对话框，如图 4-51 所示。

图 4-50　导入一个机构

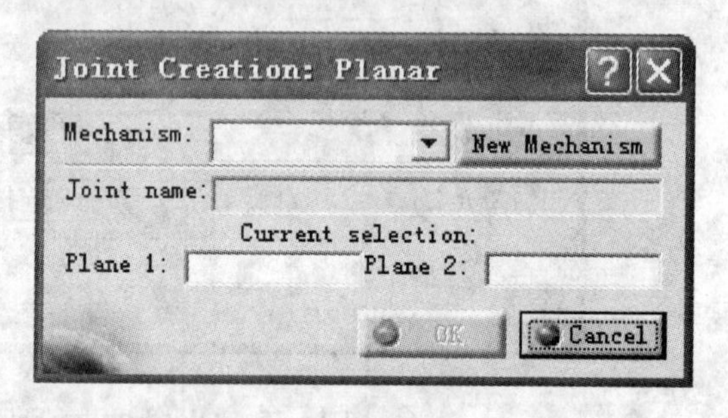

图 4-51　Joint Creation：Planar(运动副创建：平面)对话框

③ 单击 New Mechanism(新的机构)按钮，为所创建的机构命名。

④ 选择两个平面，作为 Plane 1(面 1)及 Plane 2(面 2)，如图 4-52 所示。

★ 该运动副不提供驱动方式，仅作为杆件间的连接。

⑤ 单击 OK(完成)按钮，则机构根据指定的约束自动组装，如图 4-53 所示。

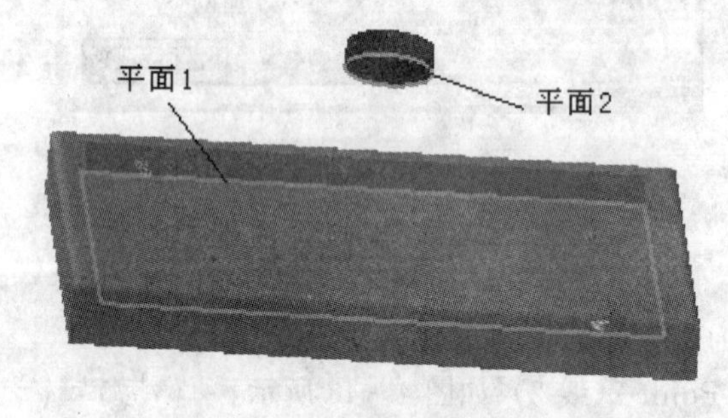

图 4-52　选择两个平面

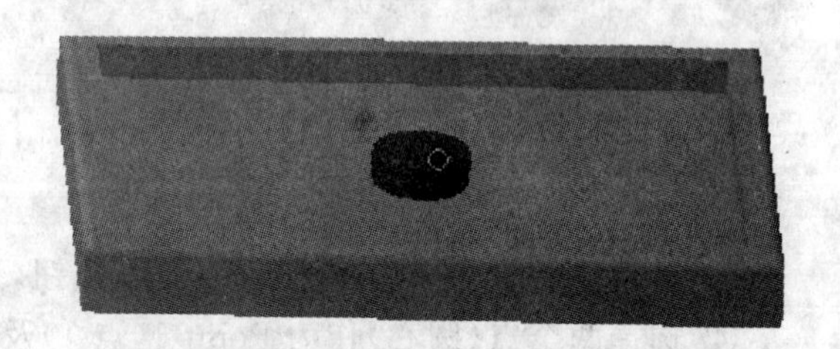

图 4-53　组装完成的平面副

(7) Rigid Joint(刚体副)

通过刚体副，可以使两零件成为一个刚体。成为刚体后，两零件彼此间的相对位置将不会改变。

图 4-54　导入一个机构

① 选择 File(文件)|Open(打开)菜单项，导入一个机构，如图 4-54 所示。

② 在 Kinematics Joints(运动副)工具栏中，单击 Rigid Joint(刚体副)按钮，则弹出 Joint Creation：Rigid(运动副创建：刚体)对话框，如图 4-55 所示。

③ 单击 New Mechanism(新的机构)按钮，

为所创建的机构命名。

④ 选择两个零件,作为 Part 1(零件 1)及 Part 2(零件 2),如图 4-56 所示。

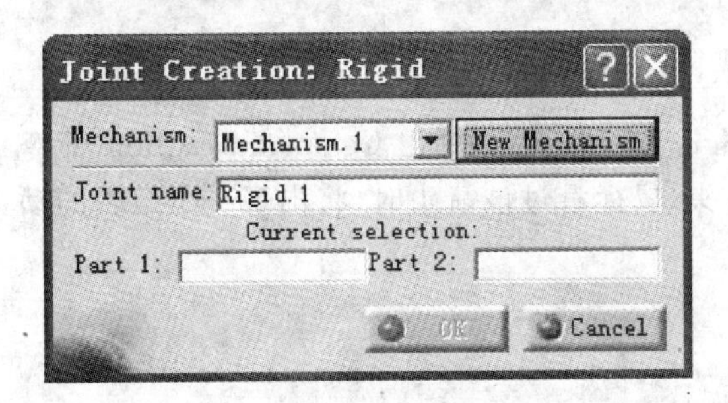

图 4-55　Joint Creation:Rigid(运动副创建:刚体)对话框

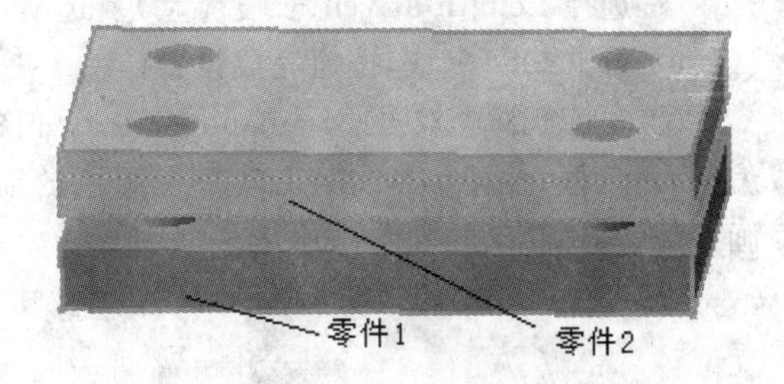

图 4-56　选择两个零件

★ 该运动副不提供驱动方式,仅纯粹作为杆件间的连接。

⑤ 单击 OK(完成)按钮,则机构会即成为一个刚体。

2. 几何副

利用几何图形(点、曲线、曲面)间的关系所创建的运动副,包含 Point Curve Joint(点-曲线副),Slide Curve Joint(滑动曲线副),Roll Curve Joint(滚动曲线副),Point Surface Joint(点-曲面副)等形式,下面将详细介绍以上的几何副。

(1) Point Curve Joint(点-曲线副)

通过点-曲线副,可以使一个点沿着某曲线移动,点与曲线分别位于不同的零件上,然后零件(点)即可沿着曲线路径移动。设置该几何副时,点必须位于曲线上,即点与曲线的距离为0,因此要先在 Assembly Design(装配设计)中,进行组装,再应用该几何副。

① 选择 File(文件)|Open(打开)菜单项,导入一个机构,如图 4-57 所示。

② 在 Kinematics Joints(运动副)工具栏中,单击 Point Curve Joint(点-曲线副)按钮,则弹出 Joint Creation:Point Curve(运动副创建:点-曲线)对话框,如图 4-58 所示。

图 4-57　导入一个机构

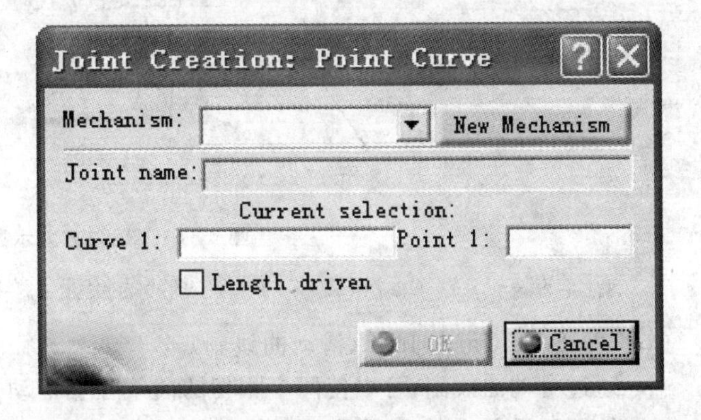

图 4-58　Joint Creation:Point Curve(运动副创建:点-曲线)对话框

③ 单击 New Mechanism(新的机构)按钮,为所创建的机构命名。

④ 选择一条曲线及一点作为 Curve 1(曲线 1)及 Point 1(点 1),如图 4-59 所示。

⑤ 选择 Length driven(长度驱动)复选框。

⑥ 单击 OK(完成)按钮完成设置。

⑦ 在特征树中双击 Command(命令),如图 4-60 所示。则弹出 Command Edition(命令编辑)对话框,并且在曲线上出现一个绿色的箭头,鼠标滑过该箭头时,将出现一个短暂的动画,示意零件移动的方向,如图 4-61 所示。

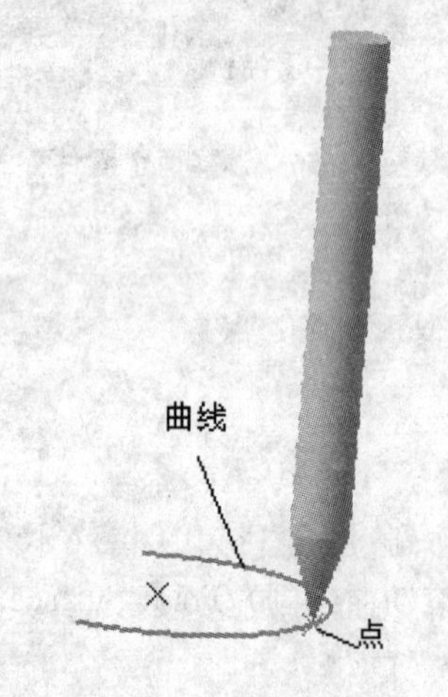

图 4-59 选择一条曲线及一个点

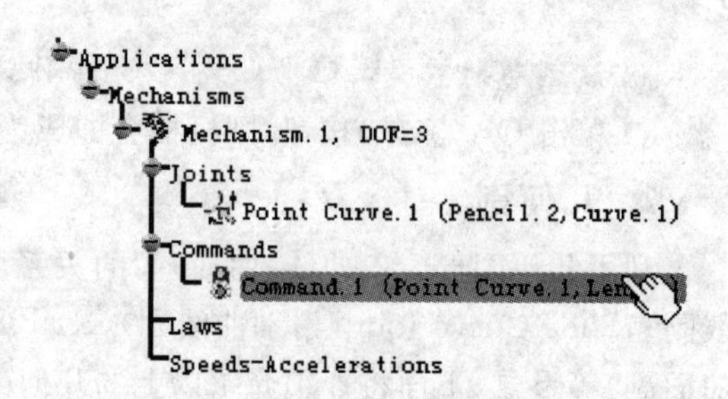

图 4-60 选择 Command(命令)

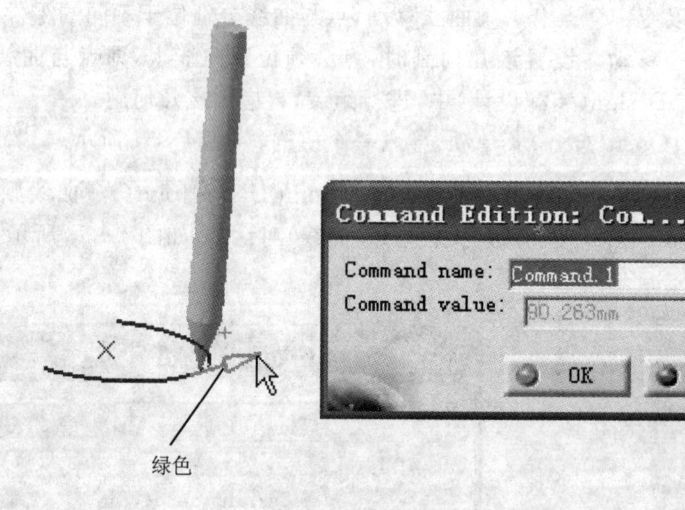

图 4-61 运动方向示意图

★ 单独一个点-曲线副没有约束足够的自由度,需要其他辅助副才能够实现运动。

(2) Slide Curve Joint(滑动曲线副)

通过滑动曲线副,可以使两个相切的曲线互相滑动。两曲线分别位于不同的零件上,然后此零件即可沿着曲线路径移动。使用该几何副时,两曲线必须相切,所以要先在 Assembly Design(装配设计)或 DMU Navigator(数字浏览器)中,将两切线的位置设置好,再进入本单元创建该副。

① 选择 File(文件)|Open(打开)菜单项，导入一个机构，如图 4-62 所示。

② 在 Kinematics Joints(运动副)工具栏中，单击 Slide Curve Joint(滑动曲线副)按钮，则弹出 Joint Creation:Slide Curve(运动副创建:滑动曲线)对话框，如图 4-63 所示。

图 4-62 导入一个机构

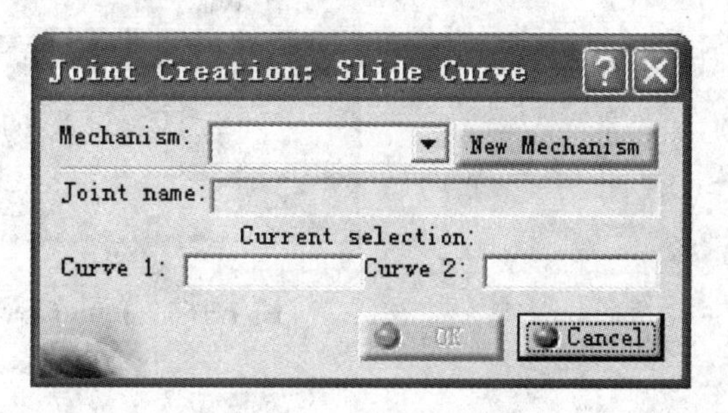

图 4-63 Joint Creation:Slide Curve(运动副创建:滑动曲线)对话框

③ 单击 New Mechanism(新的机构)按钮，为所创建的机构命名。

④ 选择两条曲线作为 Curve 1(曲线 1)及 Curve 2(曲线 2)，如图 4-64 所示。

★ 该几何副不提供驱动方式，仅作为杆件间的连接。

⑤ 单击 OK(完成)按钮完成设置。

★ 单独一个滑动曲线副没有约束足够的自由度，需要其他辅助副才能够实现运动。

(3) Roll Curve Joint(滚动曲线副)

通过滚动曲线副，可以使两个曲线相互滚动。两曲线分别位于不同的零件上，然后零件即可沿着某曲线路径滚动。使用该几何副时，两曲线必须相切，所以要先在 Assembly Design(装配设计)或 DMU Navigator(数字浏览器)中，将两切线的位置设置好，再创建该副。

① 选择 File(文件)|Open(打开)按钮，导入一个机构，如图 4-65 所示。

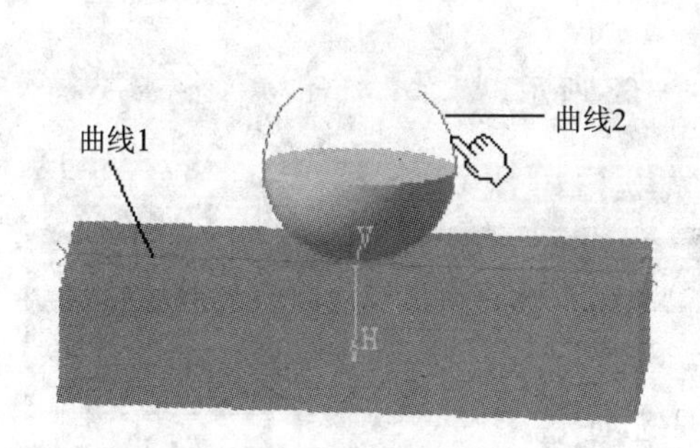

图 4-64 选择两条曲线

图 4-65 导入一个机构

② 在 Kinematics Joints(运动副)工具栏中，单击 Roll Curve Joint(滚动曲线副)按钮，则弹出 Joint Creation:Roll Curve(运动副创建:滚动曲线)对话框，如图 4-66 所示。

③ 单击 New Mechanism(新的机构)按钮，为所创建的机构命名。

④ 选择两条曲线作为 Curve 1(曲线 1)及 Curve 2(曲线 2)，如图 4-67 所示。

★ 若选择 Length Driven(长度驱动)，则可沿着圆弧进行线性驱动(此时不选择)。

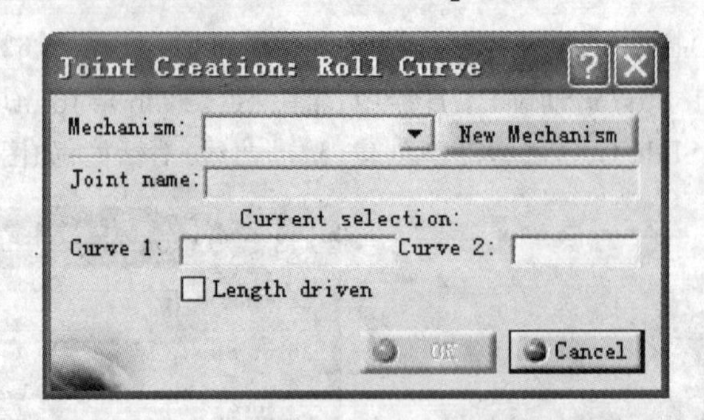

图 4-66　Joint Creation:Roll Curve(运动副创建:滚动曲线)对话框

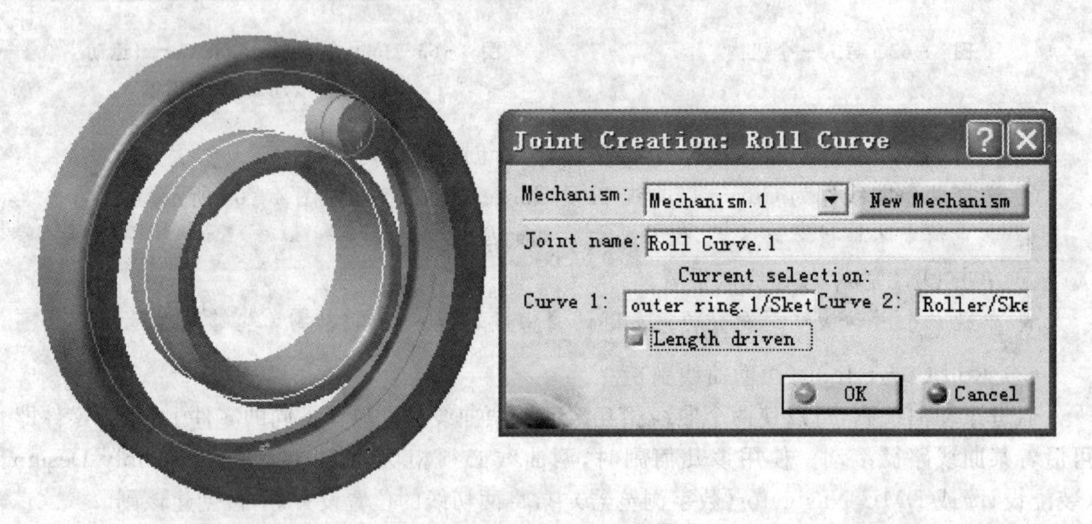

图 4-67　选择两条曲线

⑤ 单击 OK(完成)按钮完成设置。

⑥ 重复以上操作,再次创建滚动曲线副,如图 4-68 所示。

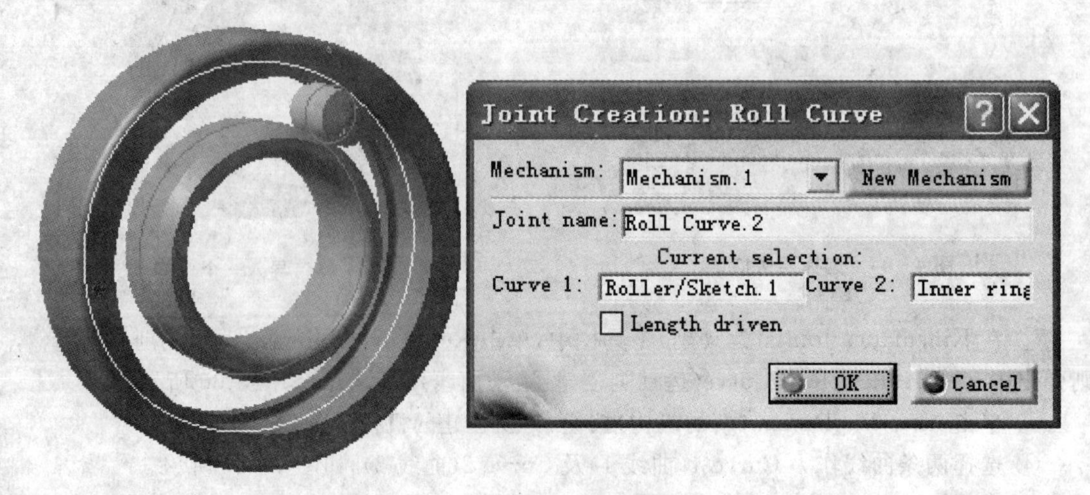

图 4-68　再次创建滚动曲线副

⑦ 在对话框中选中 Length Driven(长度驱动)复选框。

⑧ 在 DMU Kinematics(电子样机运动分析)工具栏中,单击 Fixed Part(固定零件)按钮 ,弹出 New Fixed Part(新固定零件)对话框,将轴承内壳设置为固定件,然后利用轴承外壳与内壳创建转动副,如图 4-69 所示。此时,特征树中的显示,如图 4-70 所示。

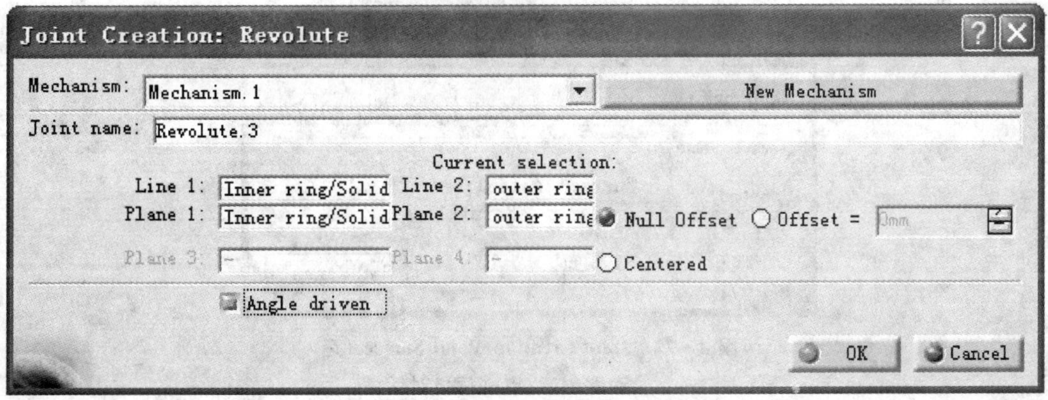

图 4-69 创建转动副

⑨ 在 DMU Kinematics(电子样机运动分析)工具栏中,单击 Simulating With Commands(利用命令进行仿真)按钮 ,即可进行运动仿真。

(4) Point Surface Joint(点-曲面副)

通过点-曲面副,可以使一个点在某曲面上移动。点与曲面分别位于不同的零件上,然后零件(点)即可顺着曲面的弧度与高低而移动。设置该几何副时,点必须位于曲面上,即点与曲面的距离为 0,所以要先在 Assembly Design(装配设计)或 DMU Navigator(数字浏览器)中,将点与曲面的位置设置好,再创建该副。

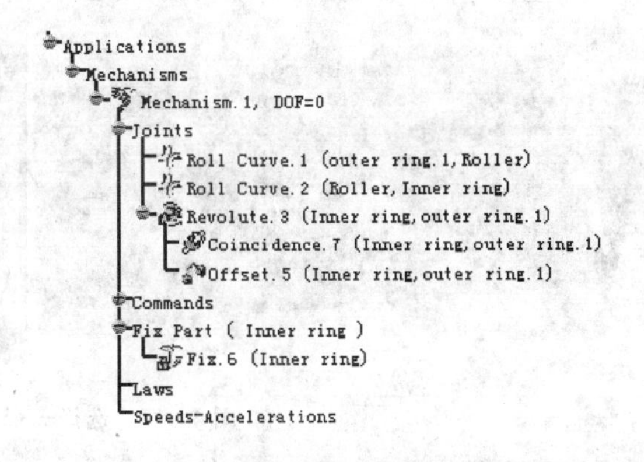

图 4-70 特征树中显示的各种运动副

① 选择 File(文件)|Open(打开)按钮,导入一个机构,如图 4-71 所示。

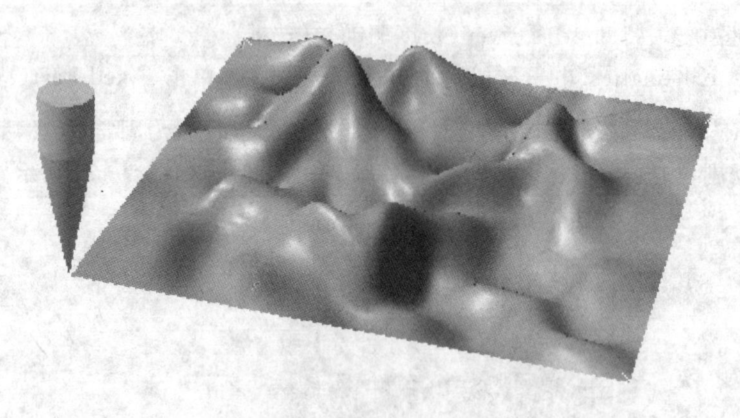

图 4-71　导入一个机构

② 在 Kinematics Joints(运动副)工具栏中,单击 Point Surface Joint(点-曲面副)按钮,则弹出 Joint Creation:Point Surface(运动副创建:点-曲面)对话框,如图 4-72 所示。

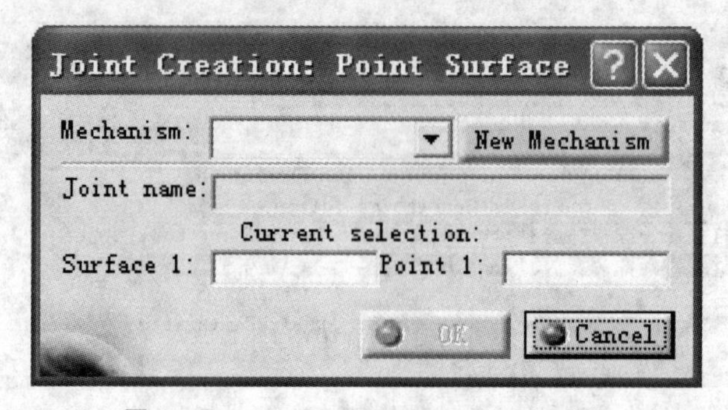

图 4-72　Joint Creation:Point Surface(运动副创建:点-曲面)对话框

③ 单击 New Mechanism(新的机构)按钮,为所创建的机构命名。

④ 选择一个曲面及一点作为 Surface 1(曲面 1)及 Point 1(点 1),如图 4-73 所示。

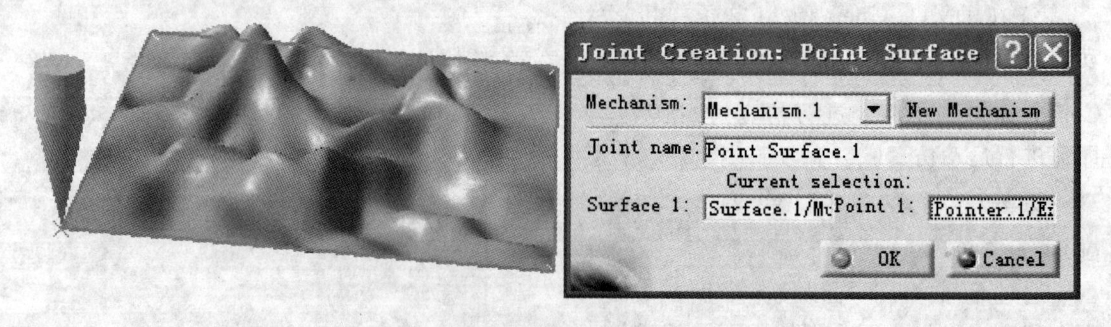

图 4-73　选择一个曲面及一个点

★ 该几何副不提供驱动方式,仅作为杆件间的连接。

⑤ 单击 OK(完成)按钮完成设置。

3. 复合副

复合副顾名思义为多自由度的运动副,可利用虚拟的约束条件创建运动副,而不需要通过实际的几何关系,此类的运动副包括 Universal Joint(万向副),CV Joint(关联副),Rack Joint

(齿条副),Gear Joint(齿轮副)及 Cable Joint(缆线副)。

(1) Universal Joint(万向副)

万向副使用一个虚拟的销连接两杆件,可以传递旋转运动。旋转副也能够传递旋转运动,但是其传动轴与被传动轴的轴心必须一致,而万向副并没有此限制,它可以将旋转运动向其他方向传递。

① 选择 File(文件)|Open(打开)菜单项,导入一个机构,如图 4-74 所示。

② 在 Kinematics Joints(运动副)工具栏中,单击 Universal Joint(万向副)按钮,则弹出 Joint Creation:U Joint(运动副创建:万向副)对话框,如图 4-75 所示。

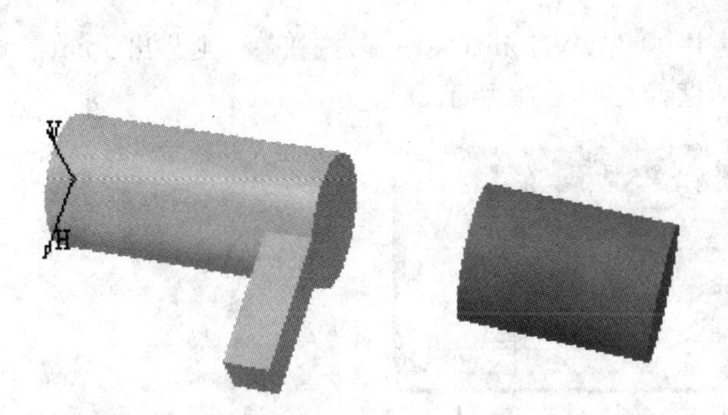

图 4-74 导入一个机构

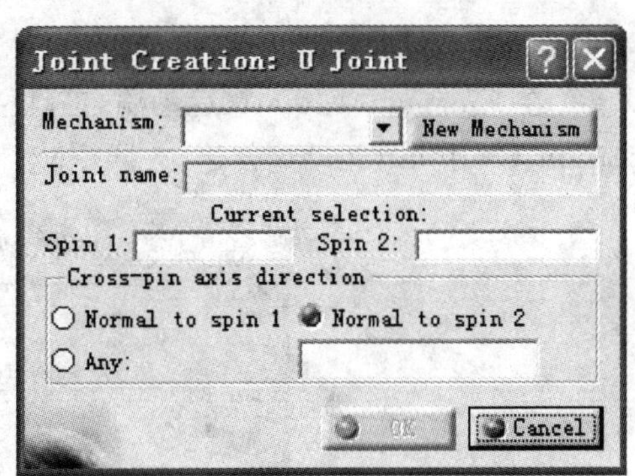

图 4-75 Joint Creation:U Joint(运动副创建:万向副)对话框

③ 单击 New Mechanism(新的机构)按钮,为所创建的机构命名。

④ 选择两条轴线,作为 Spin 1(销 1)及 Spin 2(销 2),如图 4-76 所示。

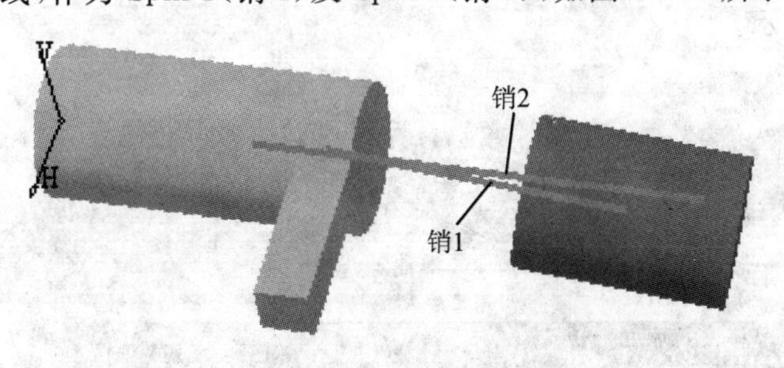

图 4-76 选择两条轴线

⑤ 在 Direction of the cross-pin axis(相交轴线的方向)列表框中选择一个方向:可选择与两个旋转轴正交,或者自定义某直线、边线为轴心,默认设置为 Normal to Spin 2(与第二旋转轴正交)。

★ 该复合副不提供驱动方式,仅作为杆件间的连接。

★ 单独一个万向副没有足够的约束自由度,需要其他运动副辅助才能够进行运动。

⑥ 单击 OK(完成)按钮完成设置。

(2) CV Joint(关联副)

关联副由两个万向副所构成,可以传递旋转运动,但是输入的转轴需要与输出的转轴平行。

① 选择 File(文件)|Open(打开)按钮,导入一个机构,如图 4-77 所示。

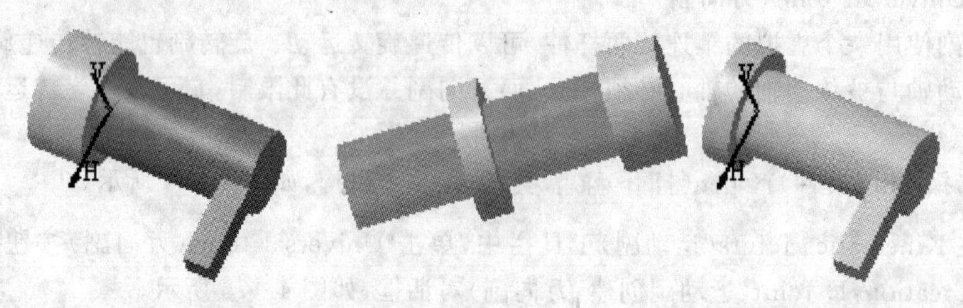

图 4-77 导入一个机构

② 在 Kinematics Joints(运动副)工具栏中,单击 CV Joint(关联副)按钮,则弹出 Joint Creation:CV Joint(运动副创建:关联副)对话框,如图 4-78 所示。

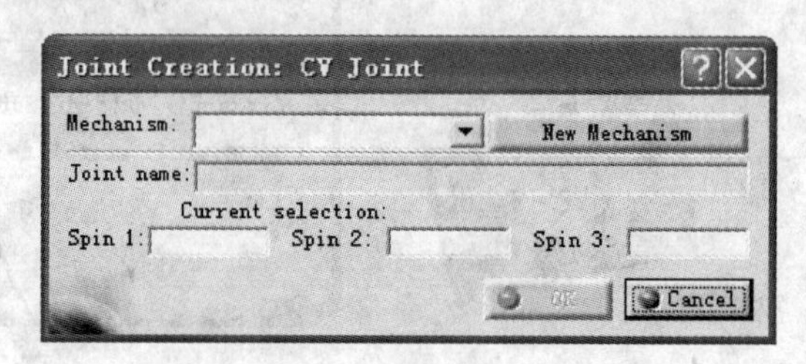

图 4-78 Joint Creation:CV Joint(运动副创建:关联副)对话框

③ 单击 New Mechanism(新的机构)按钮,为所创建的机构命名。

④ 选择三条轴线作为 Spin 1(销 1),Spin 2(销 2)及 Spin 3(销 3),并且第一轴与第三轴需平行,如图 4-79 所示。

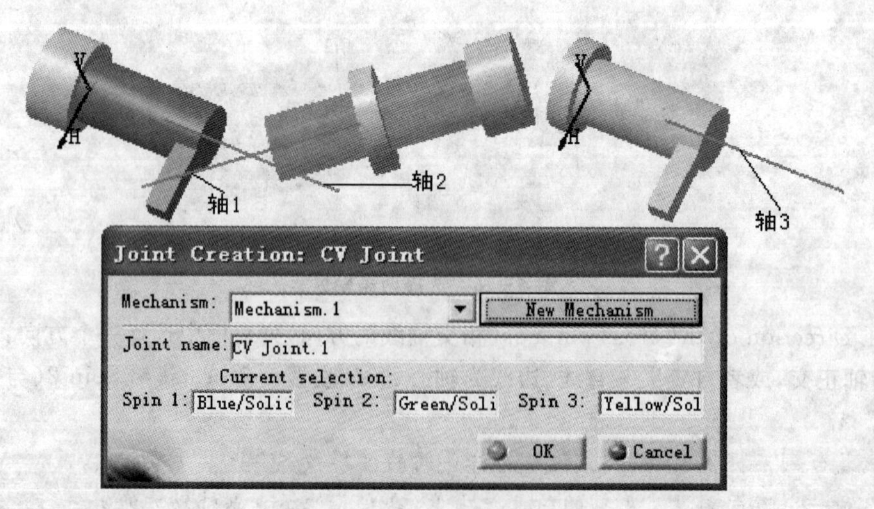

图 4-79 选择三条轴线

★ 单独一个关联副没有足够的约束自由度,需要其他运动副辅助才能够进行运动。

⑤ 单击 OK(完成)按钮完成设置。

(3) Gear Joint(齿轮副)

齿轮副可以利用运动学分析模拟齿轮运动。齿轮副是以虚拟方式,利用圆盘代替齿轮,手动设置减速比、旋转方向,而不需要绘制齿轮模型即可进行仿真。齿轮副由两个旋转副构成,每个旋转副皆有一个固定转轴与转动圆盘,圆盘间不一定需要接触,两圆盘大小与齿轮减速比也没有关系。

① 选择 File(文件)|Open(打开)按钮,导入一个机构,如图 4-80 所示。

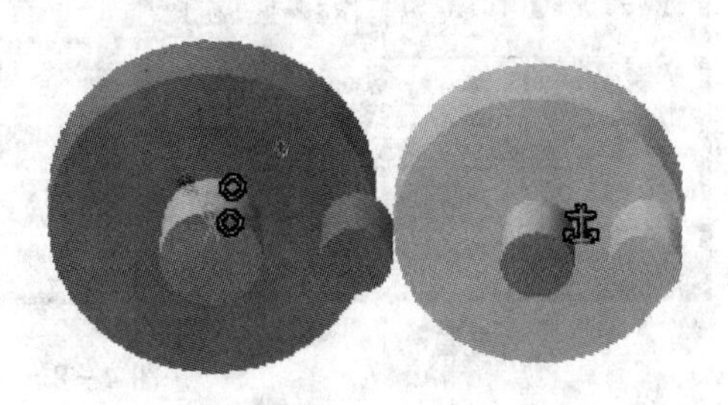

图 4-80 导入一个机构

② 在 Kinematics Joints(运动副)工具栏中,单击 Gear Joint(齿轮副)按钮,则弹出 Joint Creation:Gear(运动副创建:齿轮)对话框,如图 4-81 所示。

③ 单击 New Mechanism(新的机构)按钮 New Mechanism ,为所创建的机构命名。

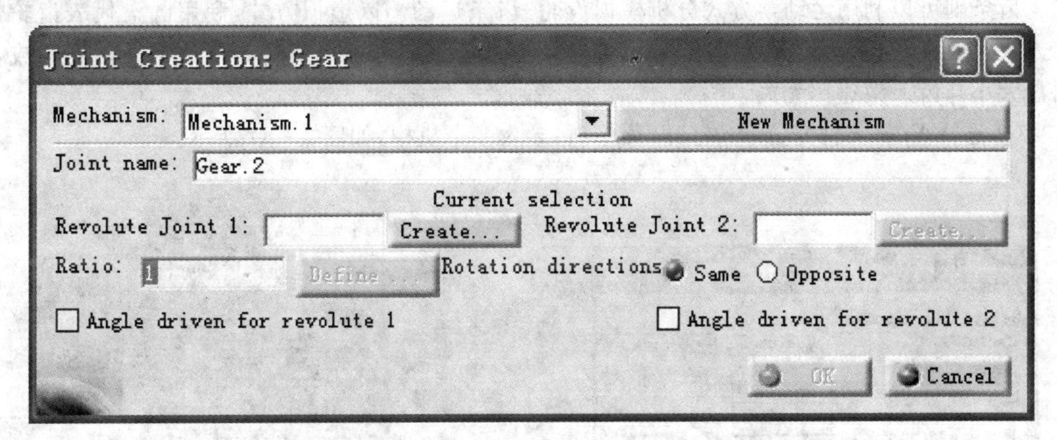

图 4-81 Joint Creation:Gear(运动副创建:齿轮)对话框

④ 齿轮副需要两个旋转副作为约束条件。单击 Revolute Joint(旋转副)后的 Creation...(创建)按钮 Create... ,可以弹出 Joint Creation:Revolute(运动副创建:旋转)对话框,利用该对话框临时创建旋转副。

⑤ 在 Ratio(减速比)列表框中设置齿轮减速比。

⑥ 在 Rotation direction(转动方向)列表框后选择 Same(正转)或 Opposite(反转)选项,并且选择设置哪一个齿轮为驱动轮,如图 4-82 所示。

若根据实际尺寸设置减速比,则可以单击 Define...(定义)按钮 Define... ,弹出 Gear Ratio Definition(齿轮减速比定义)对话框,如图 4-83 所示。可以在该对话框内设置两圆盘外径,CATIA 自动测量尺寸并计算减速比。

⑦ 单击 OK(完成)按钮完成设置。

⑧ 在 DMU Kinematics(电子样机运动分析)工具栏中,单击 Fixed Part(固定零件)按钮 ,弹出 New Fixed Part(新固定零件)对话框,将其中一个零件作为固定建,则系统提示运动可以进行。

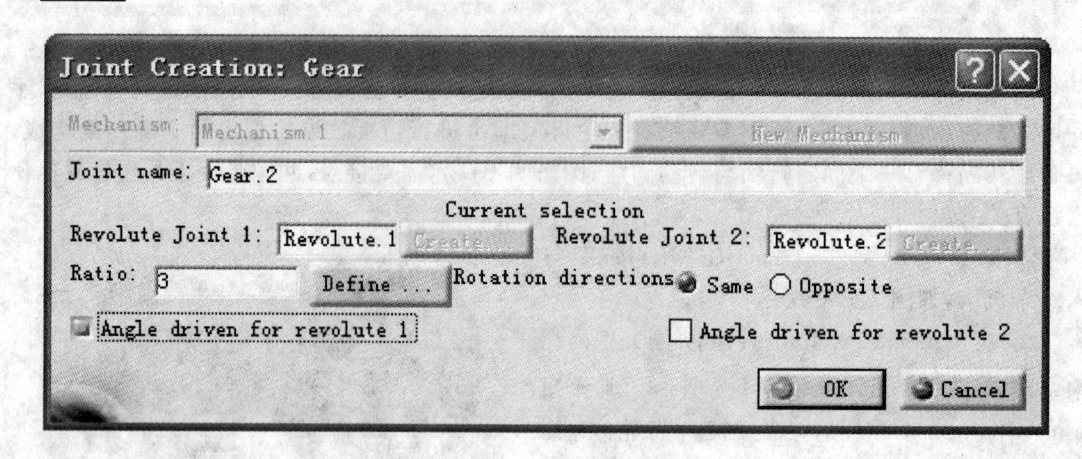

图 4-82 齿轮副参数设置

(4) Rack Joint(齿条副)

齿条副可以利用运动学方式分析模拟齿轮-齿条运动。以虚拟方式，利用圆盘代表齿轮，长方块代表齿条，手动设置减速比，即可进行模拟。齿条副由一个旋转副及一个滑动副构成，圆盘大小与齿条减速比无关。

① 选择 File(文件)|Open(打开)菜单项，导入一个机构，如图 4-84 所示。

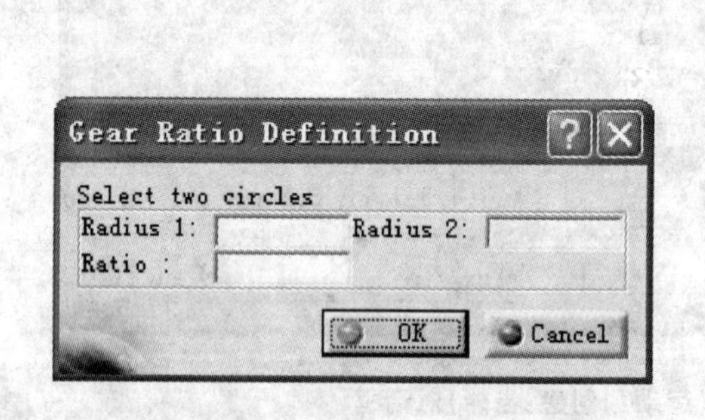

图 4-83 Gear Ratio Definition(齿轮减速比定义)对话框

图 4-84 导入一个机构

② 在 Kinematics Joints(运动副)工具栏中，单击 Rack Joint(齿条副)按钮，则弹出 Joint Creation:Rack(运动副创建:齿条)对话框，如图 4-85 所示。

③ 单击 New Mechanism(新的机构)按钮，为所创建的机构命名。

④ 齿条副需要一个旋转副及一个滑动副作为约束条件。单击 Revolute Joint(旋转副)后的 Creation...(创建)按钮 Create...，可以弹出 Joint Creation:Revolute(运动副创建:旋转)对话框，利用该对话框临时创建旋转副，同理，也可以创建滑动副。

⑤ 在 Ratio(减速比)列表框中设置减速比，单位为"mm-turn(mm per turn)，即齿轮圆盘每转一圈，齿条移动的距离。

若根据实际尺寸设置减速比，则可以单击 Define...(定义)按钮 Define ...，弹出 Rack Ratio Definition(齿条减速比定义)对话框，如图 4-86 所示。同样，可以在该对话框内设置两圆盘外径，CATIA 自动测量尺寸并计算减速比，设置完成后，单击 OK(完成)按钮关闭该对话框。

Joint Creation: Rack
Mechanism: Mechanism.1　New Mechanism
Joint name: Rack.3
Current selection
Prismatic joint:　Create...　Revolute joint:　Create...
Ratio: 1mm_turn　Define ...
Length driven for prismatic　Angle driven for revolute
OK　Cancel

图 4-85　Joint Creation:Rack(运动副创建:齿条)对话框

⑥ 选择一种驱动方式。

⑦ 单击 OK(完成)按钮完成设置。

⑧ 在 DMU Kinematics(电子样机运动分析)工具栏中,单击 Fixed Part(固定零件)按钮,弹出 New Fixed Part(新固定零件)对话框,将其中一个零件作为固定建,则系统提示运动可以进行。

(5) Cable Joint(缆线副)

缆线副以虚拟的缆线形式将两个滑动副相连接,使两者间的运动有关联性(类似滑轮运动)。当某一个滑动副移动时,另一个滑动副可以根据某种比例往特定方向同步运动。

① 选择 File(文件)|Open(打开)菜单项,导入一个机构,如图 4-87 所示。

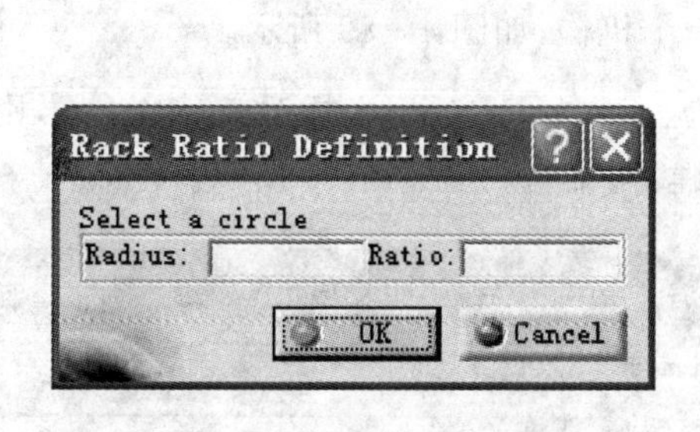

图 4-86　Rack Ratio Definition(齿条减速比定义)对话框

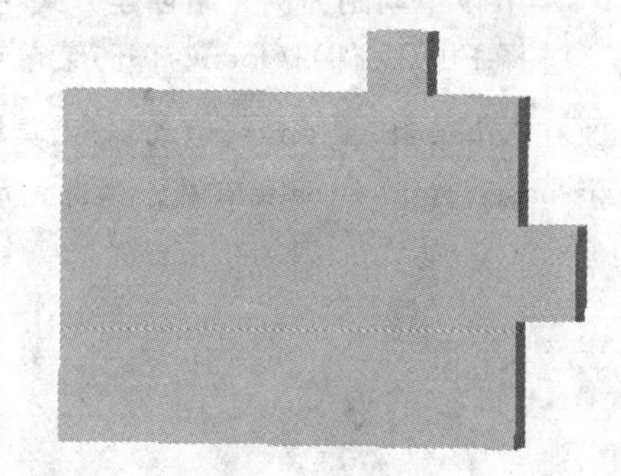

图 4-87　导入一个机构

② 在 Kinematics Joints(运动副)工具栏中,单击 Cable Joint(缆线副)按钮,则弹出 Joint Creation:Cable(运动副创建:缆线)对话框,如图 4-88 所示。

③ 单击 New Mechanism(新的机构)按钮,为所创建的机构命名。

④ 齿条副需要两个滑动副作为约束条件。单击 Prismatic Joint(滑动副)后的 Creation...(创建)按钮,可以弹出 Joint Creation:Prismatic(运动副创建:滑动)对话框,利用该对话框临时创建滑动副。

⑤ 在 Ratio(减速比)列表框中设置两者移动的比例,滑动副 1 移动一个单位,则滑动副 2

Joint Creation: Cable

Mechanism: Mechanism.1 New Mechanism

Joint name: Cable.3

Current selection

Prismatic joint 1: Create... Prismatic joint 2: Create...

Ratio: 1

Length driven for prismatic 1 Length driven for prismatic 2

OK Cancel

图 4-88 Joint Creation:Cable(运动副创建:缆线)对话框

移动 1×Ratio 个单位。

⑥ 选择一种驱动方式。

⑦ 单击 OK(完成)按钮完成设置。

⑧ 在 DMU Kinematics(电子样机运动分析)工具栏中,单击 Fixed Part(固定零件)按钮,弹出 New Fixed Part(新固定零件)对话框,将其中一个零件作为固定建,则系统提示运动可以进行。

4. 坐标对齐

利用坐标对齐(Joint from axis)方式也可以创建运动副,包含 U Joint(万向副),Prismatic Joint(滑动副),Revolute Joint(旋转副),Cylindrical Joint(圆柱副)以及 Spherical Joint(球副)等形式,本节以滑动副为例介绍创建方式,主要分为以下几个步骤:

① 选择 File(文件)|Open(打开)菜单项,导入一个机构,如图 4-89 所示。

② 在 Kinematics Joints(运动副)工具栏中,单击 Joint from axis(坐标对齐)按钮,则弹出 Axis-based Joint Creation(基于坐标运动副的创建)对话框,如图 4-90 所示。

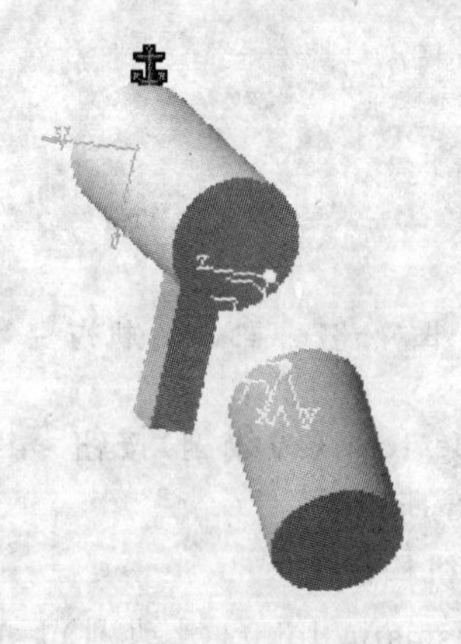

图4-89 导入一个机构

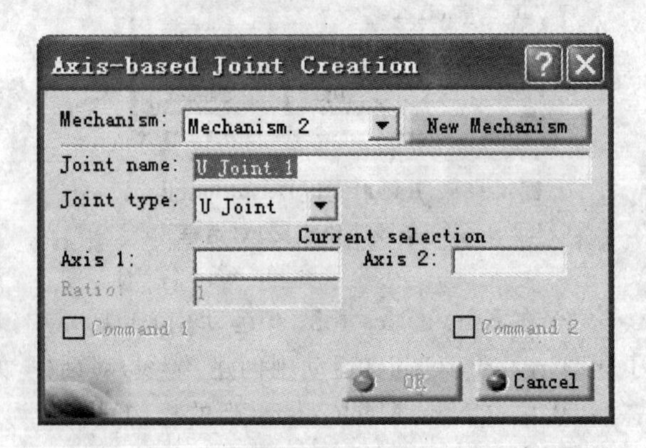

图 4-90 Axis-based Joint Creation(基于坐标运动副的创建)对话框

③ 单击 New Mechanism(新的机构)按钮，为所创建的机构命名。

④ 在 Joint Type(运动副类型)的下拉列表中选择 Prismatic(滑动副)选项。

⑤ 在特征树中或视图窗口中选择两个坐标轴作为 Axis 1(轴 1)及 Axis 2(轴 2)。

⑥ 选择 Length Driven(长度驱动)选项，如图 4-91 所示。

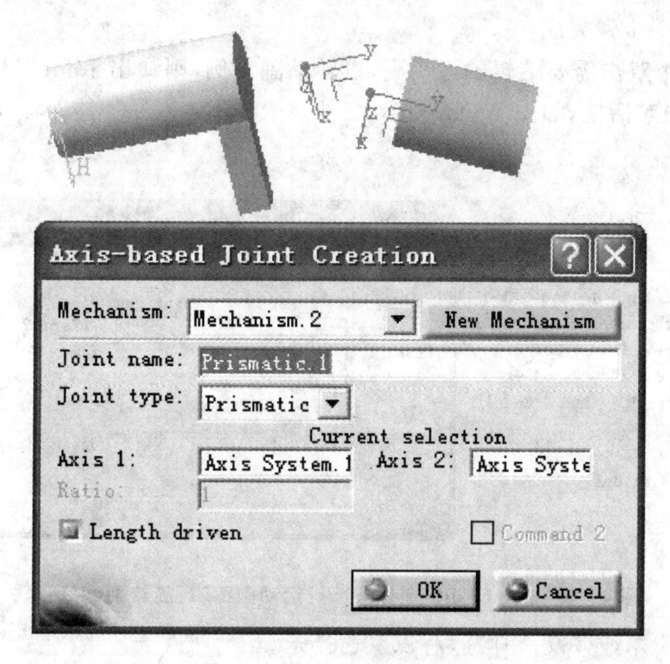

图 4-91　坐标对齐对话框的参数设置

⑦ 单击 OK(完成)按钮完成设置。

⑧ 在 DMU Kinematics(电子样机运动分析)工具栏中，单击 Fixed Part(固定零件)按钮，弹出 New Fixed Part(新固定零件)对话框，将其中一个零件作为固定建，则系统提示运动可以进行。同时创建的滑动副将在特征树中显示出来，如图 4-92 所示。

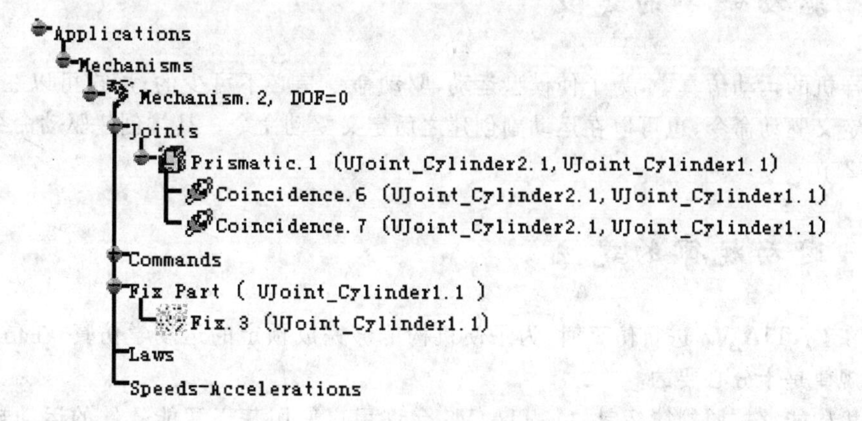

图 4-92　特征树中显示的滑动副

4.2.2 运动副的编辑

运动副创建完成后，往往还需要对其进行编辑，本节将介绍如何编辑已经创建完成的运动副，主要由以下几个步骤完成：

① 在特征树中双击需要编辑的运动副，以转动副为例，则弹出 Joint Edition：Revolute（运动副编辑：旋转副）对话框，如图 4-93 所示。

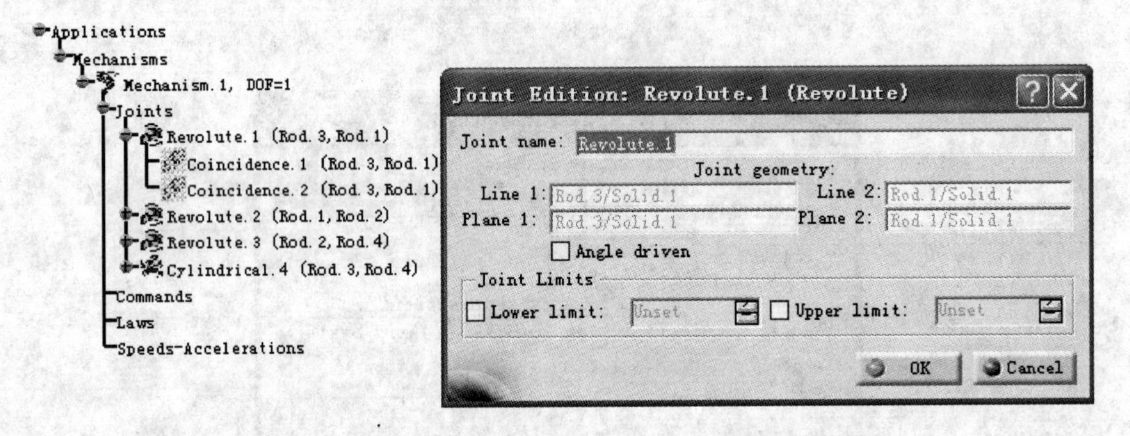

图 4-93 Joint Edition：Revolute（运动副编辑：旋转副）对话框

★ 该对话框中不能修改的部分，将以灰色显示。

② 在 Joint name（运动副名称）列表框中重新设定运动副的名称。

③ 可以编辑运动副的驱动方式。

④ 可以编辑运动副运动的范围。

⑤ 编辑完成后，单击 OK（完成）按钮完成设置。

4.2.3 驱动命令的建立

电子样机的运动仿真中，为了使模型运动，驱动命令是必不可少的；用户可以在创建运动副时直接定义驱动命令，也可以在运动副创建之后定义驱动命令。具体创建驱动命令的方法，可参考 4.2 节。

4.2.4 运动规律的建立

样机在 CATIA V5 进行仿真时，为了使机构能够完成预定的运动学仿真，在仿真机构中定义运动规律是十分必要的。

为使机构能够按照规律运动，CATIA V5 允许用户使用基于智能软件的运动规律，其是以时间作为变量的一种仿真。KIN 提供两种方法进行公式编辑：一是使用 Formula（公式）按钮 f(x)；二是使用命令编辑对话框，主要由以下几个步骤完成：

① 在 DMU Kinematics（电子样机运动）工具栏中，单击 Simulations With Laws（利用规

律仿真)按钮 ,则弹出 Kinematics Simulation(运动仿真)对话框,如图 4 - 94 所示。

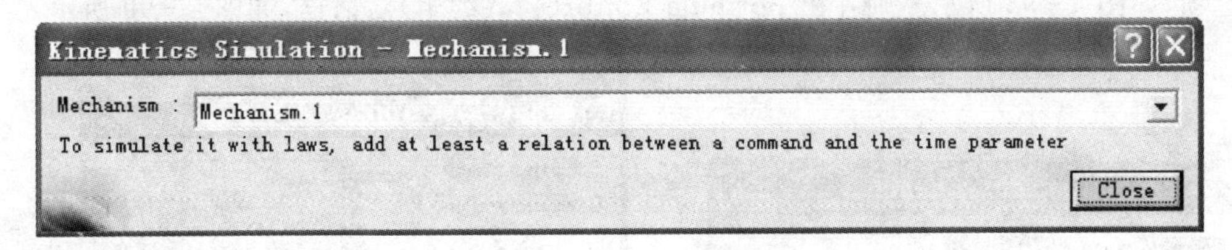

图 4 - 94　Kinematics Simulation(运动仿真)对话框

★ 对话框提示为了仿真,至少需要一个关联命令和时间的参数。

② 单击 Close(关闭)按钮,关闭对话框。

③ 在特征树中单击选择一个已经存在的命令,用来创建一个运动规律,如图 4 - 95 所示。

④ 在 Knowledge(知识工程)工具栏中,单击 Formula(公式)按钮 ,弹出 Formula:Command. 1(公式:命令)对话框,如图 4 - 96 所示。

用户也可以在特征树中双击已经存在的命令,弹出 Command Edition(命令编辑)对话框,如图 4 - 97 所示。

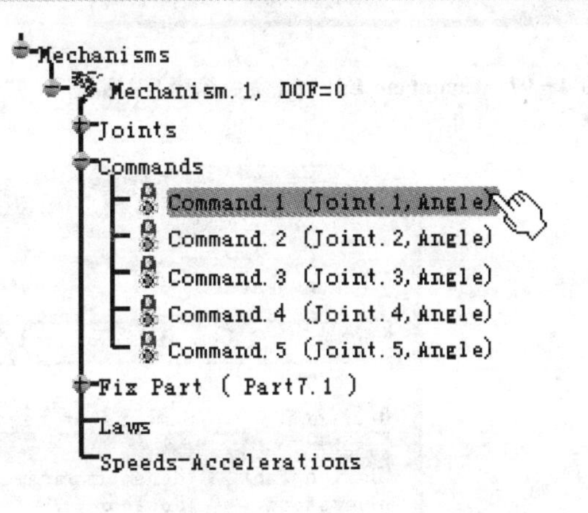

图 4 - 95　利用已经存在的命令创建规律

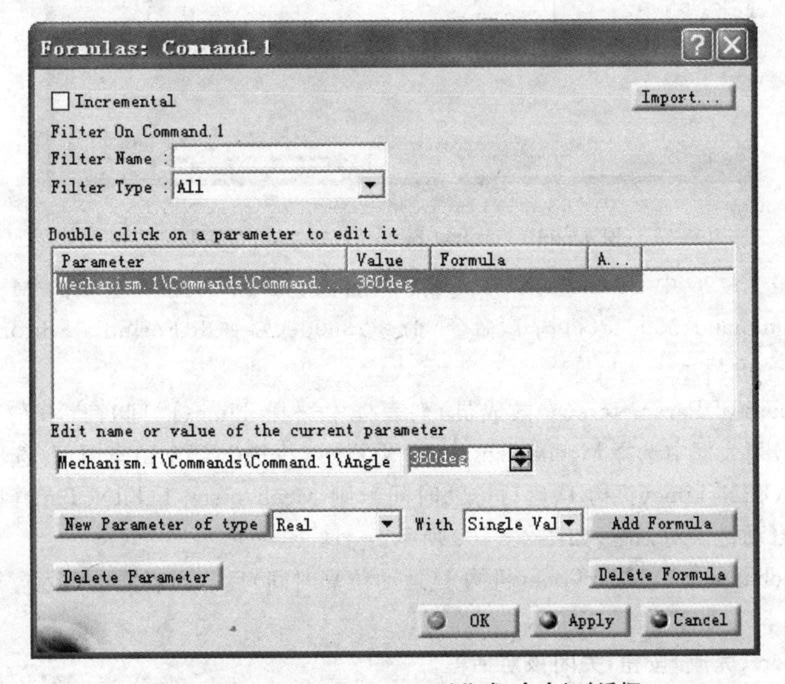

图 4 - 96　Formula:Command(公式:命令)对话框

右击 Command value(命令值)列表框,在弹出的快捷菜单中,选择 Edit Formula(编辑公式)选项,如图 4-98 所示。则弹出 Formula Editor(公式编辑)对话框,如图 4-99 所示。

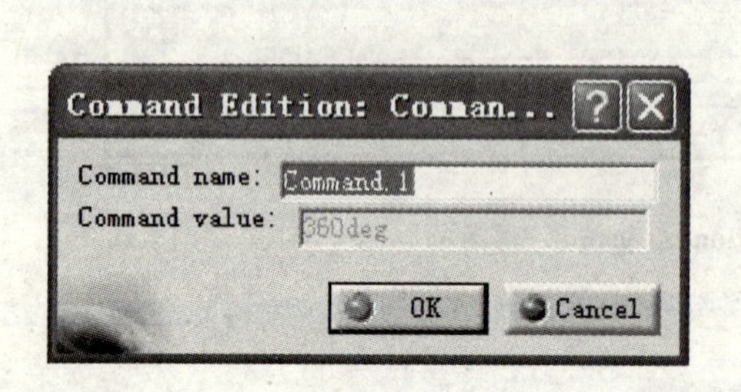

图 4-97 Command Edition(命令编辑)对话框

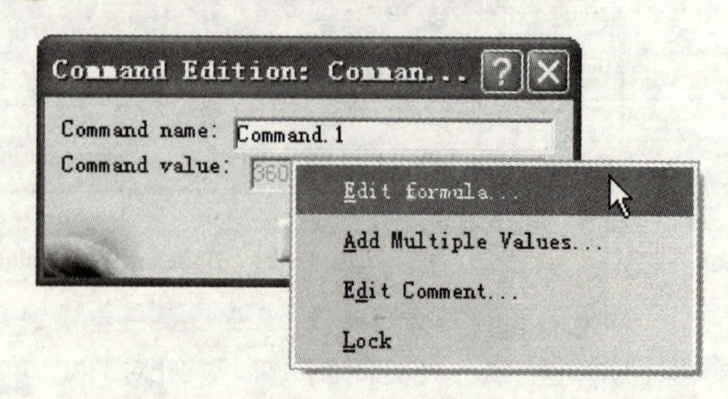

图 4-98 选择 Edit Formula(编辑公式)选项

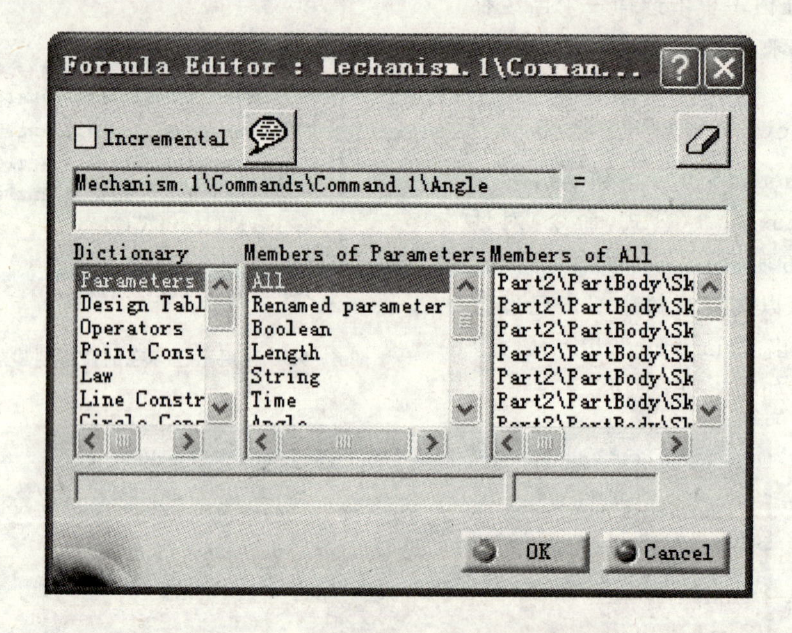

图 4-99 Formula Editor(公式编辑)对话框

⑤ 双击图 4-96 中 Formula:Command.1(公式:命令.1)对话框中的 Mechanism.1\Commands\command\360deg(机构 1\命令\命令\360deg),弹出 Formula Editor(公式编辑)对话框如图 4-99 所示。

⑥ Members of Parameters(参数成员)列表框中选择 Time(时间)命令,在 Members of All(所有成员)列表框中选择 Mechanism.1\KIN Time(机构 1\运动仿真时间)选项,然后双击 Mechanism.1\KIN Time(机构 1\运动仿真时间),则 Mechanism.1\KIN Time(机构 1\运动仿真时间)会自动键入对话框,如图 4-100 所示。

⑦ 在 Mechanism.1\KIN Time(机构 1\运动仿真时间)后的列表框中键入"/1s*36deg",表示每秒转动 36°,如图 4-101 所示。

⑧ 单击 OK(完成)按钮,关闭该对话框。

⑨ 同时,Formula:Command(公式:命令)对话框被更改,如图 4-102 所示。

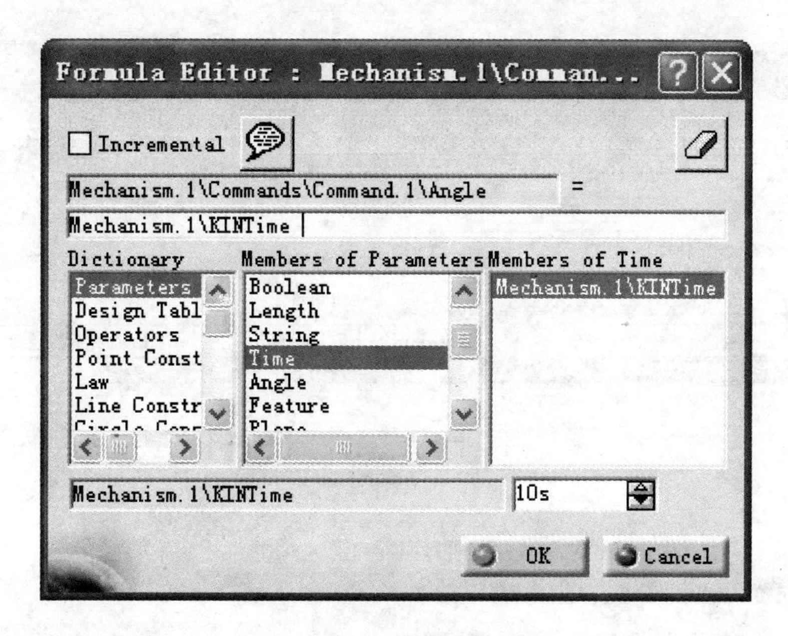

图 4-100　选择相应的命令

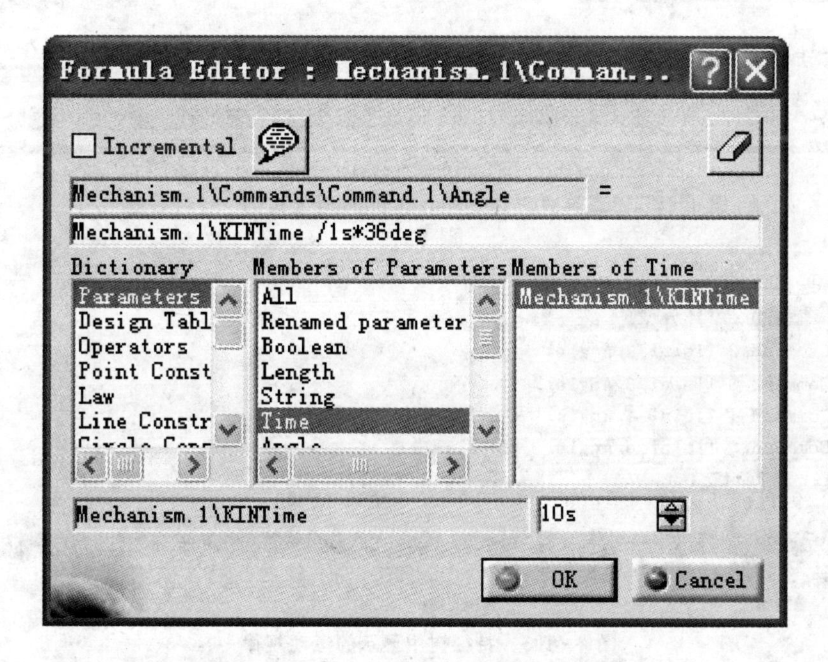

图 4-101　Mechanism.1\KIN Time(机构1\运动仿真时间)后键入"/1s * 36deg"

⑩ 单击 OK(完成)按钮,关闭该对话框,则相应的运动规律也显示在特征树中,如图 4-103 所示。

⑪ 在 DMU Kinematics(电子样机运动)工具栏中,单击 Mechanism Analysis(机构分析)按钮,弹出 Mechanism Analysis(机构分析)对话框,如图 4-104 所示。

Formulas: Command.1

Incremental　Import...

Filter On Command.1

Filter Name : *

Filter Type : All

Double click on a parameter to edit it

Parameter	Value	Formula	A...
Mechanism.1\Commands\Command...	360deg	= Mechanism....	yes

Edit name or value of the current parameter

Mechanism.1\Commands\Command.1\Angle　360deg

New Parameter of type　Real　With　Single Val　Add Formula

Delete Parameter　Delete Formula

OK　Apply　Cancel

图 4-102　更改后的 Formula:Command(公式:命令)对话框

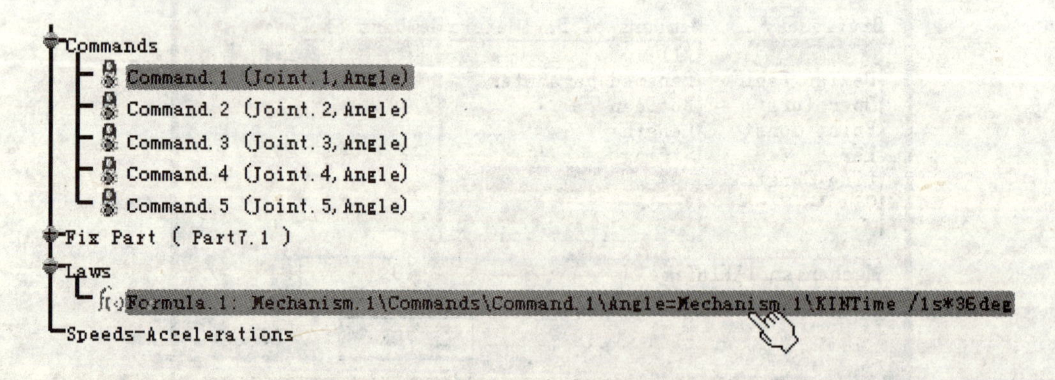

图 4-103　特征树中显示的运动规律

⑫ 单击 Law...(规律)按钮 Laws...,弹出 Laws Display(规律显示)对话框,则可以看到规律曲线,如图 4-105 所示。

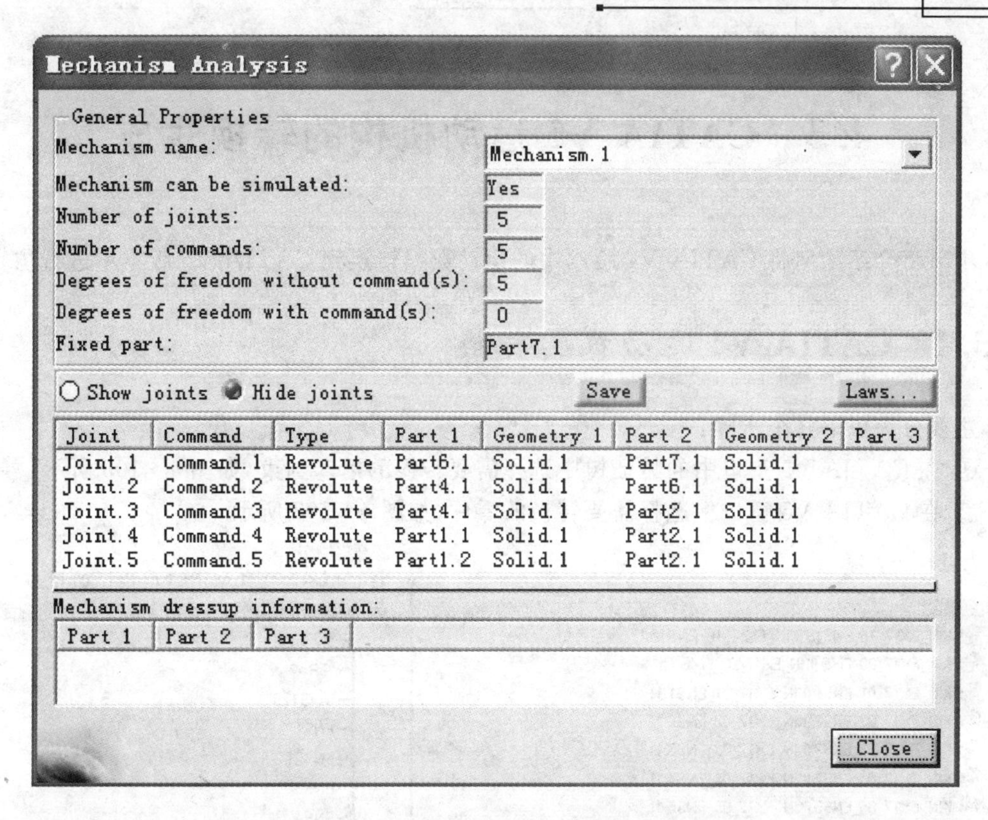

图 4－104　Mechanism Analysis(机构分析)对话框

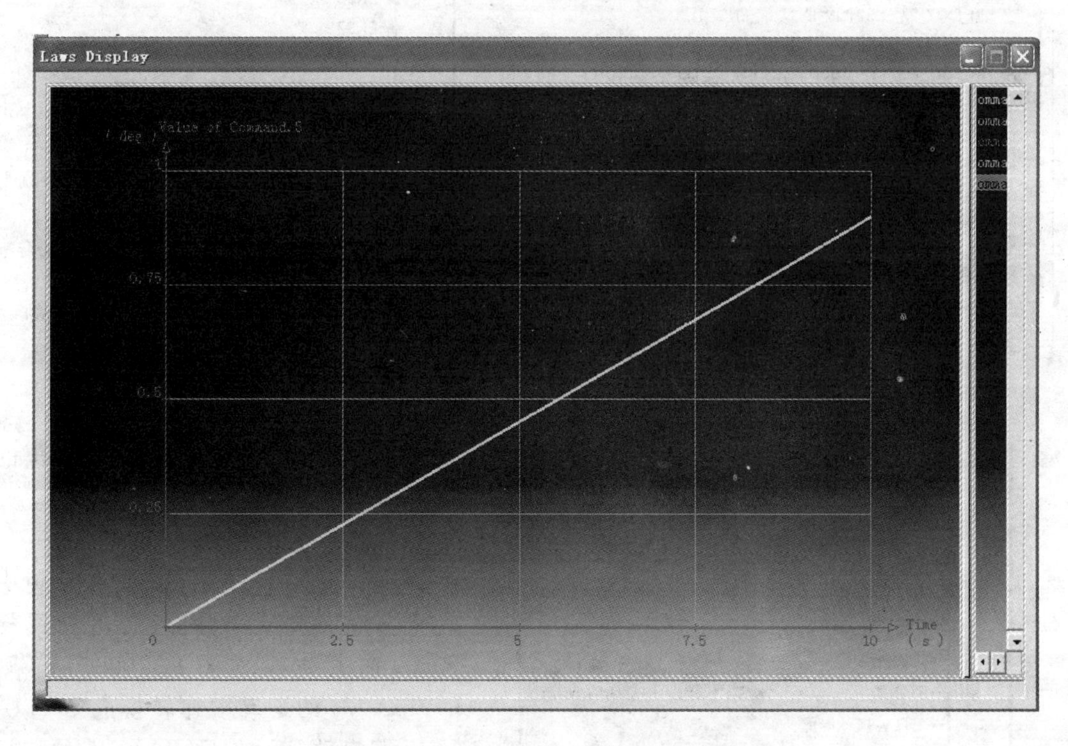

图 4－105　Laws Display(规律显示)对话框

4.3 CATIA V5 运动机构的转换生成

本节将介绍如何将 CATIA V4 版本中的运动数据转换到 CATIA V5 版本中进行仿真。

4.3.1 CATIA V4 运动机构转换

主要分为以下几个步骤：

① 在 CATIA V5 窗口中的特征树中选择需要转换的运动约束，如图 4-106 所示。

② 在 CATIA V5 窗口中选择需要转换的零件，如图 4-107 所示。

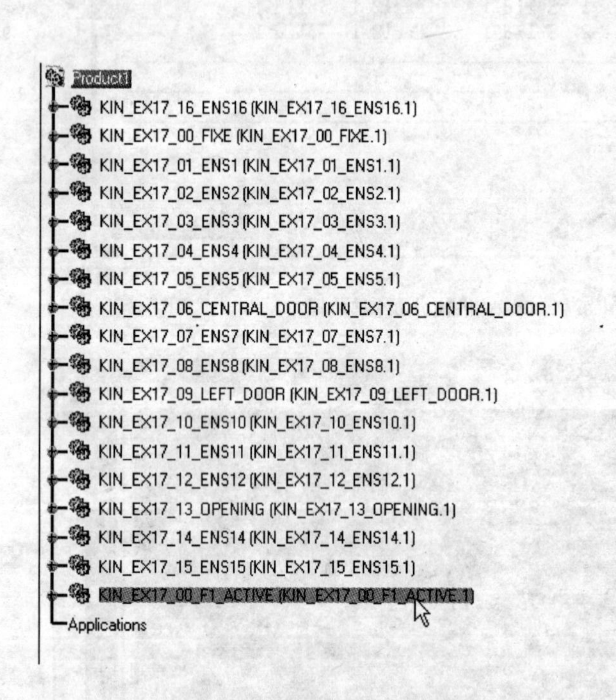

图 4-106 选择需要转换的运动约束

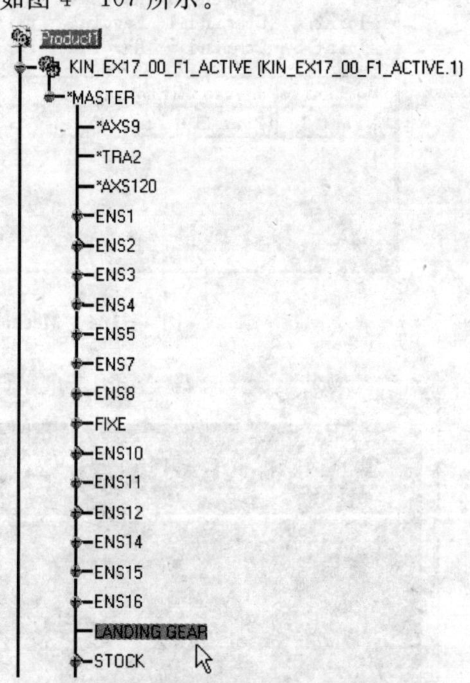

图 4-107 选择需要转换的零件

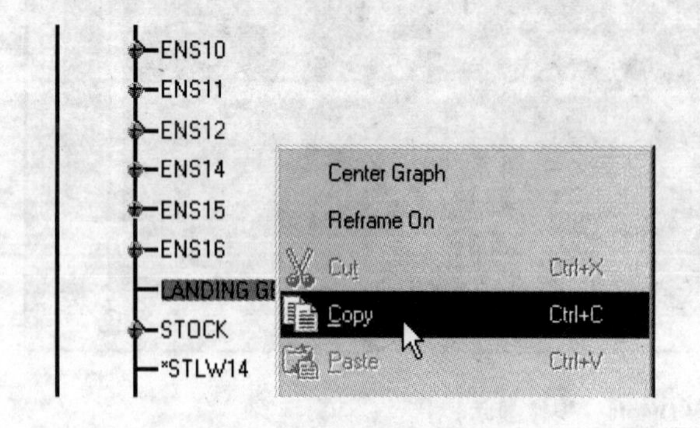

图 4-108 复制需要转换的零件

③ 右击需要转换的零件，在弹出的菜单中选择 Copy（复制）选项，如图 4-108 所示。

④ 在 CATIA V5 窗口的特征树中选择 Application（应用），右击并选择 Paste(粘贴)选项，如图 4-109 所示。则 CATIA V4 的运动规律转换成 CATIA V5 后将自动显示在 CATIA V5 的特征树中，如图 4-110 所示。

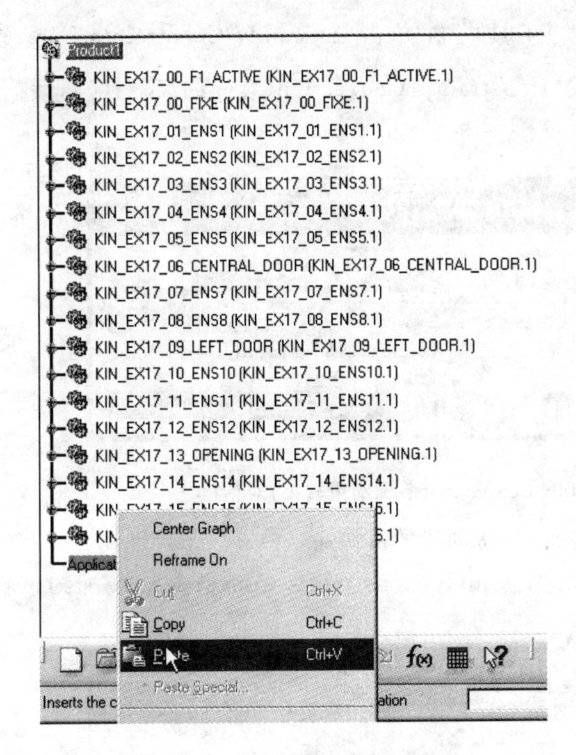

图 4-109　粘贴需要转换的零件

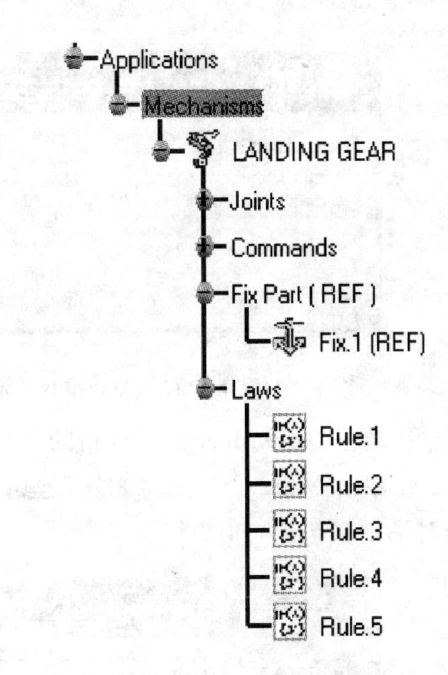

图 4-110　转换后的结果

4.4　装配约束转换

本节将介绍如何将装配约束转换为运动副，主要分为以下几个步骤：

① 在 KIN 模块中导入一个装配体，并且之前的装配体都设置了相关约束，如图 4-111 所示。

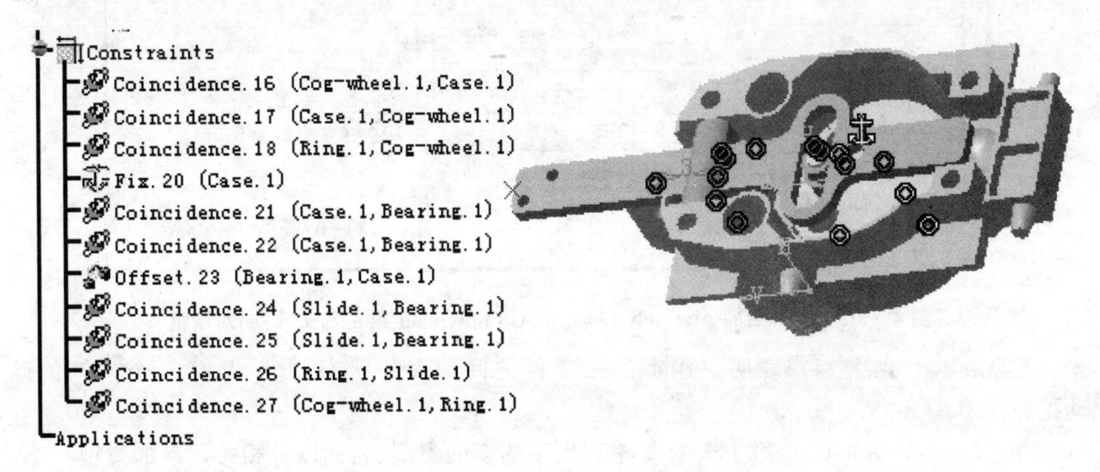

图 4-111　导入已经添加约束的装配体

② 在 DMU Kinematics(电子样机运动)工具栏中,单击 Assembly Constraints Conversion(装配约束转换)按钮,弹出 Assembly Constraints Conversion(装配约束转换)对话框,如图 4-112 所示。

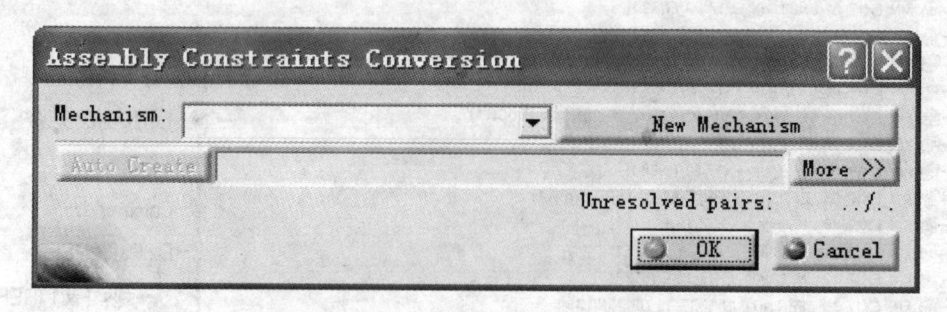

图 4-112 Assembly Constraints Conversion(装配约束转换)对话框

③ 单击 New Mechanism(新的机构)按钮,为所创建的机构命名。

④ 单击 More >>(更多)按钮,则 Assembly Constraints Conversion(装配约束转换)对话框被扩展,如图 4-113 所示。

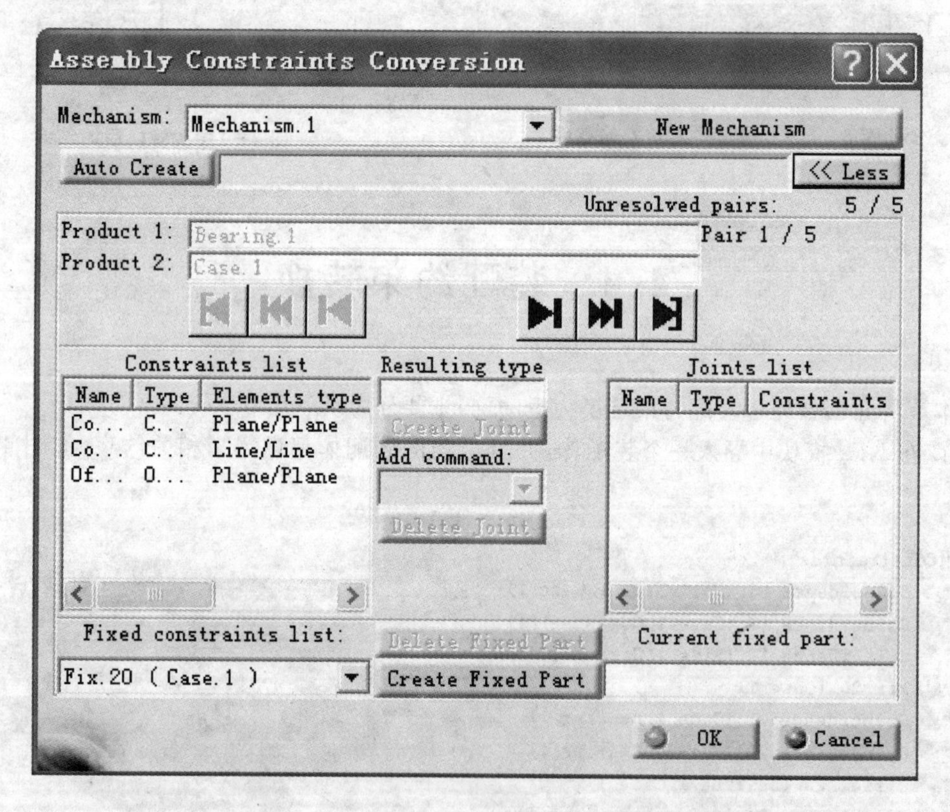

图 4-113 扩展后的 Assembly Constraints Conversion(装配约束转换)对话框

⑤ Unresolved pairs: 5 / 5 表明一组产品或零件之间约束的状态,此时共有 5 个未解的运动副。

⑥ Constraints list(约束列表)标签中列出了约束的类型、名称以及相关元素的类型。

⑦ VCR 按钮用来执行约束的转换，其中![]用于分布创建，![]用于转到下一个未解运动副，![]用于转到最后一个运动副。

⑧ 单击 Creat Fix(创建固定件)按钮 Create Fixed Part，创建一个固定件。则固定件显示在特征树上，在窗口中，被选定的固定件高亮显示。

★ *如果装配里有几个固定约束，用户可以在它们之间创建一个 Rigid Joint(刚体副)。*

⑨ 在 Constraints list(约束列表)中选择一个约束，再单击 Creat Joint(创建运动副)按钮 Create Joint，然后在 Add command(添加命令)下拉列表中选择相应的命令，则创建完成的运动副将在 Joint List(运动副列表)中显示出来，如图 4-114 所示。

★ *单击 Auto Creat(自动创建)按钮 Auto Create，将自动创建完成所有的运动副。*

⑩ 单击 OK(完成)按钮，关闭该对话框，则利用装配约束创建完成的运动副将显示在特征树中，如图 4-115 所示。

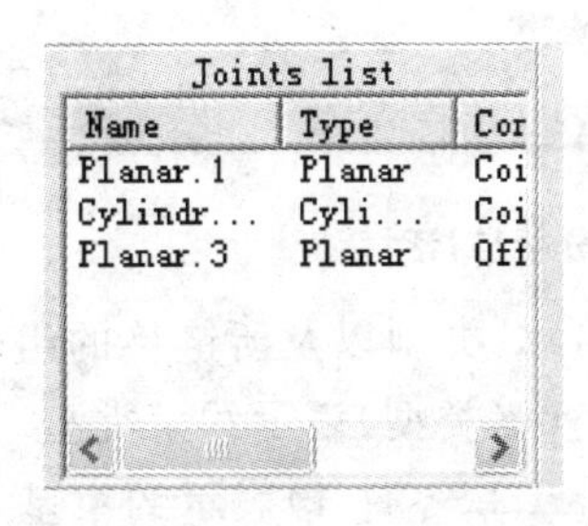

图 4-114 Joint List(运动副列表)对话框

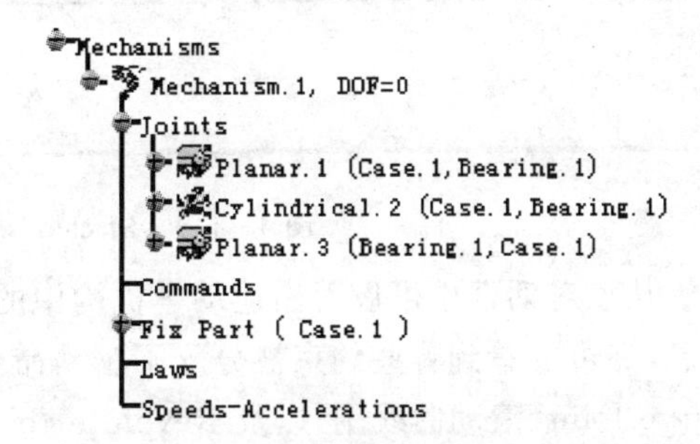

图 4-115 利用装配约束创建完成的运动副

4.5 运动机构分析及仿真

4.5.1 运动机构分析

CATIA V5 电子样机运动机构仿真模块提供样机的分析功能，可以使用很简单的方法检测、分析产品之间及产品内部的碰撞和距离，主要分为以下几个步骤：

① 选择 File(文件)|Open(打开)菜单项，导入一个机构，如图 4-116 所示。

图 4-116 导入一个机构

② 在 DMU Kinematics(电子样机运动)工具栏中，单击 Mechanism Analysis(机构分析)按钮![]，弹出 Mechanism Analysis(机构分析)对话框，如图 4-117 所示。

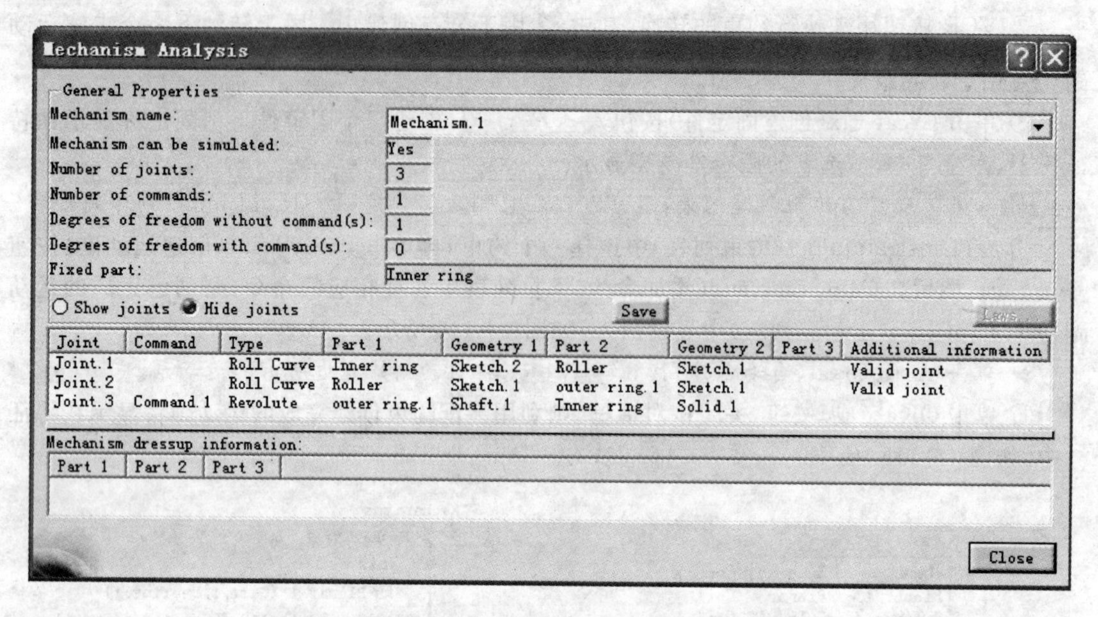

图 4-117 Mechanism Analysis(机构分析)对话框

从该对话框中可以看出运动学机构中的所有约束的名称、类型以及所链接的组件等详细信息,还可以看到哪些约束被分配了驱动命令等。例如:Type(类型)表示约束类型,包含 Roll Curve Joint(滚动曲线副)以及 Revolute Joint(旋转副);Part 1(零件 1)表示约束基于的第一个零件;Geometry 1(几何体 1)表示关联的是零件的哪个几何特征,是线还是面等。

② 当用户定义了一个新的机构,如果删除了机构中的一个零件,那么相应的约束不再有效,在约束对话框中约束的后面显示 Invalid Joint(无效运动副)的信息。

③ 系统默认状态下,特征树中将显示自由度,如图 4-118 所示。

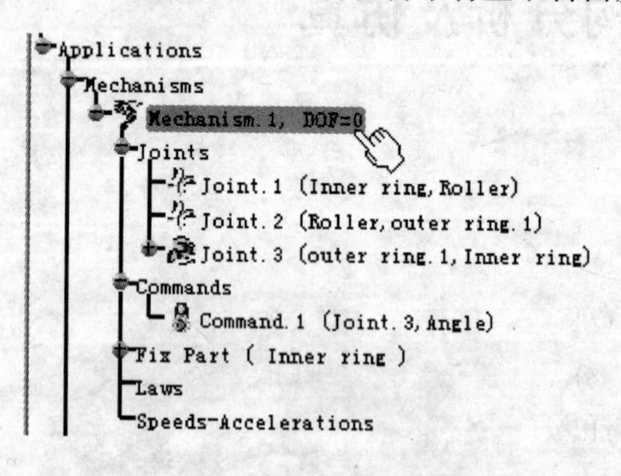

图 4-118 特征树中显示的自由度

用户可以根据需要隐藏自由度的个数,如在特征树中的 Mechanism.1(机构 1)处右击,在弹出的快捷菜单中选择 Hide Degree of Freedom(隐藏自由度)选项,则可以隐藏自由度,如图 4-119 所示。

④ 在 Mechanism Analysis(机构分析)对话框中单击 Show Joints(显示运动副)按钮,则在几何模型中所有的约束都是可见的,如图 4-120 所示。

⑤ 如果在仿真过程中为机构添加了外部特征,则选择相应零件的时候,在 Mechanism dress up information(机构修饰信息)列表框内可以看到相应的信息。

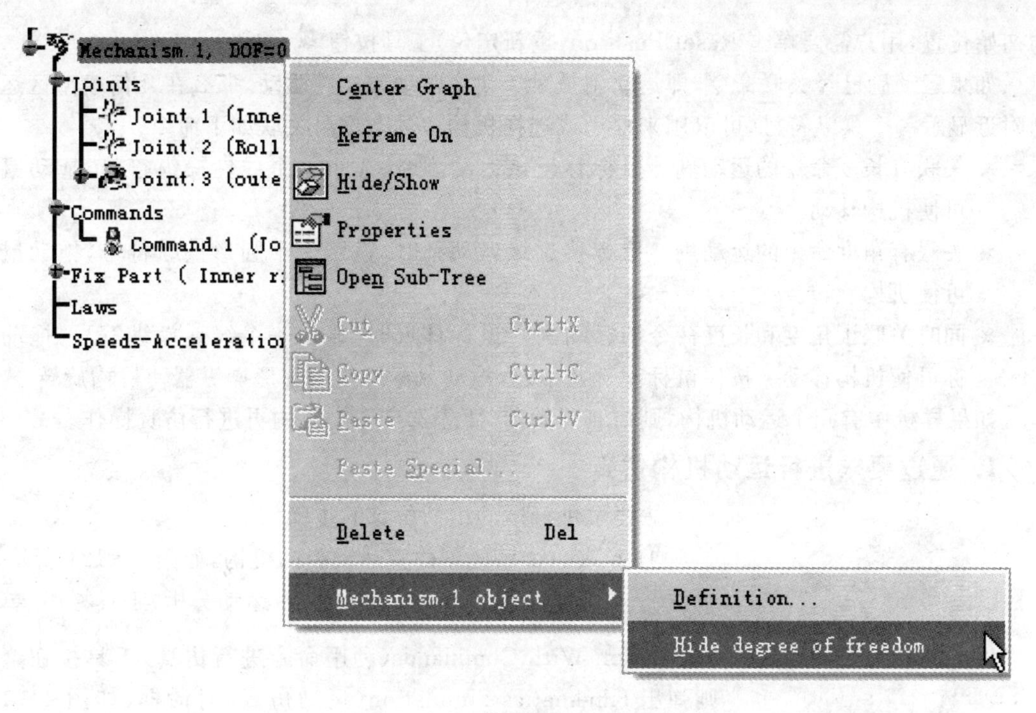

图 4-119 隐藏或显示自由度

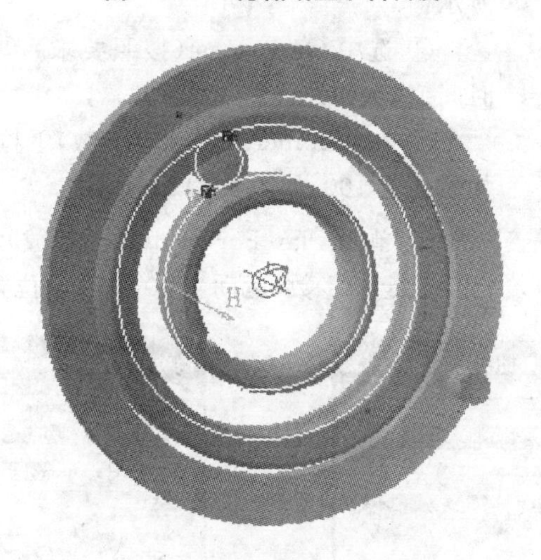

图 4-120 在几何体中显示的约束

4.5.2 运动机构仿真

电子样机运动仿真模块提供了简单的方法进行运动学仿真，并且可以在仿真过程中检测碰撞。

运行仿真命令时，默认情况下机构的新位置被保持；撤消仿真命令时，为了保存机构初始位置，用户需要进行下面的操作：使用 Command(命令)进行仿真时，单击 Reset(复位)按钮 Reset；使用 Law(规律)进行仿真时，单击工具按钮；当用户准备退出仿真时，为了保存机构初始位置，用户需要单击 Reset Position(重新定位)工具按钮。

如果运动副已经关联命令，即运动副被赋予角度驱动或长度驱动，那么在几何模型区运动副附近显示一个操纵符号，可以用来移动或选择机构。运动副可关联如下命令：

- 关联有长度命令的运动副　鼠标移近该运动副时，显示一个线性操纵符号，拖动鼠标可使机构移动。
- 关联有角度命令的运动副　鼠标移近该运动副时，显示一个圆形操纵符号，拖动鼠标可使机构旋转。
- 同时关联了角度和长度命令的运动副　鼠标移近时，显示一个线性操纵符号，拖动鼠标可使机构移动。按住鼠标左键及中键，拖动鼠标可使用圆形操纵器使机构旋转。

如果样机中有几个运动机构，则仿真开始前，要先选定一个机构再进行仿真操作。

1. 通过要求进行运动机构仿真

图 4－121　导入一个机构

按要求进行运动机构仿真的步骤如下：

① 导入一个已经创建完运动副的机构，如图 4－121 所示。

② 在 DMU Kinematics(电子样机运动分析)工具栏中，单击 Simulation With Commands(利用命令进行仿真)工具按钮，则弹出 Kinematics Simulation(运动仿真)对话框，如图 4－122 所示。

③ 选中 On request(按照要求)单选按钮，键入精确的仿真时间值，例如设置为 30(s)。

④ 在 Number of steps(步数)下拉列表框内键入步数值，例如设定为 100，如图 4－123 所示。

⑤ 单击 Play Forward(向前播放)工具按钮，则机构根据已经设定的步数，运动到 30(s)这个位置。

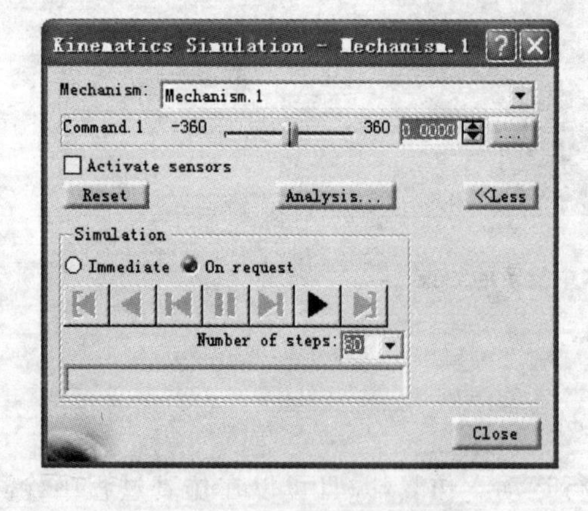

图 4－122　Kinematics Simulation (运动仿真)对话框

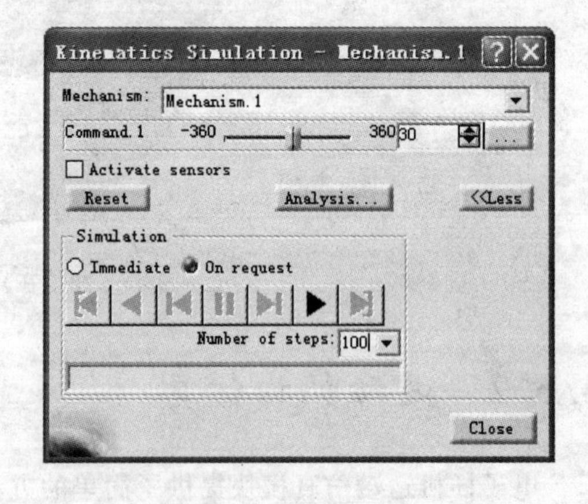

图 4－123　设置仿真参数

⑥ 单击 Close(关闭)按钮确认操作前，机构会保存刚才的运动位置，用户可以在退出前单击 Reset(复位)按钮，使机构回到初始位置，这对后面的仿真操作十分关键。

2. 通过命令进行运动机构仿真

按命令进行运动机构仿真的步骤如下：

① 导入一个已经创建完运动副的机构，同图 4－121 所示。

② 在 DMU Kinematics（电子样机运动分析）工具栏中，单击 Simulation With Commands（利用命令进行仿真）工具按钮，弹出 Kinematics Simulation（运动仿真）对话框，同图 4－122 所示。

③ 在对话框中，通过移动命令滑块，移动机构中的相应零件。

④ 选择 Active sensors（激活传感器）复选框，弹出 Sensors（传感器）对话框，如图 4－124 所示。在对话框中激活 Check Limits（检查约束）选项组，具体操作请参考本章其他小节。

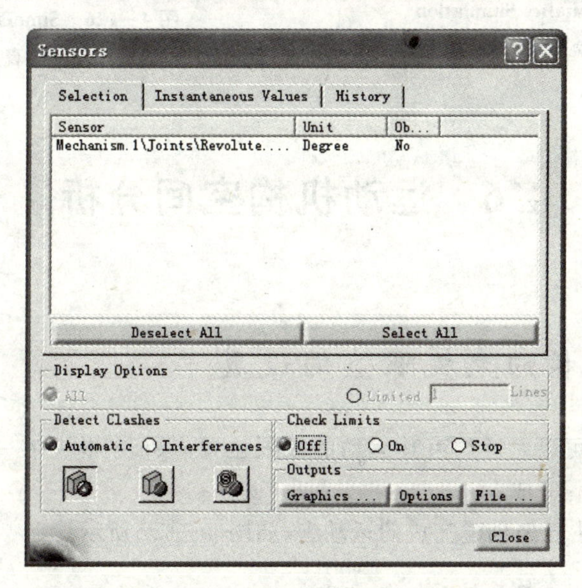

图 4－124 Sensors（传感器）对话框

⑤ 单击 Close（关闭）按钮确认操作。

3. 通过规律进行运动机构仿真

关于如何创建运动规律请参考 4.2.4 节，进行仿真主要由以下几个步骤完成：

① 导入一个运动机构，在 DMU Kinematics（电子样机运动分析）工具栏中，单击 Simulation With Laws（利用规律进行仿真）工具按钮，弹出 Kinematics Simulation（运动仿真）对话框，如图 4－125 所示。

② 单击按钮，弹出 Simulation Duration（仿真周期）对话框，如图 4－126 所示。利用该对话框可以修改运动仿真的时间。

③ 在 Number of steps（步数）下拉列表框中键入适当的步数，使用 VCR 按钮进行仿真，则机构会沿着预先设定的规律进行运动。

④ 单击 Close（关闭）按钮关闭该对话框。

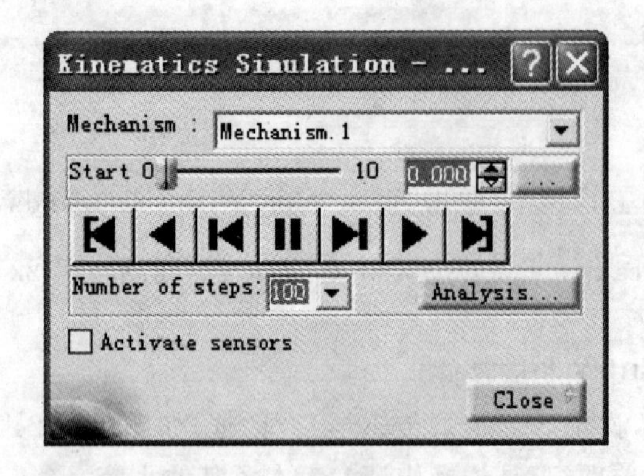

图 4-125　Kinematics Simulation (运动仿真)对话框

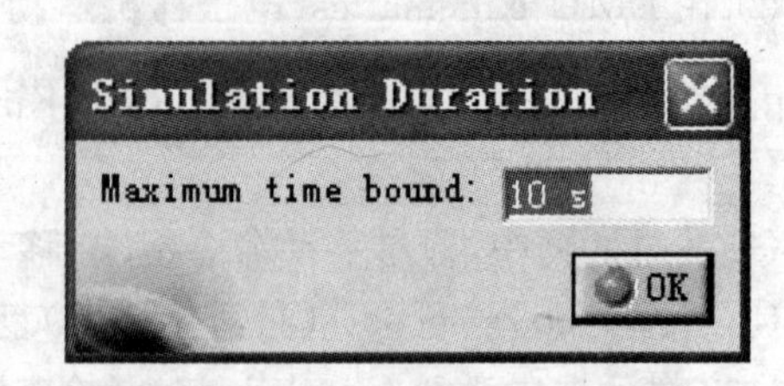

图 4-126　Simulation Duration (仿真周期)对话框

4.6　运动机构空间分析

4.6.1　运动机构约束极限值的设置

创建运动副以后，可以通过约束其运动的极限位置，保证机构只在一个有限的范围内运动，主要由以下几个步骤完成：

① 在特征树中双击已经创建完成的运动副，如图 4-127 所示。

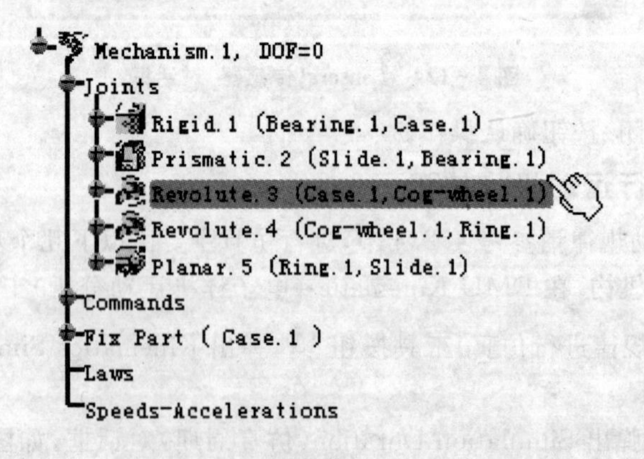

图 4-127　选择已经创建的运动副

② 弹出 Joint Edition(运动副编辑)对话框，如图 4-128 所示。其中，角度驱动系统默认的上下限值为－360°～＋360°；对于长度驱动，系统默认的上下限值为－100～＋100 mm。

③ 在 Joint Edition(运动副编辑)对话框中可以设置运动的上下限值，如图 4-129 所示。

④ 单击 OK(完成)按钮，完成设置。

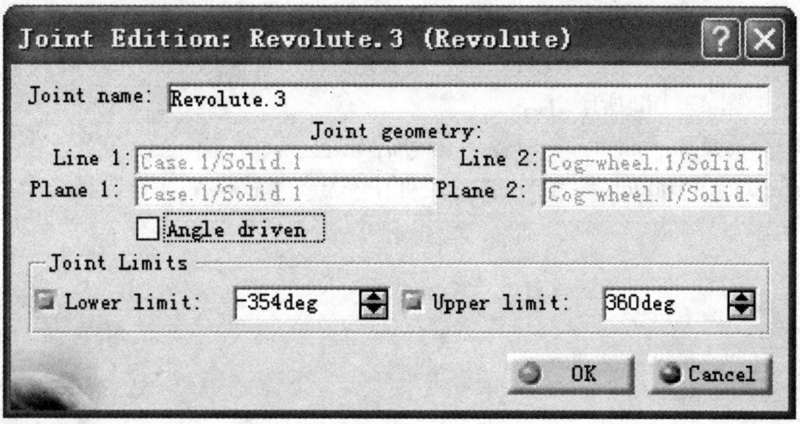

图 4－128　Joint Edition(运动副编辑)对话框

图 4－129　设置运动范围

4.6.2　运动机构速度及加速度的测量

为验证仿真机构的运动规律,改善样机设计方案,仿真时测量速度和加速度是十分必要的。在 CATIA V5 中,线性速度和加速度的计算是基于参考样机的一个点来测定的,而角速度和角加速度则基于属于样机本身的点来测定的。测量过程中,在 Speed and Acceleration(速度和加速度)对话框里,用户可以选择 Cartesian(笛卡尔坐标系)或其他轴系作为测量的基准坐标。

★ 速度和加速度的测量仅仅在使用规律运行仿真的时候才能够执行。

① 在特征树中选择一个需要测量速度和加速度的机构,如图 4－130 所示。

② 在 DMU Kinematics(电子样机运动)工具栏中,单击 Speed and Acceleration(速度和加速度)按钮,弹出 Speed and Acceleration(速度和加速度)对话框,如图 4－131 所示。

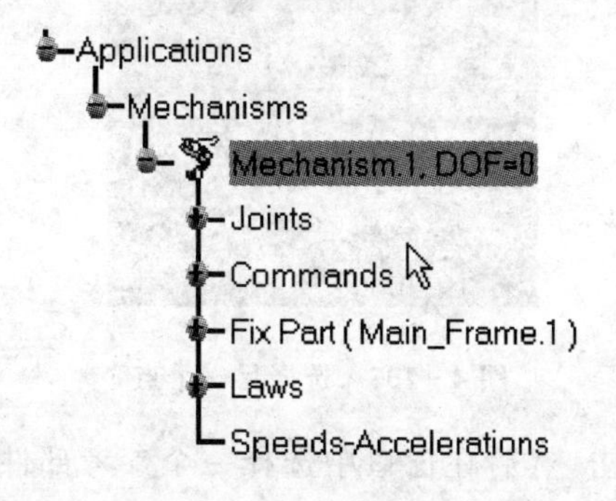

图 4－130　选择需要测量的机构

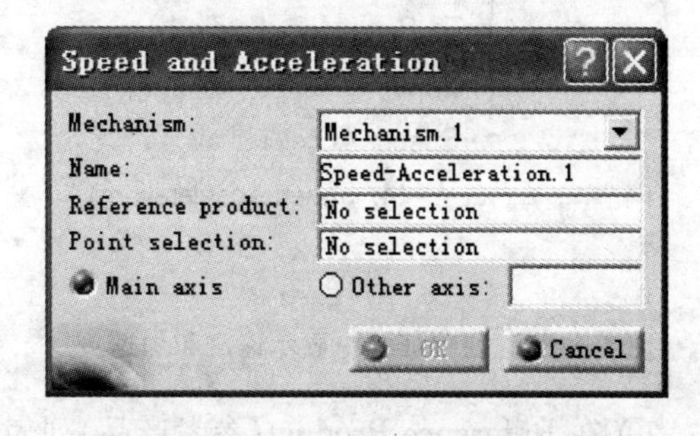

图 4－131　Speed and Acceleration
(速度和加速度)对话框

③ 在 Name(名称)列表框中键入相应的名称,本例采用默认的名称。

④ 在 Point selection(点选择)列表框中单击,然后在特征树或者在几何模型区的输出轴上选择一个点,如图 4-132 所示。

★ 速度和加速度需要相对于一个参考部件计算。

⑤ 在 Reference Product(参考产品)列表框中单击,然后在窗口中选择一个参考部件,如图 4-133 所示。

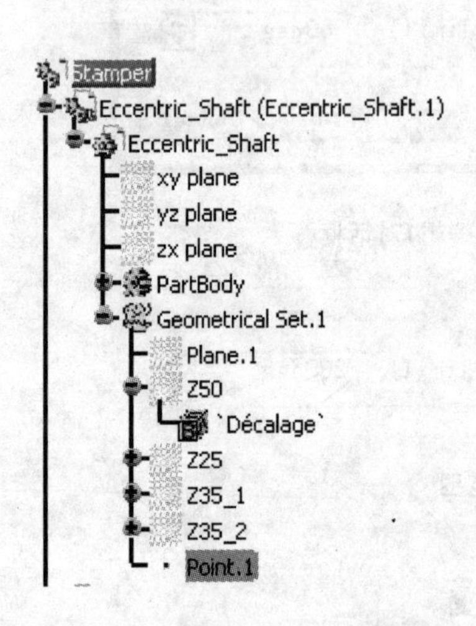

图 4-132　在特征树中选择一个点

图 4-133　在窗口中选择主体作为参考部件

⑥ 在对话框中设置结果投影轴系。

⑦ 单击 OK(完成)按钮,特征树中将出现相应的显示,如图 4-134 所示。

⑧ 重复以上步骤,在 Point selection(点选择)列表框中单击,然后在特征树中或者在几何模型区的输出轴上选择另一个点,如图 4-135 所示。

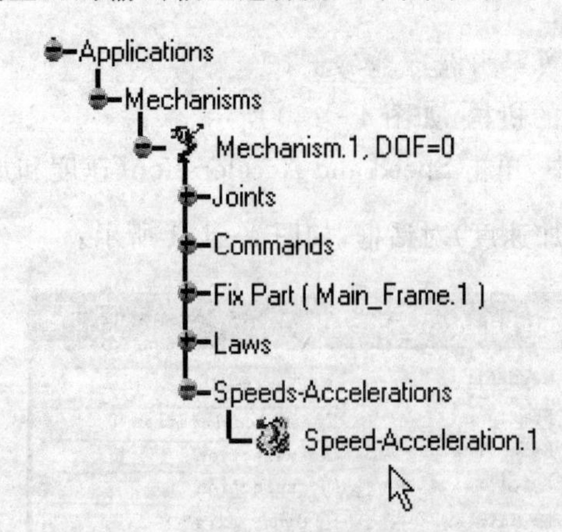

图 4-134　在特征树中显示速度和加速度

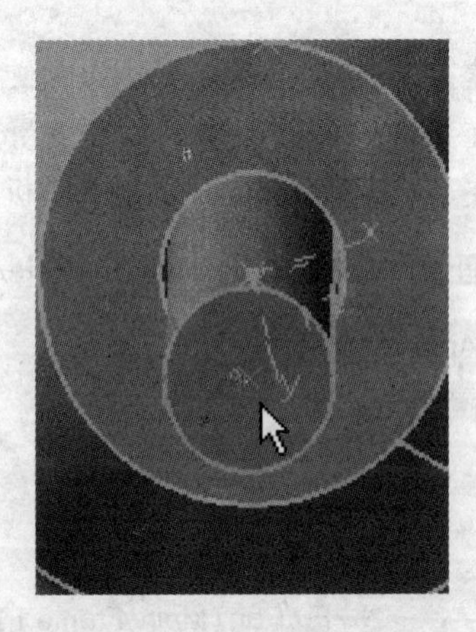

图 4-135　选择另一个点

⑨ 在 Reference Product(参考产品)列表框中单击,然后在窗口中选择一个参考部件,本例中选择"Main-Frame.1",如图 4-136 所示。

⑩ 选择坐标系,在对话框中选择 Other axis(其他轴系)复选框,然后在特征树中选择"Axis System. 1",如图 4-137 所示。

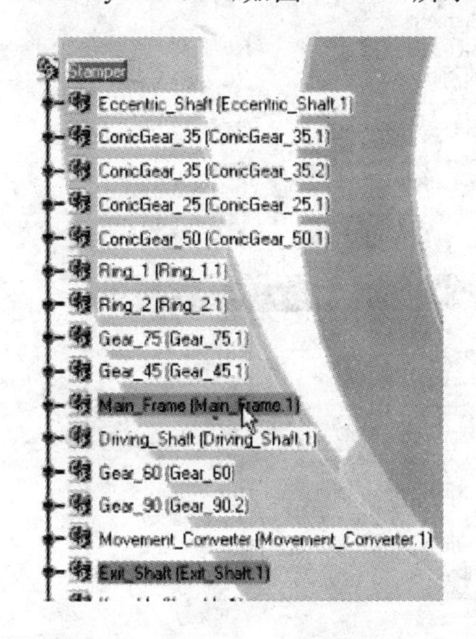

图 4-136 选择另一个参考部件

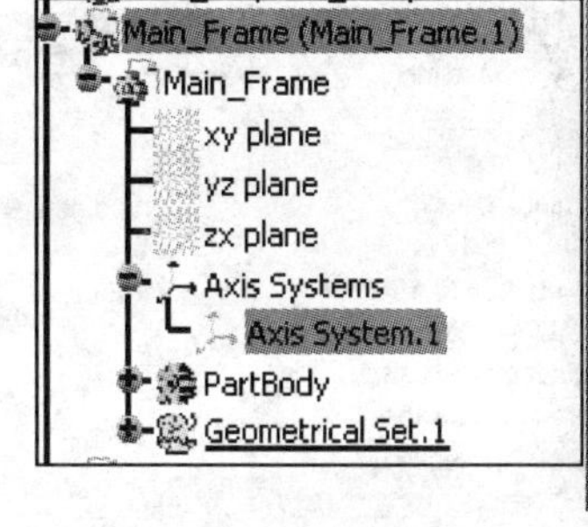

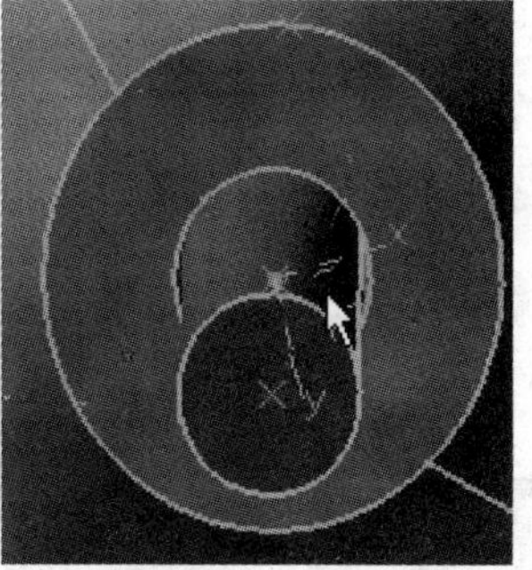

图 4-137 选择轴系

⑪ 单击 OK(完成)按钮,创建另一个速度及加速度命令,并同时显示在特征树中,如图 4-138 所示。

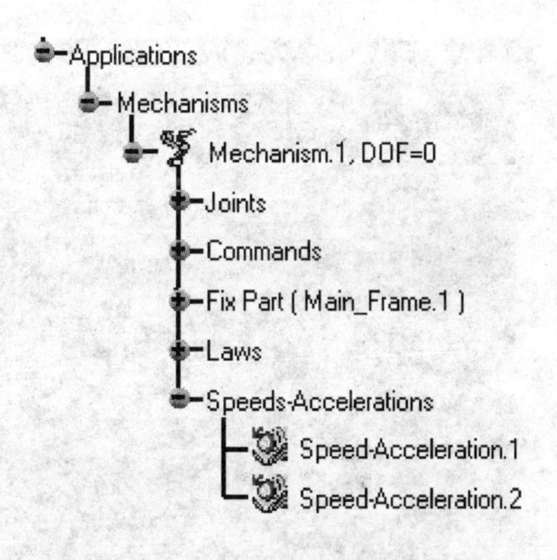

图 4-138 创建的速度及加速度命令

⑫ 在 DMU Kinematics(电子样机运动)工具栏中,单击 Simulation With Laws(利用规律进行仿真)按钮,弹出 Kinematics Simulation(运动仿真)对话框,选择 Activate Sensors(激活传感器)选项,弹出 Sensors(传感器)对话框,在该对话框中,选择准备观察的传感器,如图 4-139 所示。

⑬ 运行仿真,则速度和加速度的仿真结果被记录下来。在传感器列表里,可以看到有 22 个测量是可以使用的,这里包括线性的速度和加速度以及角速度和角加速度,此外计算点的坐标也可以用于传感器。

⑭ 在对话框的 Outputs(输出)列表框中单击 Graphics(图形)按钮,弹出 Sensors Graphical Representation(传感器图像显示)窗口,如图 1-140 所示。

⑮ 单击 Close(关闭)按钮关闭对话框。

4.6.3 传感器分析输出

本节将继续上一节的操作,介绍如何导出传感器分析处的数据,主要分为以下几个步骤:

① 分析完速度及加速度曲线后,单击 Sensors(传感器)对话框中的 File...(文件)按钮

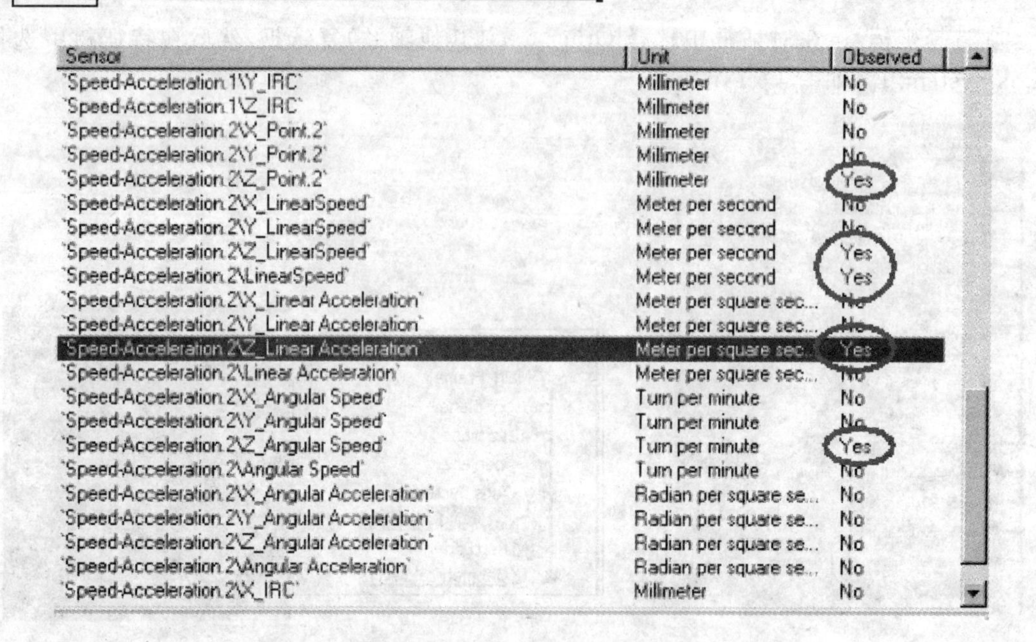

Sensor	Unit	Observed
`Speed-Acceleration.1\Y_IRC`	Millimeter	No
`Speed-Acceleration.1\Z_IRC`	Millimeter	No
`Speed-Acceleration.2\X_Point.2`	Millimeter	No
`Speed-Acceleration.2\Y_Point.2`	Millimeter	No
`Speed-Acceleration.2\Z_Point.2`	Millimeter	Yes
`Speed-Acceleration.2\X_LinearSpeed`	Meter per second	No
`Speed-Acceleration.2\Y_LinearSpeed`	Meter per second	No
`Speed-Acceleration.2\Z_LinearSpeed`	Meter per second	Yes
`Speed-Acceleration.2\LinearSpeed`	Meter per second	Yes
`Speed-Acceleration.2\X_Linear Acceleration`	Meter per square sec...	No
`Speed-Acceleration.2\Y_Linear Acceleration`	Meter per square sec...	No
`Speed-Acceleration.2\Z_Linear Acceleration`	Meter per square sec...	Yes
`Speed-Acceleration.2\Linear Acceleration`	Meter per square sec...	No
`Speed-Acceleration.2\X_Angular Speed`	Turn per minute	No
`Speed-Acceleration.2\Y_Angular Speed`	Turn per minute	No
`Speed-Acceleration.2\Z_Angular Speed`	Turn per minute	Yes
`Speed-Acceleration.2\Angular Speed`	Turn per minute	No
`Speed-Acceleration.2\X_Angular Acceleration`	Radian per square se...	No
`Speed-Acceleration.2\Y_Angular Acceleration`	Radian per square se...	No
`Speed-Acceleration.2\Z_Angular Acceleration`	Radian per square se...	No
`Speed-Acceleration.2\Angular Acceleration`	Radian per square se...	No
`Speed-Acceleration.2\X_IRC`	Millimeter	No

图 4－139 选择准备观察的传感器

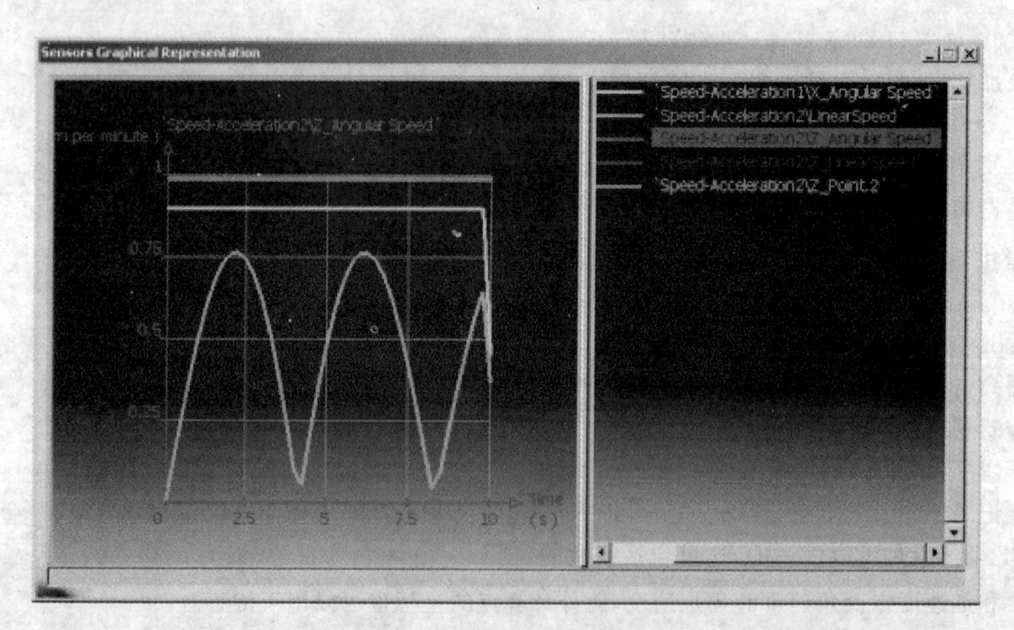

图 4－140 Sensors Graphical Representation(传感器图像显示)窗口

File...，弹出 Save As(另存为)对话框，如图 4－141 所示。

② 在“文件名”列表框中为输出的文件设定相应的名称。

③ 在“保存类型”列表框中选择文件的保存类型，有两种格式可供选择：.xls 以及.txt，本例中选择.xls。

④ 单击“保存”按钮，则可将输出文件保存。

⑤ 在硬盘中的相应位置找到并打开该文件，如图 4－142 所示。

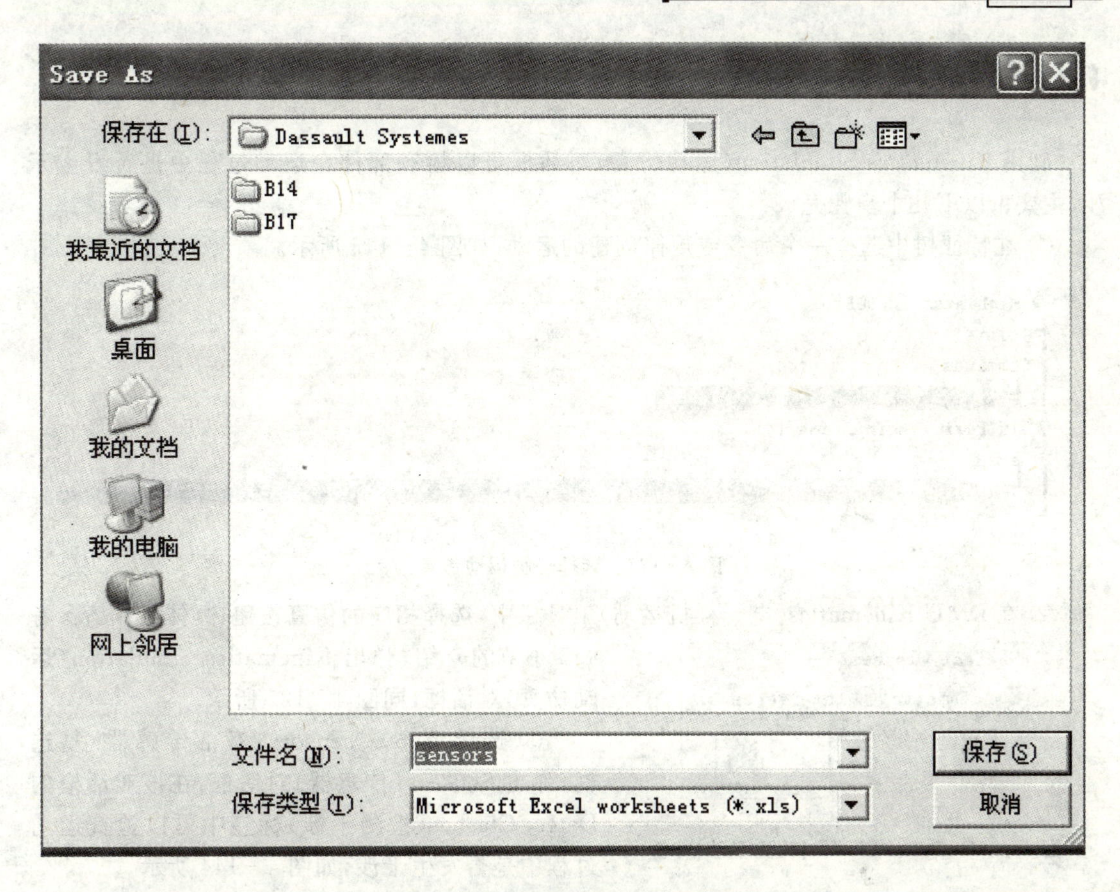

图 4-141　Save As(另存为)对话框

A1　fx　Time

	A	B	C	D	E	F	G	H	I	J	K	L
1	Time	`Speed-Accele	`Speed-Acce	`Speed-Ac	`Speed-Ac	`Speed-Ac	`Speed-Acceleration.2\Z_Angular Speed`(Turn per minute)					
2	0	0	0	-204.482	0	0	0					
3	8	0	0	-204.482	0	0.026647	0					
4	8.02	0	0	-204.482	0	0.022417	0					
5	8.04	0	0	-204.482	0	0.0231	0					
6	8.06	0	0	-204.482	0	0.021516	0					
7	8.08	0	0	-204.482	0	0.019928	0					
8	8.1	0	0	-204.482	0	0.018337	0					
9	8.12	0	0	-204.482	0	0.016742	0					
10	8.14	0	0	-204.482	0	0.015144	0					
11	8.16	0	0	-204.482	0	0.013543	0					
12	8.18	0	0	-204.482	0	0.01194	0					
13	8.2	0	0	-204.482	0	0.010334	0					
14	8.22	0	0	-204.482	0	0.008726	0					
15	8.24	0	0	-204.482	0	0.007117	0					
16	8.26	0	0	-204.482	0	0.005507	0					
17	8.28	0	0	-204.482	0	0.003895	0					
18	8.3	0	0	-204.482	0	0.002283	0					
19	8.32	0	0	-204.482	0	0.000671	0					
20	8.34	0	0	-204.482	0	0.000942	0					
21	8.36	0	0	-204.482	0	0.002555	0					
22	8.38	0	0	-204.482	0	0.004167	0					
23	8.4	0	0	-204.482	0	0.005778	0					

图 4-142　传感器输出的数据

4.6.4 运动干涉分析

利用 Kinematics Simulation(运动仿真)对话框可以检查部件在运动过程中是否发生干涉,主要由以下几个步骤完成:

① 在特征树中选择一个命令或规律创建的运动,如图 4-143 所示。

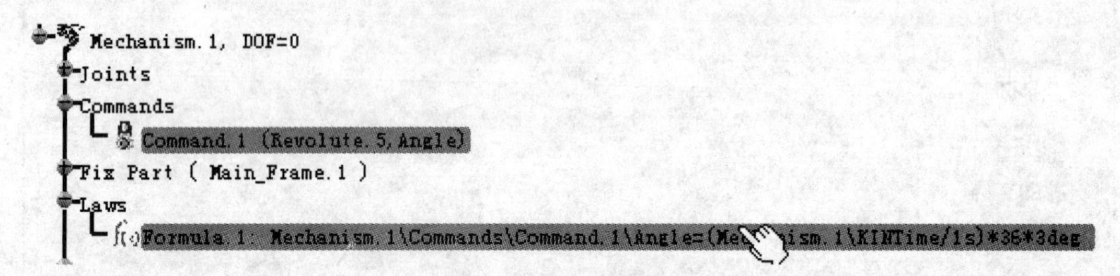

图 4-143 选择一种运动仿真

② 在 DMU Kinematics(电子样机运动)工具栏中,选择相应的仿真按钮,具体操作请参考 4.5 小节的介绍,弹出 Kinematics Simulation(运动仿真)对话框,同图 4-125 所示。

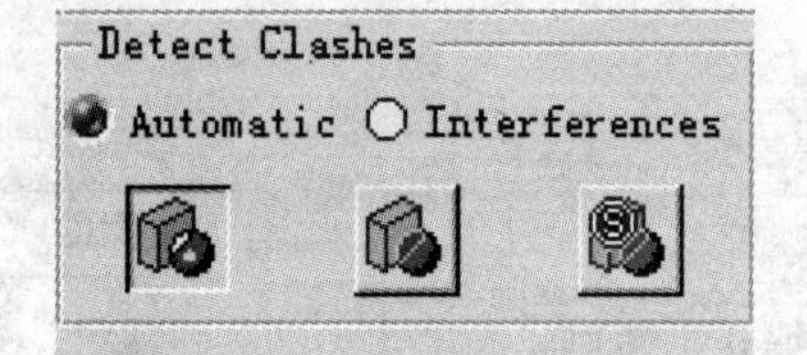

图 4-144 Detect Clashes(检测干涉)标签

③ 选择 Active sensors(激活传感器)复选框,弹出 Sensors(传感器)对话框,在该对话框的 Detect Clashes(检测干涉)标签中可以检查运动过程中是否发生干涉,如图 4-144 所示。

- Clash Detection(Off)(关闭检验干涉)按钮 选择该命令可以在播放动画时,将碰撞侦测(干涉)检验功能关闭,当零件运动有碰撞时不发出任何警告。任何播放动画方式都可以使用该命令。
- Clash Detection(On)(打开检验干涉)按钮 选择该命令可以在播放动画时,将碰撞侦测(干涉)检验功能启动,当零件运动有碰撞时,将零件间干涉的部分以红色表示,但零件的运动不会因为干涉而停止。
- Clash Detection(stop)(停止检验干涉)按钮 选择该命令可以在播放动画时,将碰撞侦测(干涉)检验功能启动,当零件运动有碰撞时,将零件间干涉的部分以红色表示,并且在干涉发生时,停止动画的播放。

4.7 实 例

本节将以一个机械臂为例介绍如何对一个产品进行仿真,并对其进行相关分析,仿真的主要步骤如下:

① 导入机械臂模型,如图 1-145 所示。

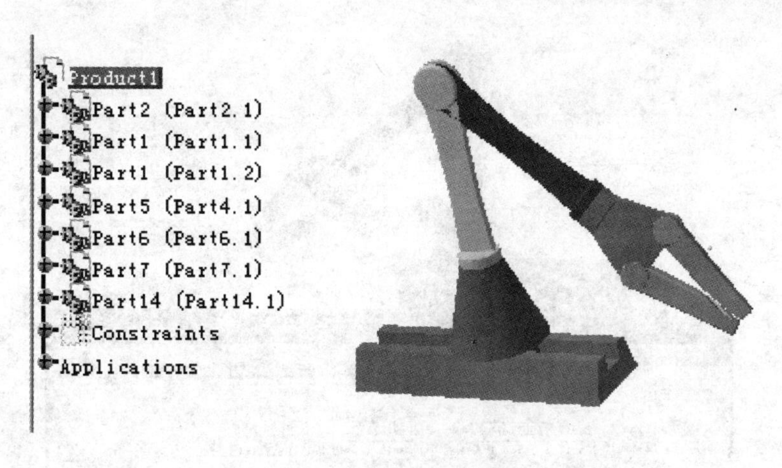

图 1-145 导入模型

② 创建导轨“Part.14”与“Part.7”之间的移动副。在 Kinematics Joints(运动副)工具栏中,单击 Prismatic Joint(移动副)工具按钮,弹出 Joint Creation:Prismatic(运动副创建:移动)对话框,在该对话框中,单击 New Mechanism(新的机构)按钮,为所创建的机构命名。选择两条直线,作为 Line 1(线 1)及 Line 2(线 2);选择两个对齐平面,作为 Plane 1(面 1)和 Plane 2(面 2)。选择 Joint Creation(运动副创建)对话框中的 Length driven(长度驱动)复选框,如图 4-146 所示。

③ 单击 OK(完成)按钮,关闭该对话框,同时创建完成的移动副将在特征树中显示出来。

④ 创建第一个旋转副。在 Kinematics Joints(运动副)工具栏中,单击 Revolute Joint (旋转副)工具按钮,弹出 Joint Creation: Revolute(运动副创建:旋转)对话框,在该对话框中,单击 New Mechanism(新的机构)按钮,为所创建的机构命名。选择两条轴线,作为 Line 1 (线 1)及 Line 2(线 2);选择两个对齐平面,作为 Plane 1(面 1)和 Plane 2(面 2);选择 Joint Creation(运动副创建)对话框中的 Length driven(长度驱动)复选框,如图 4-147 所示。

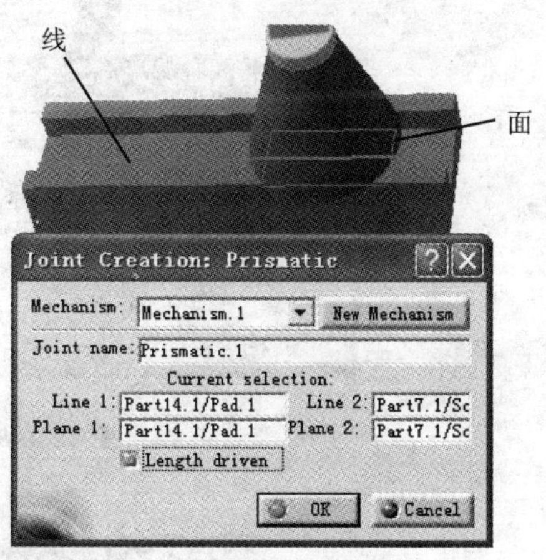

图 4-146 设置创建移动副的参数

⑤ 单击 OK(完成)按钮,关闭该对话框,同时创建完成的旋转副将在特征树中显示出来。

⑥ 同理创建第二个旋转副,如图 4-148 所示。

⑦ 创建第三个旋转副,如图 4-149 所示。

⑧ 创建第四个旋转副,如图 4-150 所示。

⑨ 同理创建“Part2(2.1)”和“Part1(1.2)”之间的第五个旋转副。

⑩ 所有的运动副创建完成后,如图 4-151 所示。

⑪ 双击 Joint.4(运动副.4),弹出 Joint Edition(运动副编辑)对话框,如图 4-152 所示。在该对话框的 Joint Limits(运动副约束)选项组中,设置运动副转动的范围,设置 Low

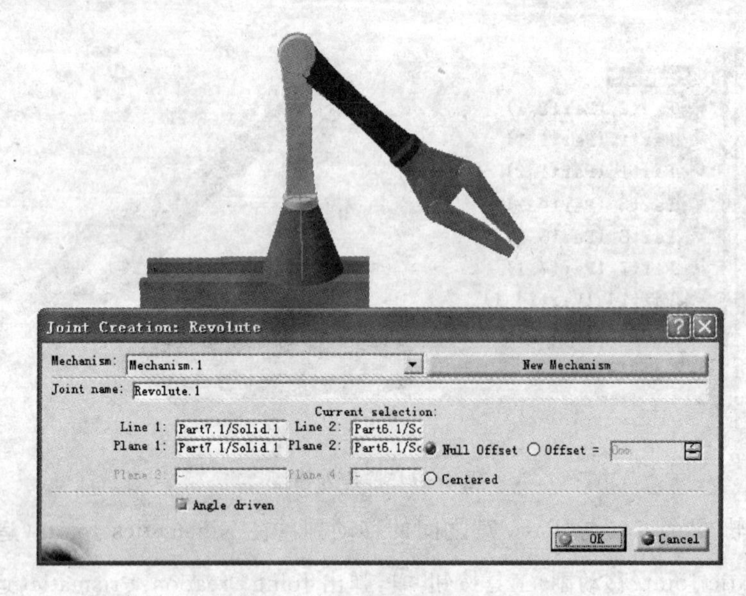

图 4-147 设置创建旋转副的参数

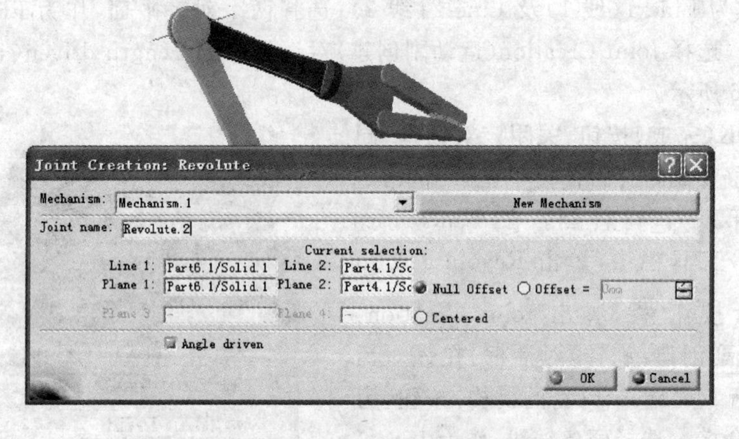

图 4-148 创建第二个旋转副

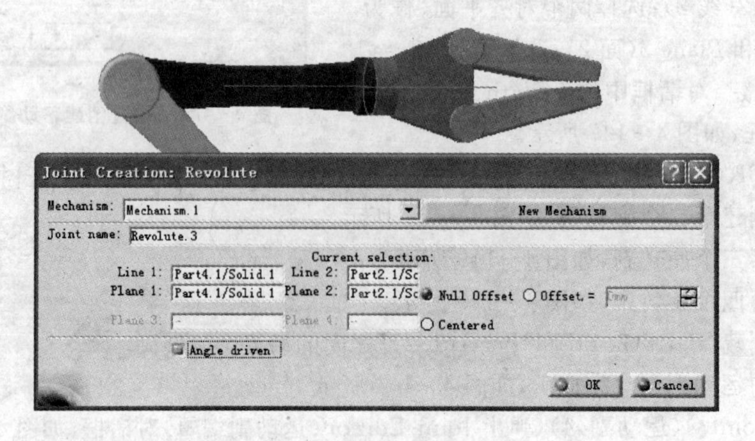

图 4-149 创建第三个旋转副

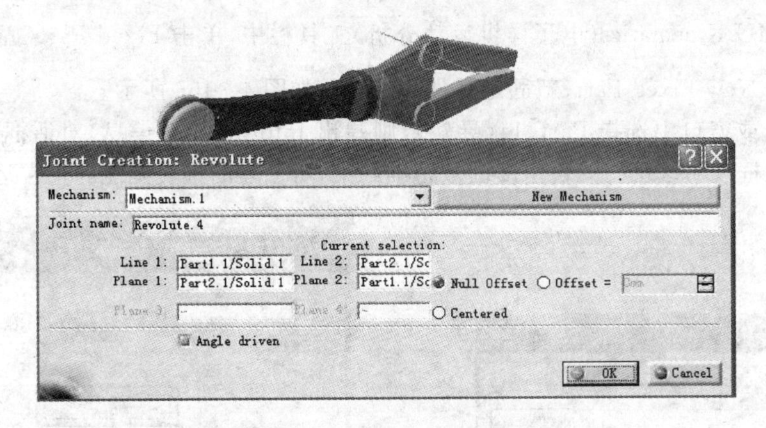

图 4-150　创建第四个旋转副

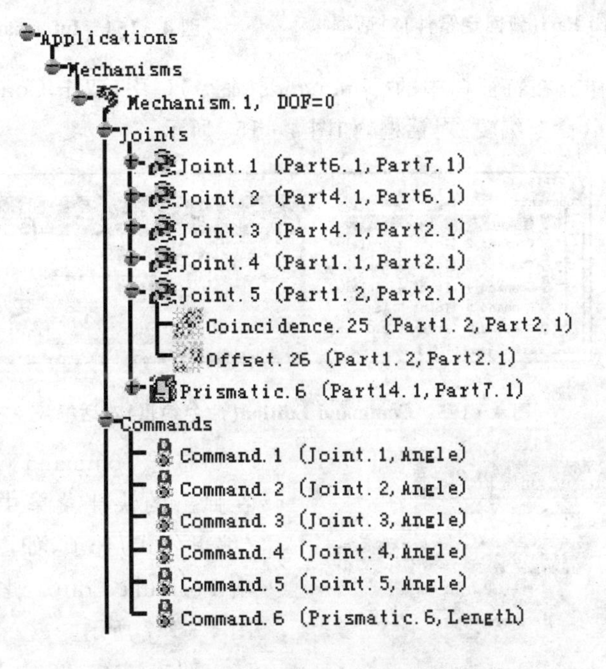

图 4-151　特征树中显示的运动副及命令

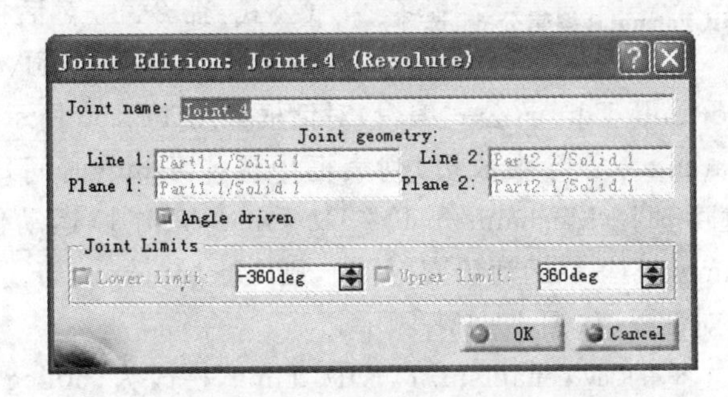

图 4-152　Joint Edition(运动副编辑)对话框

limit(下限)为“0 deg”,设置 Up limit(上限)为“30 deg”。设置完成后关闭该对话框。同理,双击 Joint.5(运动副.5),修改其运动副转动范围与 Joint.4(运动副.4)一致。

⑫ 在 DMU Kinematics(电子样机运动分析)工具栏中,单击 Fixed Part(固定零件)工具按钮,弹出 New Fixed Part(新固定零件)对话框,如图 4 - 153 所示。

在特征树或窗口中选择 Part. 14(导轨),则弹出 Information(信息)对话框,如图 4 - 154 所示。此对话框表明该机构的自由度已被正确约束,所创建的旋转副能够正常运动。

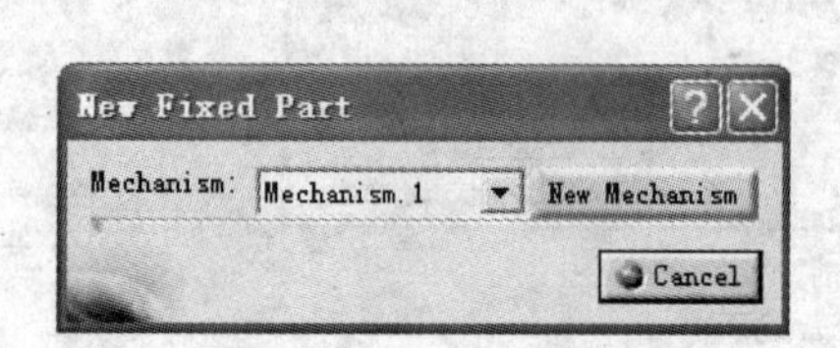

图 4 - 153　New Fixed Part(新固定零件)对话框

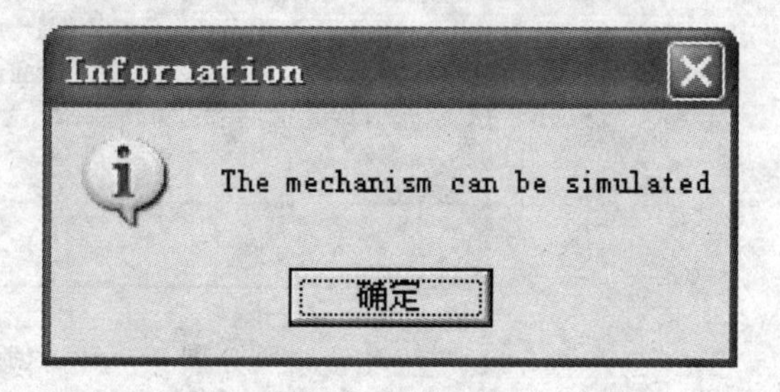

图 4 - 154　Information(信息)对话框

⑬ 创建仿真规律。在特征树中的 Commands(命令)栏中,双击 Command. 1(命令. 1),弹出 Command Edition(命令编辑)对话框,如图 4 - 155 所示。

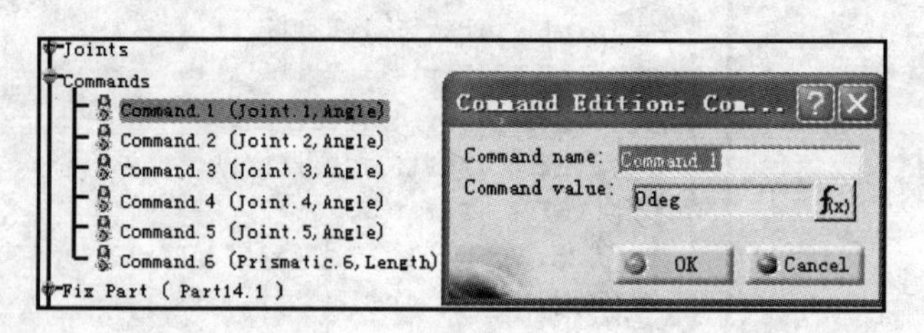

图 4 - 155　Command Edition(命令编辑)对话框

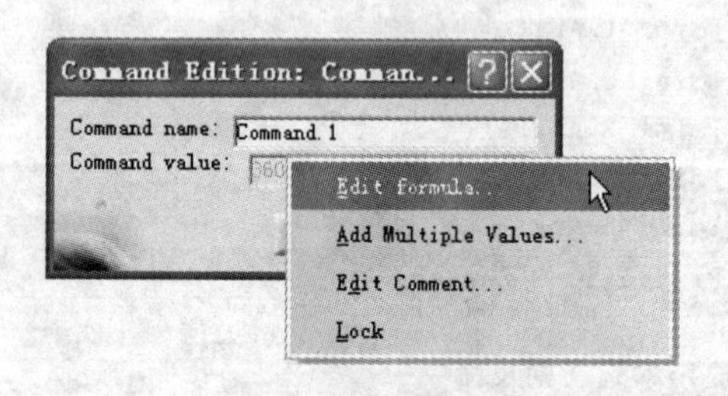

图 4 - 156　选择 Edit Formula(编辑公式)选项

右击 Command value(命令值)文本框,在弹出的快捷菜单中,选择 Edit Formula(编辑公式)选项,如图 4 - 156 所示。则弹出 Formula Editor(公式编辑)对话框,如图 4 - 157 所示。

双击图 4 - 96 中 Formula:Command. 1(公式:命令. 1)对话框中的 Mechanism. 1\Commands\command\360deg(机构 1\命令\命令\360deg),弹出 Formula Editor(公式编辑)对话框如图 4 - 160 所示。

在 Members of Parameters(参数成员)列表框中选择 Time(时间)选项,在 Members of All(所有成员)列表框中选择 Mechanism. 1\KIN Time(机构 1\运动仿真时间),然后双击 Mechanism. 1\KIN Time(机构 1\运动仿真时间),则 Mechanism. 1\KIN Time(机构 1\运动仿真时间)会自动键入对话框,如图 4 - 158 所示。

将图 4 - 158 中文本框的“Mechanism. 1\KIN Time”栏改为“60deg×sin(Mechanism. 1\KINTime /2s)”,单击 OK(完成)按钮,关闭该对话框。

⑭ 测量末端夹持机构的速度和加速度。在特征树中选择一个需要测量速度和加速度的机构,如图 4 - 159 所示。

⑮ 在 DMU Kinematics(电子样机运动分析)工具栏中,单击 Speed and Acceleration(速度和加速度)工具按钮,弹出 Speed and Acceleration(速度和加速度)对话框,如图 4 - 160 所示。

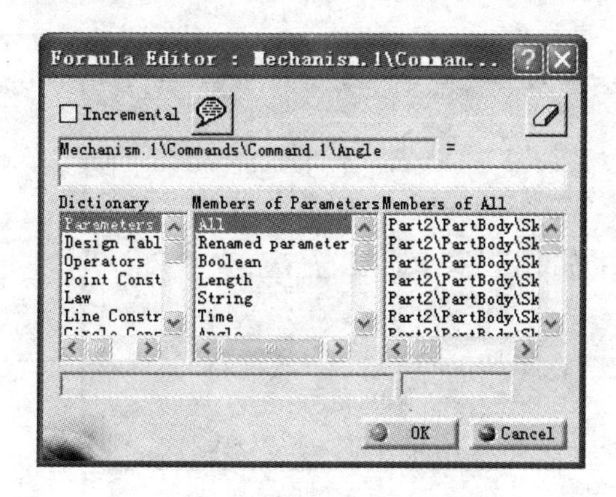

图 4 - 157 Formula Editor(公式编辑)对话框

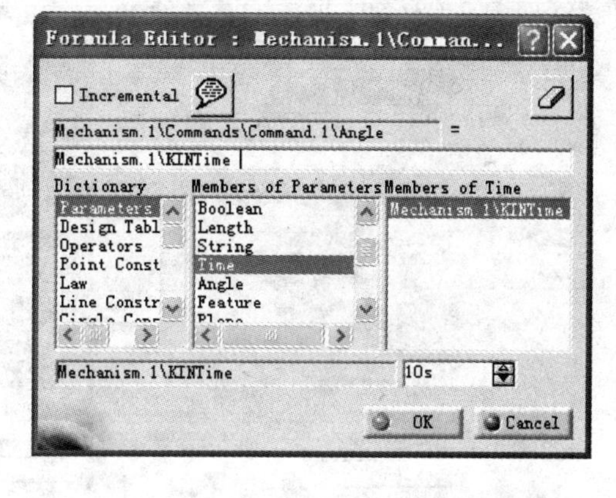

图 4 - 158 选择相应的命令

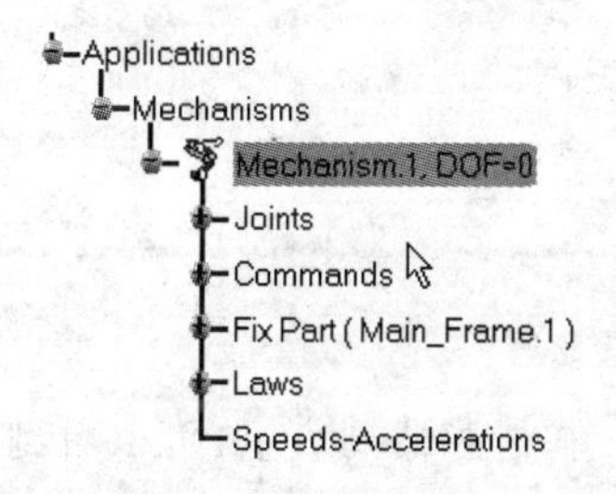

图 4 - 159 选择需要测量的机构

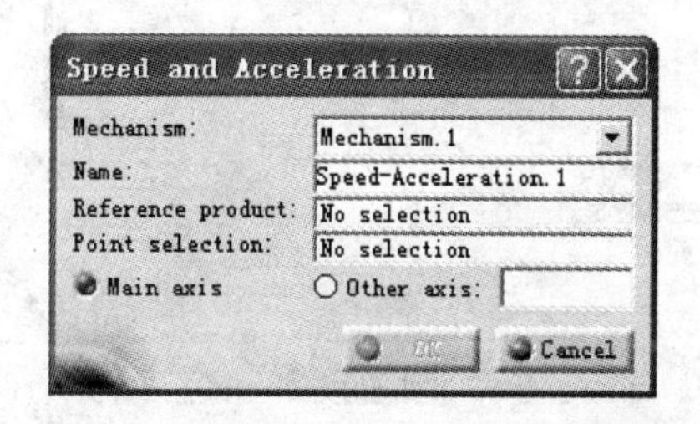

图 4 - 160 Speed and Acceleration
(速度和加速度)对话框

在 Name(名称)文本框中键入相应的名称,本例中利用默认的名称。单击 Point selection(点选择)文本框,然后在模型中选择一个点。单击 Reference product(参考产品),然后在窗口中选择一个参考部件,如图 4 - 161 所示。在对话框中设置结果投影轴系,单击 OK(完成)按钮,特征树中将出现相应的显示,如图 4 - 162 所示。

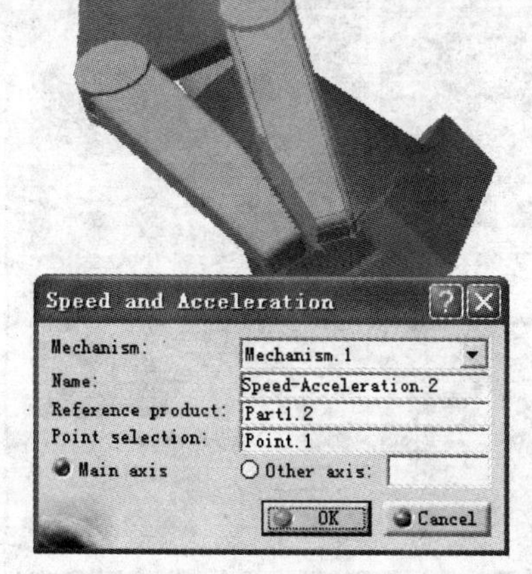

图 4 - 161 在窗口中选择相关点及参考部件

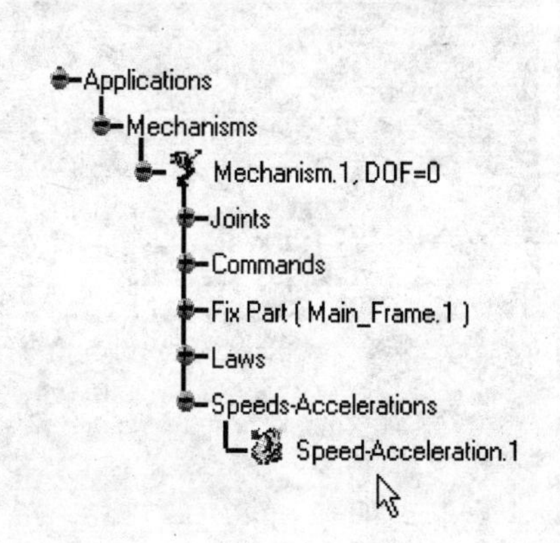

图 4 - 162 在特征树中显示速度和加速度

⑯ 在 DMU Kinematics(电子样机运动分析)工具栏中，单击 Simulation With Laws(利用规律进行仿真)工具按钮，弹出(Kinematics Simulation(运动仿真)对话框，选中 Activate Sensors(激活传感器)选项，弹出 Sensors(传感器)对话框，在该对话框中，选择准备观察的传感器，如图 4-163 所示。

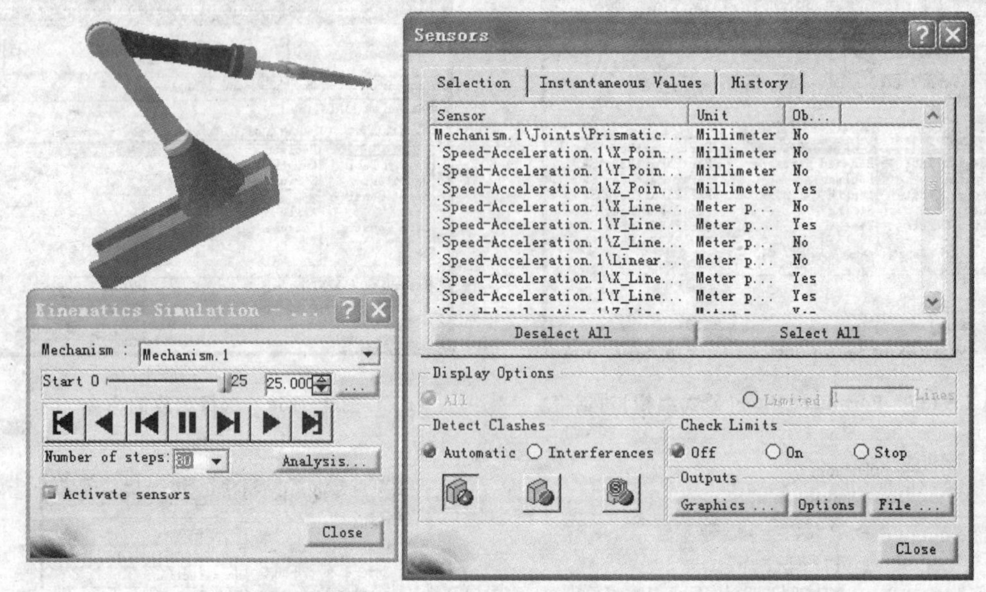

图 4-163 设置需要观察的传感器

⑰ 运行仿真，则速度和加速度仿真结果被记录下来。在传感器列表里，可以看到有 22 个测量是可以使用的，这里包括线性的速度和加速度以及角速度和角加速度，此外计算点的坐标也可以用于传感器。

⑱ 在对话框的 Outputs(输出)选项组中单击 Graphics...(图形)按钮，弹出 Sensors Graphical Representation(传感器图像显示)窗口，如图 1-164 所示。

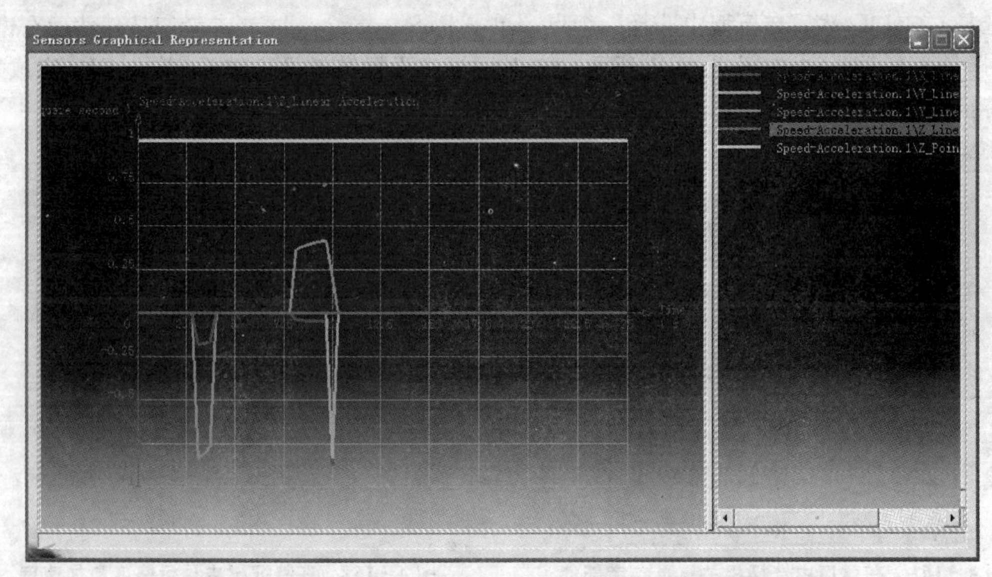

图 4-164 Sensors Graphical Representation(传感器图像显示)窗口

⑲ 单击 Sensors(传感器)对话框中的 File(文件)按钮 File...，弹出 Save As(另存为)对话框，将文件保存。

⑳ 利用 Kinematics Simulation(运动仿真)对话框可以检查部件在运动过程中是否发生干涉。在特征树中选择一个根据命令或规律创建的运动。在 DMU Kinematics(电子样机运动分析)工具栏中选择相应的仿真工具按钮(具体操作请参考 4.5 节的介绍)，弹出 Kinematics Simulation(运动仿真)对话框，如图 4-165 所示。选中 Active sensors(激活传感器)复选框，弹出 Sensors(传感器)对话框，在该对话框中的 Detect Clashes(检测干涉)选项组中单击 Clash Detection(stop)(停止检验干涉)按钮。

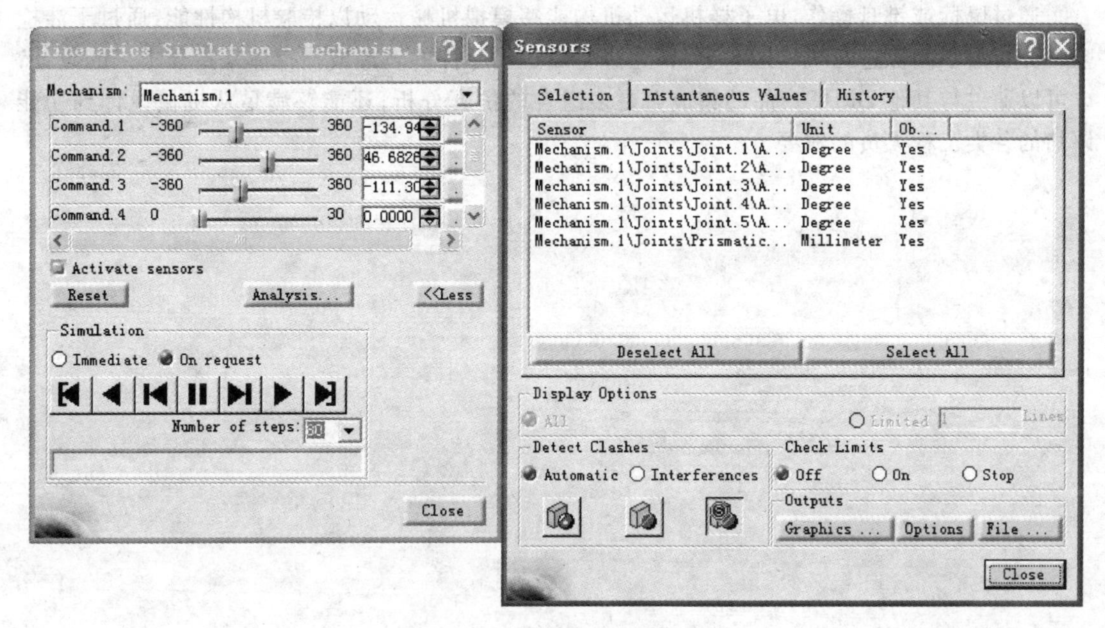

图 4-165 设置干涉检验参数

在运行仿真过程中，当运动有碰撞时，零件间干涉的部分以红色表示，并且在干涉发生时停止动画的播放，如图 4-166 所示。

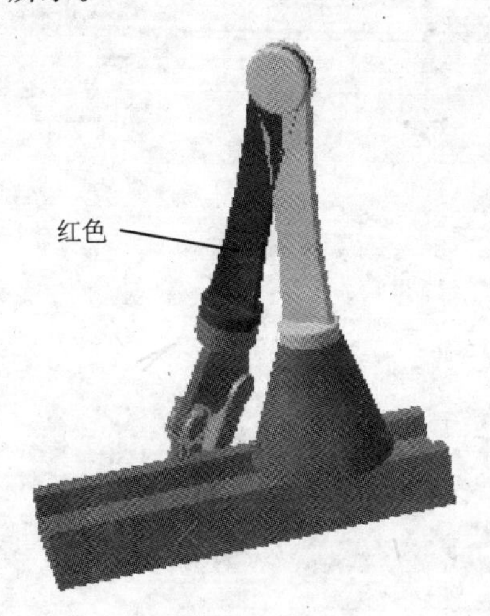

图 4-166 发生干涉的部件将以红色显示

4.8 小 结

对于产品的数字模型而言，进行准确的机构运动分析是十分基本而且重要的功能。在数字模型运动分析单元中，用户可依照运动学的原理，通过约束自由度的方式建立机构，并可分析机构的运动状态与移动轨迹。

通过鼠标或键盘操作，电子样机运动机构能够模拟机械运动以检验机构性能：通过干涉检验和分析最小间隙进行机构运动分析；通过生成运动零件的轨迹或扫掠体来指导未来的设计；也可以通过与其他 DMU 产品的集成做更多组合的仿真分析；还能够满足从机械设计到功能评估的各类工程人员的需要。

第5章　优化分析

本章主要介绍CATIA电子样机的优化功能，以及利用CATIA软件进行零件、装配件或产品的优化。

5.1　优化分析简介

5.1.1　优化分析的意义

CATIA V5电子样机优化设计(DMO,CATIA DMU Optimizer)能够通过只保留外部描述的方式，生成数据量少而表达精确的零件或装配件的几何描述替代体，以减少模型数据量，或更好地满足特定应用的特殊要求。例如，在与供应商交流时仅提供零件简单的外形信息，保护商业技术机密。还可以将零件外形信息转换成体积信息来做DMU仿真分析。通过运动包络体或计算剩余空间大小的方法可以方便地得到下一步设计的可用空间。这样生成的模型很容易进行管理，设计人员可以保存，并在对DMU进行检查和分析时重新调用。

5.1.2　优化分析的工具条

启动CATIA后，选择Start(开始)|Digital Mockup(电子样机)|DMU Optimizer(电子样机优化)菜单项，启动优化模块，如图5-1所示。则在该窗口中出现两个主要的工具条，如图5-2所示。

下面大致介绍一些重要的命令。

* Silhouette(侧面影像)工具按钮　产生给定视图方向的零件或装配体的实体外壳。
* Wrapping(包装)工具按钮　在选定的零件或装配体上产生形状独特的实体外壳。
* Thickness(厚度)工具按钮　把曲面沿某一方向产生一定的厚度。
* Offset(偏移)工具按钮　将曲面或实体沿某一个方向产生偏移。
* Free Space(自由空间)工具按钮　在模型中计算并且可视化可供使用的空间。
* Simplification(简化)工具按钮　简化模型。
* Vibration Volume Capability(动态外壳)工具按钮　根据所给的位置文件，计算产

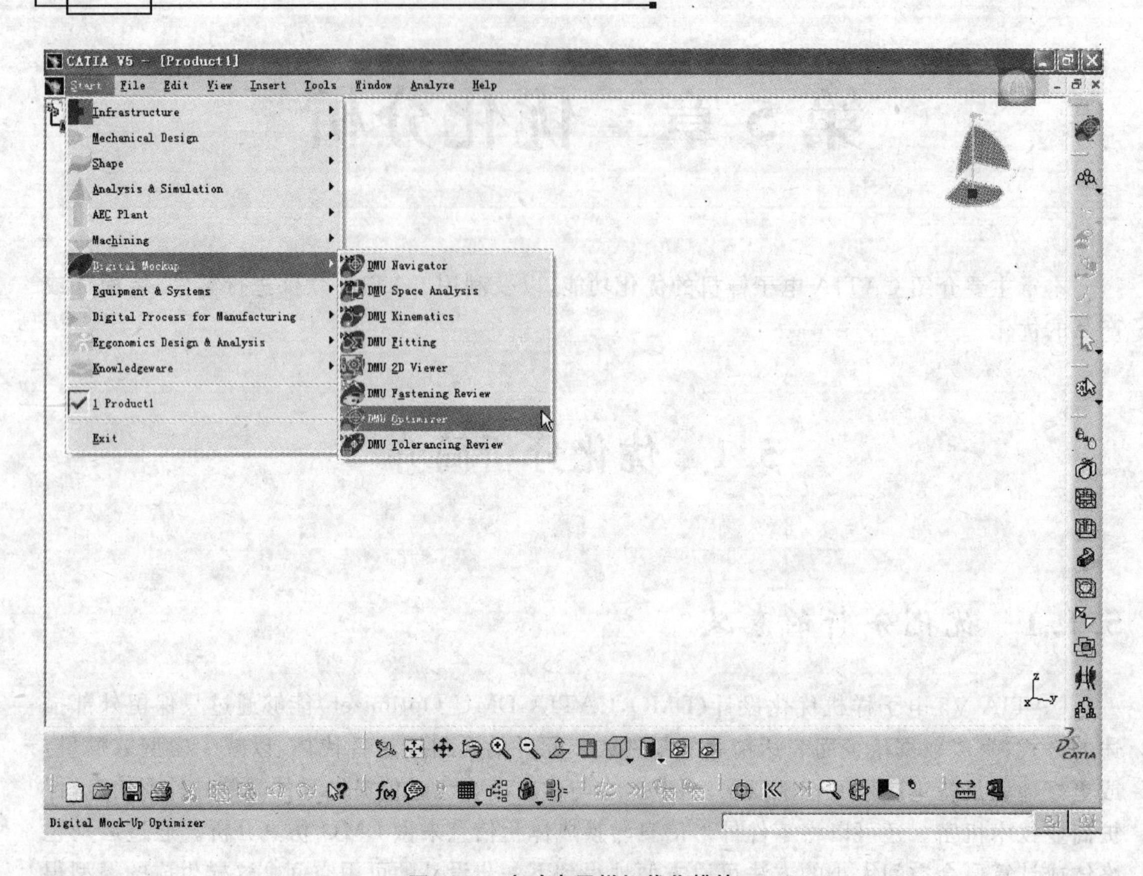

图 5-1 启动电子样机优化模块

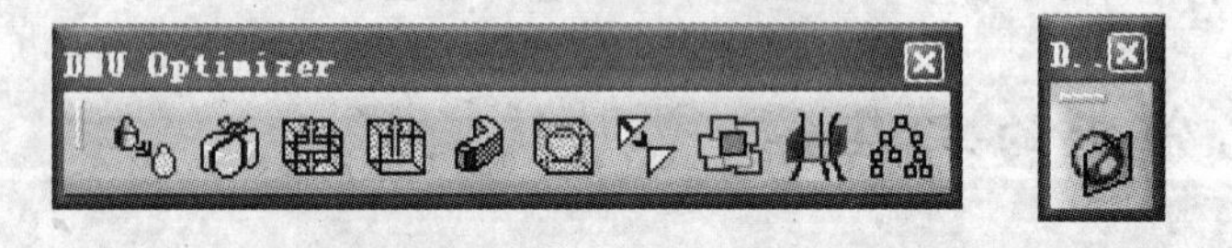

图 5-2 电子样机优化工具条

品或产品组的动态实体外壳。

5.2 交互式图形管理

CATIA V5 中的电子样机优化模块，能通过模块中提供的命令对输入的零件、部件或其他产品进行优化操作。同时，作为优化的结果图形，可以以交互式图形的形式被管理。

5.2.1 交互式图形的个性化设置

通过对 DMU 的个性化设置，可以设置出最适合的使用环境，使用户方便地完成各种操作。

选择 Tools(工具)|Options(选项)菜单项,再在右边的特征树中选择 Digital Mockup(电子样机)|DMU Optimizer(电子样机优化)标签,如图 5-3 所示。

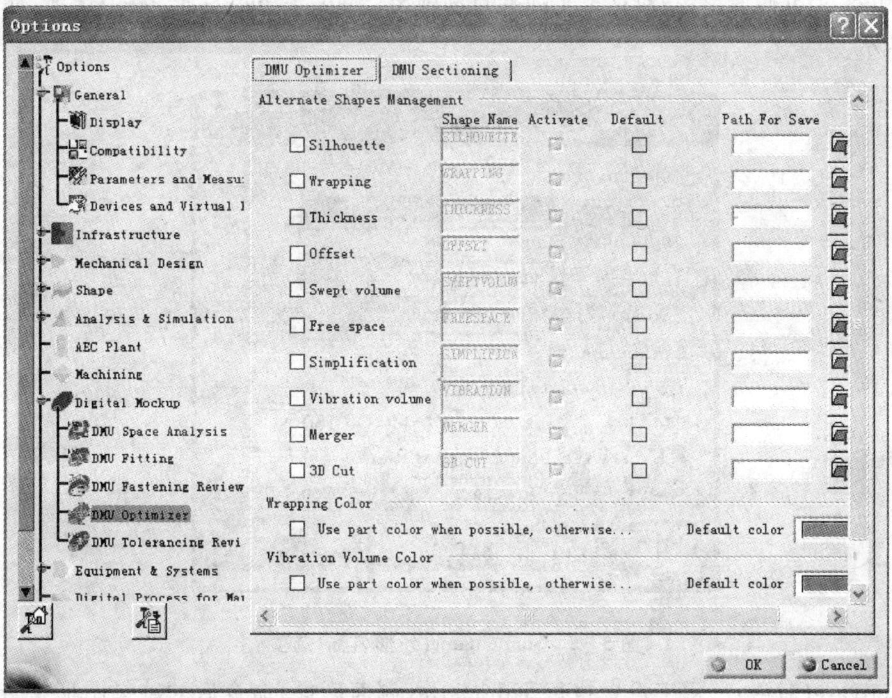

图 5-3 DMU Optimizer(电子样机优化)选项对话框

该对话框中的 Alternate Shapes Management(个性化设置)选项组的主要用来设置产品的优化结果图形是否自动作为部件的交互式图形被管理,如图 5-4 所示。下面以 Silhouette(侧面影像)为例来说明。

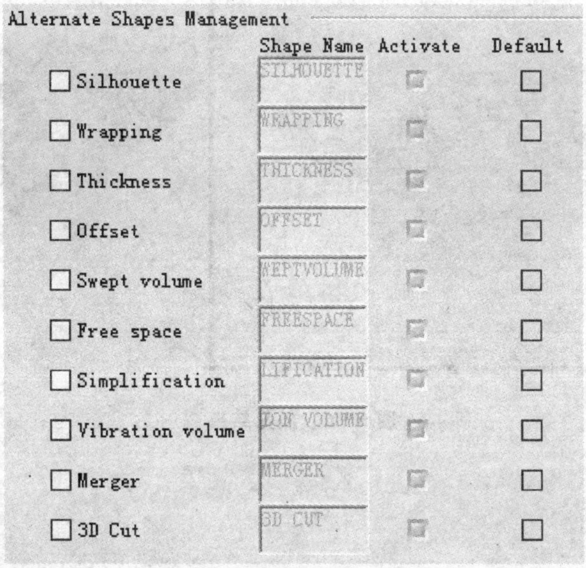

图 5-4 Alternate Shapes Management(个性化设置)选项

※ Shape name(外形名称) 设置执行 Silhouette(侧面影像)命令后的结果图形的扩展名,根据用户的需要键入名称。设置后,进行 Silhouette(侧面影像)操作时,在弹出的 Silhouette(侧面影像)对话框下面会自动弹出 Shape name(外形名称)选项,如图 5-5 所示。

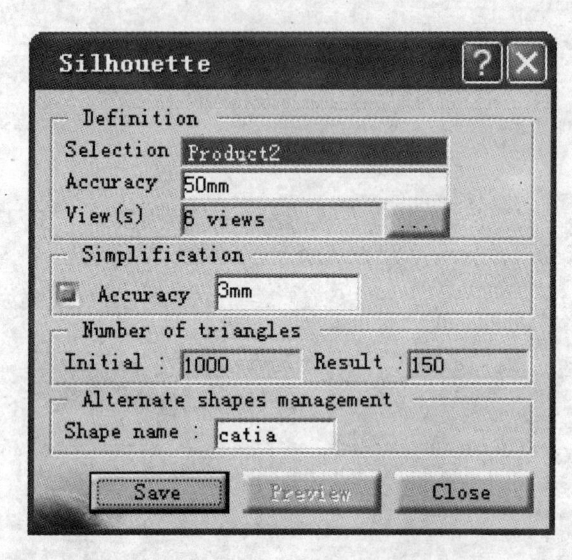

图 5-5 Shape name(外形名称)选项

※ Activate(激活) 用于设置执行 Silhouette(侧面影像)命令后的结果图形是否在屏幕中预览,如图 5-6 和图 5-7 所示。

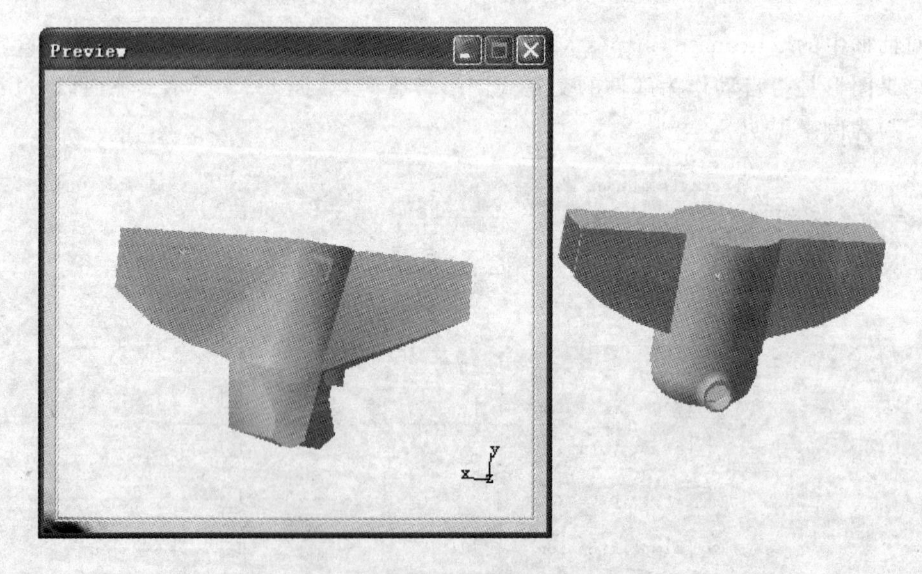

图 5-6 预览结果

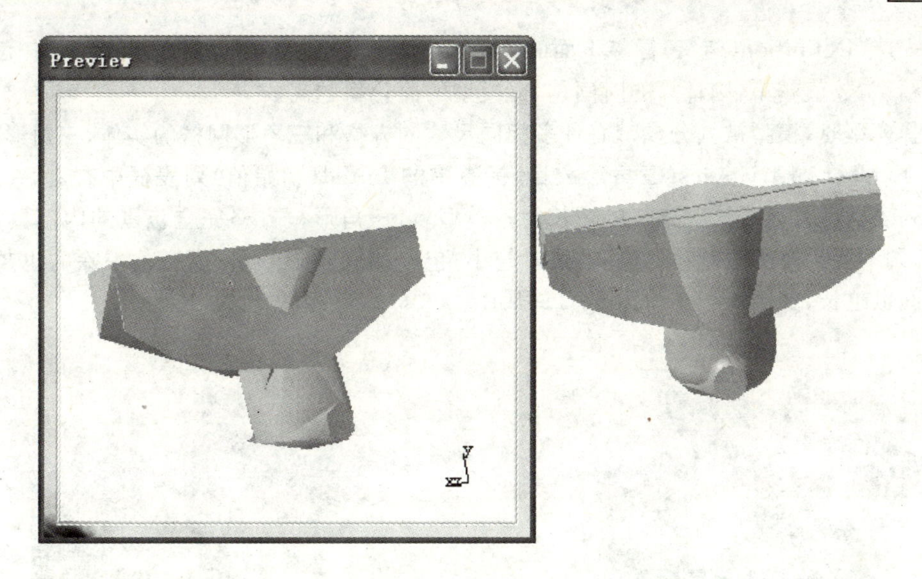

图 5－7　预览结果

5.2.2　侧面影像

Silhouette(侧面影像)命令用于产生给定视图方向的零件或装配体的实体外壳。利用此命令选择一个零件或装配件时,模型上自动分布着许多方格和三角形网格,根据选定的视图,通过计算三角形被方格包围的部分,将模型内部相应的实体去除,而外面的部分保持不变(例如形状及颜色等),从而达到对原模型简化的目的。

① 在电子样机优化模块中,选择 Insert(插入)|Existing component(已经存在的部件)菜单项导入已经存在的部件。

② 在 DMU Optimizer(电子样机优化器)工具栏中,单击 Silhouette(侧面影像)按钮,弹出 Silhouette(侧面影像)对话框,如图 5－8 所示。

③ 在特征树中选择需要优化的零件或产品,再在 Silhouette(侧面影像)对话框下面的 Number of triangles(三角形数目)标签内会出现分布的三角形的数目,如图 5－9 所示。

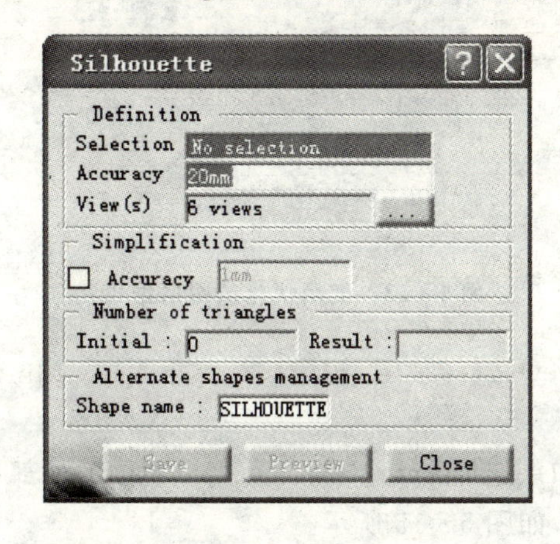

图 5－8　Silhouette(侧面影像)对话框

图 5－9　三角形数目显示框

④ 选择 Definition(定义)标签下面的 Accuracy(精度)列表框,设置 Silhouette(侧面影像)的计算精度,数值越小,则计算的时间越长,模型的简化率越高。

选择模型时,模型被划分成带有许多相同尺寸的方格和三角形网格的实体,三角形的多少可以在 Number of triangles(三角形数目)标签中的 Initial(初始值)列表框中查看,Accuracy(精度)列表框则代表了这些方格的边长值。模型上,三角形被方格完全包围的内部区域被去除,外部则不变。精度值越小,方格的尺寸越小,包围的三角形越多,模型被去除的也越多,计算的时间也越长,如图 5-10 和图 5-11 所示。

图 5-10 Accuracy(精度)值为 2 mm

图 5-11 Accuracy(精度)值为 20 mm

⑤ 选择 Simplification(简化)标签下面的 Accuracy(精度)列表框,设置计算精度,精度不同,优化结果的图形也不同,如图 5-12 和图 5-13 所示。

图 5-12 未使用优化的图形结果

图 5-13 使用优化的图形结果

⑥ 单击 View(视图)列表框后面的 Select the view(选择视图)按钮 ,弹出 View Multi-selection(复选视图)对话框,如图 5-14 所示。

根据所选视图的不同,优化后的结果也不同。如果选择 Left(左视图),则左视图的外部保持不变,即左视图看起来是完整的,而内部则被去除,如图 5-15 所示。

图 5-14 View Multiselection(复选视图)对话框

图 5-15 左视图

⑦ 单击 Preview(预览)按钮 Preview ,弹出 Computation in progress(计算正在进行)对话框,如图 5-16 所示。计算完成后,屏幕中将出现预览窗口,可对结果进行预览,如图 5-17 所示。

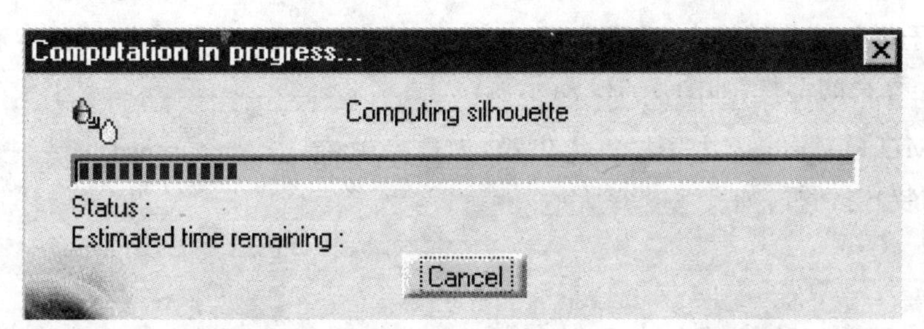

图 5-16 Computation in progress(计算正在进行)对话框

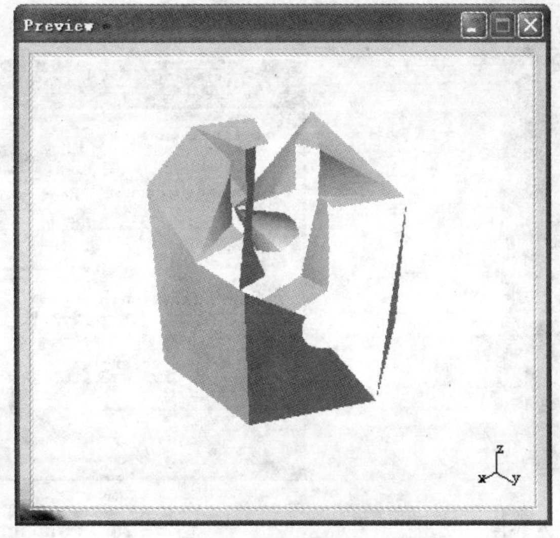

图 5-17 生成的预览效果

计算完成后，在 Number of triangles(三角形数目)标签内会出现计算结果后的三角形数目，如图 5－18 所示。

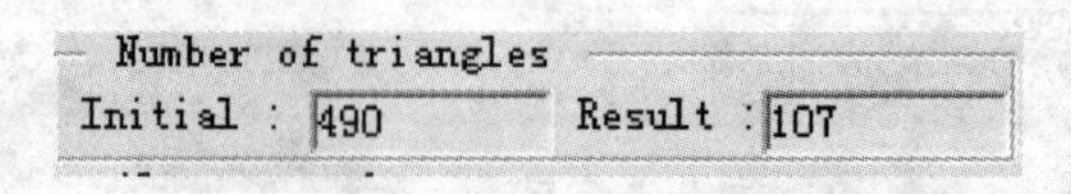

图 5－18　计算后的三角形数目

⑧ 单击 Save(保存)按钮 Save ，对结果图形进行保存。

5.3　创建包装

Wrapping(包装)命令的功能是在选定的零件或装配件上产生形状独特的实体外壳。通过使用该命令可以使工程设计人员大大减少装配文件的大小，隐藏产品的重要信息。

选择需要包装的产品后，在产品的外壳上会规则地分布着一系列的点，根据输入的 Grain(晶粒)和 Offset ratio(偏移率)的值，把这些点偏移一定的距离，从而生成形状独特的实体外壳。

① 在电子样机优化模块中，选择 Insert(插入)|Existing component(已经存在的部件)菜单项导入已经存在的部件，如图 5－19 所示。

② 在 DMU Optimizer(电子样机优化器)工具栏中，单击 Wrapping(包装)按钮，弹出 Wrapping(包装)对话框，如图 5－20 所示。

图 5－19　导入实体

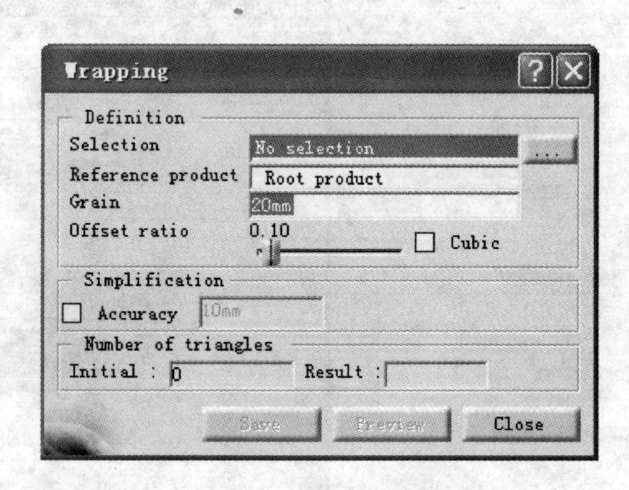

图 5－20　Wrapping(包装)对话框

③ 在特征树或图形区选择需要执行操作的零件或产品，单击 Selection(选择)后的按钮 ，则弹出 Input Products(输入的产品)对话框，如图 5-21 所示。选择完成后，单击 OK(完成)按钮，关闭该对话框。

④ 在 Grain(晶粒)列表框中键入适当的数值，其决定了包装的精度，代表这两个点之间的距离。数值越小，计算的时间越长，优化率越低。

⑤ 拖动按钮，选择偏移率，外壳上的点的偏移距离等于 Grain(晶粒)和 Offset ratio(偏移率)的乘积。执行包装命令后，根据这些偏移点，生成具有三角形结构的包装外壳，如图 5-22 所示。

⑥ 若在 Wrapping(包装)对话框中选择 Cubic(立方体)，则偏移率图标变成灰色，计算结果生成具有立方体特征的实体外壳，其中，立方体的边长为晶粒的长度，如图 5-23 所示。

图 5-21 Input Products(输入的产品)对话框

图 5-22 利用偏移率生成的包装外壳

图 5-23 利用立方体生成的包装外壳

⑦ 单击 Apply Simplification(应用简化)按钮，并且在 Accuracy(精度)列表框中键入相应的数值，则可以简化结果。

⑧ 单击 Preview(预览)按钮 Preview ，弹出 Computation in progress(计算正在进行)对话框，如图 5-24 所示。计算完成后，屏幕中将出现预览窗口，可对结果进行预览，如图 5-25 所示。

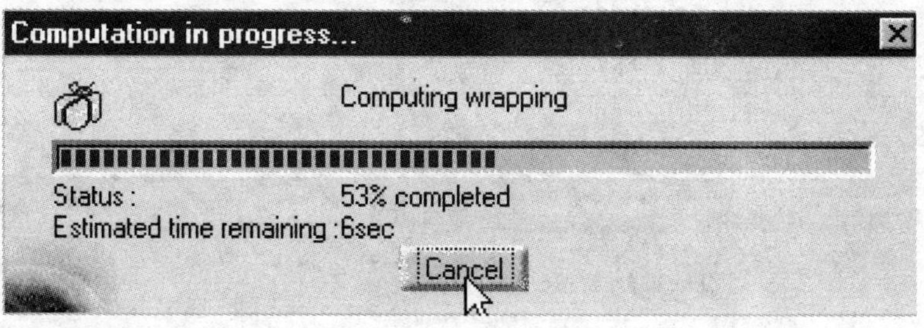

图 5-24 Computation in progress(计算正在进行)对话框

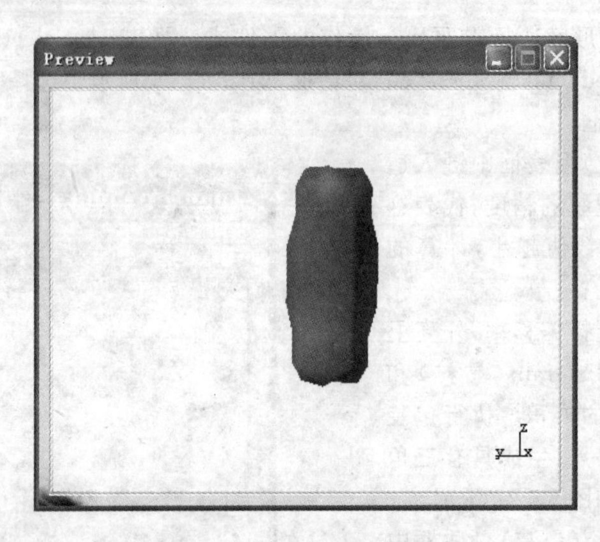

图 5-25 生成的预览效果

⑨ 单击 Save(保存)按钮 Save ,对结果图形进行保存,图形保存的格式为.cgr。

⑩ 在特征树中右击已经生成包装的零件,在弹出的快捷菜单中选择 Representations(代表)|Manage Representations(管理代表)菜单项,如图 5-26 所示。

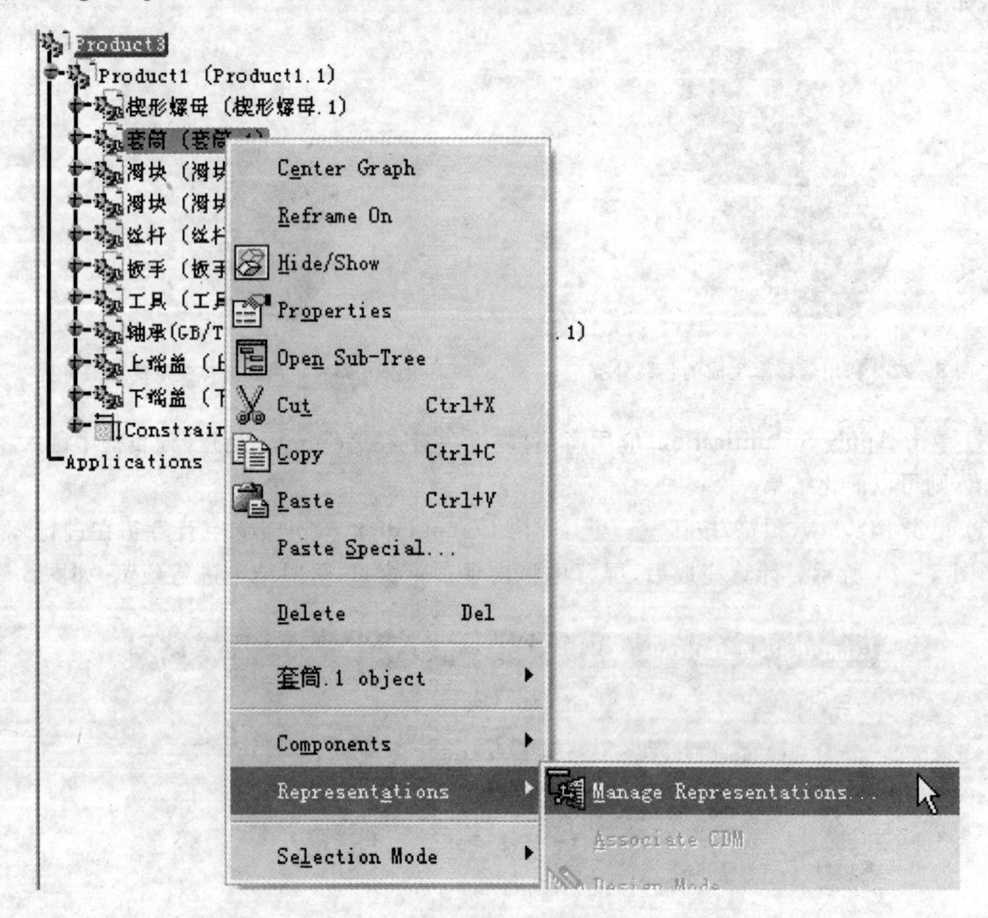

图 5-26 选择 Manage Representations(管理代表)菜单项

弹出 Manage Representations(管理代表)对话框,如图 5-27 所示。通过该对话框,可以观察所生成的包装是否进行了优化设置。

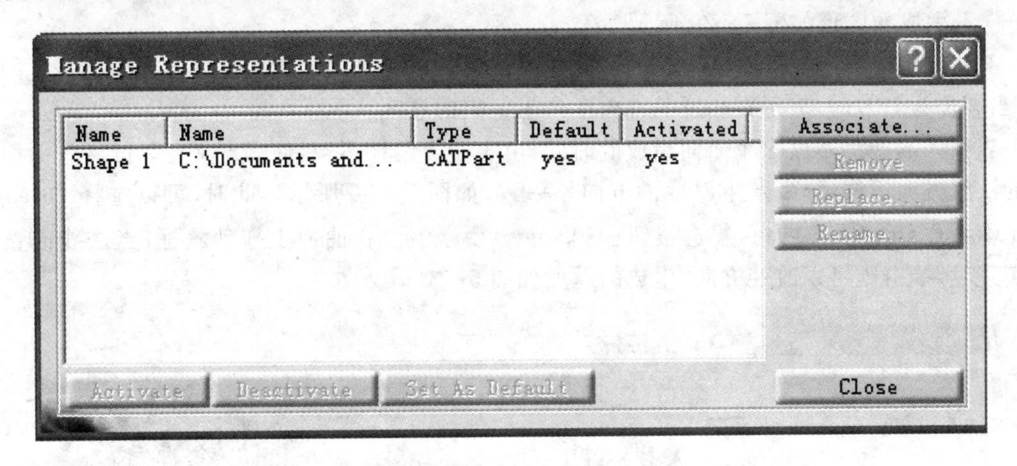

图 5-27 Manage Representations(管理代表)对话框

★ 如果需要在电子样机优化窗口中重新打开已经保存的包装,需要通过选择 Insert(插入)|Existing component(已经存在的部件)菜单项导入。

5.4 创建厚度

在 CATIA V5 的电子样机模块中,不能对曲面进行测量及干涉检查等分析。这时可以利用 Thickness(厚度)功能,把曲面沿某一方向产生一定的厚度,默认设置的是曲面的法线方向,用户可以手动定义产生厚度的方向。

① 在电子样机优化模块中,选择 Insert(插入)|Existing component(已经存在的部件)菜单项,导入一个曲面。

② 进入 DMU Optimizer(电子样机优化模块),在 DMU Optimizer(电子样机优化器)工具栏中,单击 Thickness(厚度)按钮,则弹出 Thickness(厚度)对话框,如图 5-28 所示。

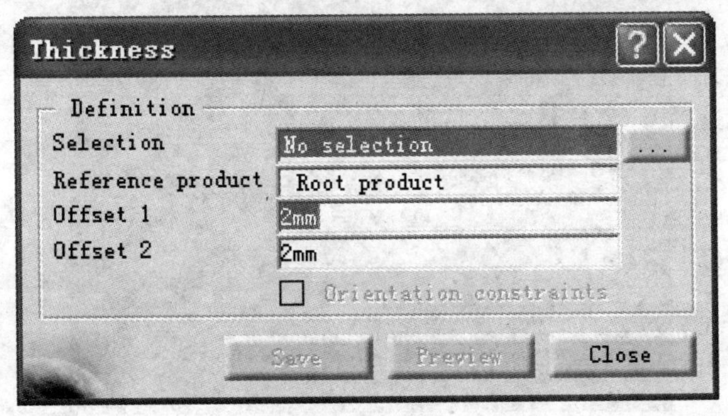

图 5-28 Thickness(厚度)对话框

③ 在特征树中或图形窗口中选择需要执行操作的零件或产品。

④ 在 Offset 1(偏移 1)和 Offset 2(偏移 2)中键入厚度值,然后单击 Preview(预览)按钮 Preview ,生成的图形如图 5-29 所示。

其中,Offset 1(偏移 1)和 Offset 2(偏移 2)的参数值分别表示曲面在法向方向上产生的厚度,当取值为负数时,表示在相反的方向上产生一定的厚度。

当插入的产品是由多个曲面组成的时候,由于曲面设计不当,使得定义相邻的两个曲面厚度的法线方向不同,导致产生厚度的方向不一致,如图 5-30 所示。此时,可以选择 Orientation Constraints(方向约束)复选按钮 Orientation constraints 。在曲面上拖动鼠标,当法线向量方向满意时,单击则可以改变方向,生成的厚度如图 5-31 所示。

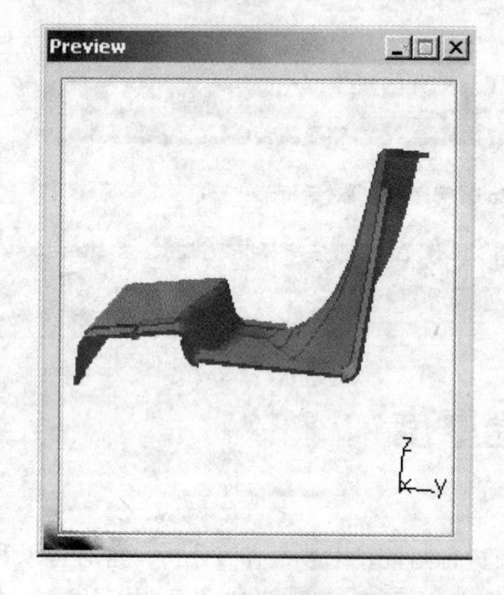

图 5-29 生成的预览效果

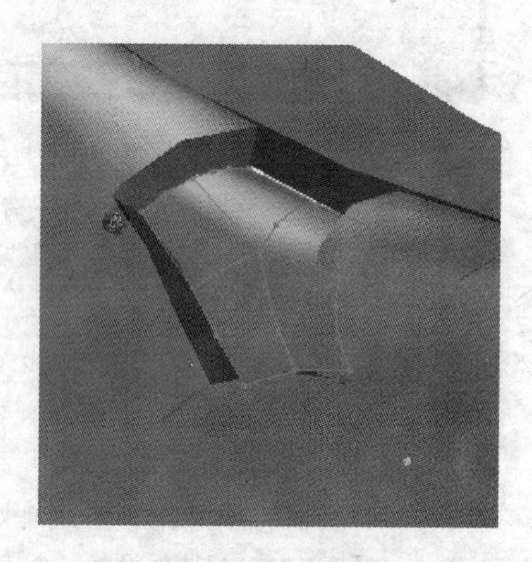

图 5-30 产生厚度的方向不一致

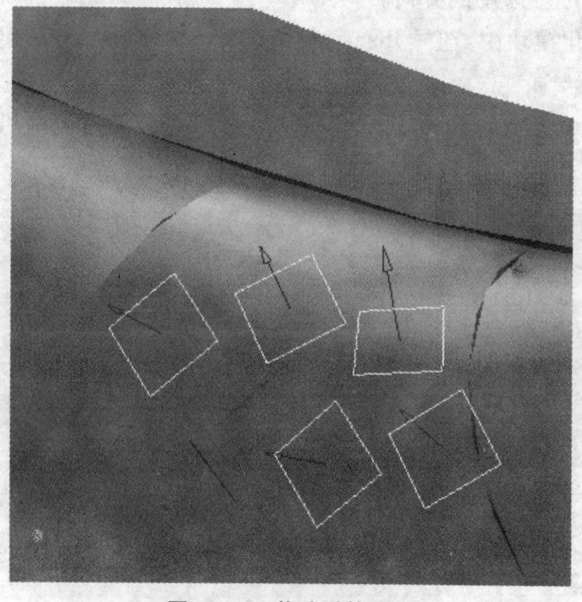

图 5-31 修改后的厚度

⑤ 单击 Save(保存)按钮，键入文件名保存结果。

5.5 创建偏移

Offset(偏移)命令既可以应用于对曲面的操作，也可用于对实体的操作，它的主要功能是使曲面或实体向某一个方向产生偏移，主要由以下几个步骤完成：

① 在 DMU Optimizer(电子样机优化器)工具栏中，单击 Offset(偏移)按钮，则弹出 Offset(偏移)对话框，如图 5－32 所示。

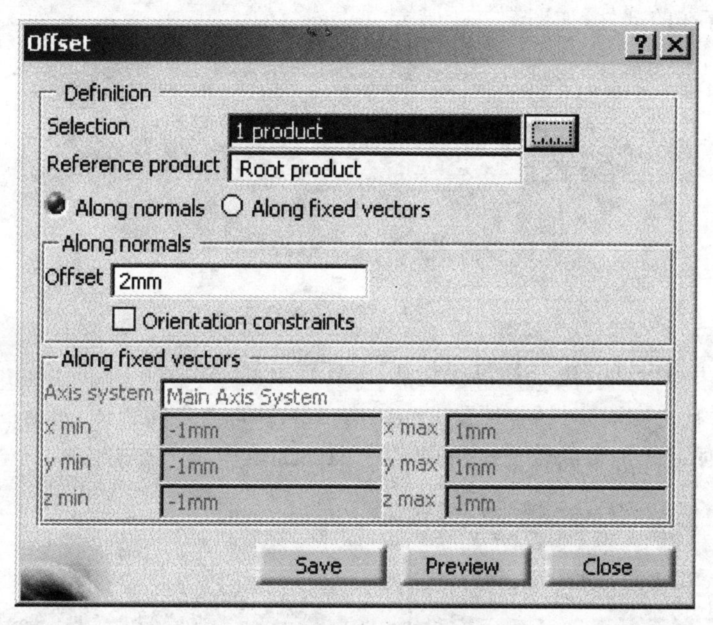

图 5－32　Offset(偏移)对话框

偏移的方式有两种：

* Along normals(沿法线方向)　该选项默认设置为新曲面沿着原曲面法线方向偏移，选择 Orientation Constraints(方向约束)复选项 Orientation constraints，可以手动定义偏移方向，其功能和用法和 5.4 小节所介绍的相同。
* Along fixed vector(沿轴线矢量方向)　用户可以根据这个命令选择一个坐标轴系统，曲面将沿着 3 个坐标轴的方向偏移。对话框中的 x min，x max，y min，y max，z min 以及 z max 的值分别表示曲面沿 3 个坐标轴的偏移量，其值可正可负，如图 5－33 所示。

Along fixed vectors
Axis system　Main Axis System
x min　-1mm　x max　1mm
y min　-1mm　y max　1mm
z min　-1mm　z max　1mm

图 5－33　Along fixed vector(沿轴线矢量方向)对话框

② 设置完成后，单击 Save(保存)按钮，键入文件名保存结果。

5.6 创建自由空间

利用该命令可以在模型中计算并且可视化可供使用的自由空间，其执行结果是生成一个实体，如图 5-34 所示和图 5-35 所示。这个实体可以看作是在原来模型的内部将要装配的组件的近似实体，在这个实体上也可以进行体积、惯性矩等分析。

① 在电子样机优化模块中，选择 Insert(插入)|Existing component(已经存在的部件)菜单项，导入已经存在的部件，如图 5-34 所示。

图 5-34 导入实体模型

② 在 DMU Optimizer(电子样机优化器)工具栏中，单击 Free Space(自由空间)按钮，弹出 Free Space(自由空间)对话框以及 Free Space Box(自由空间箱体)对话框，如图 5-35 和图 5-36 所示。同时在屏幕的图形区出现一个箱体，如图 5-37 所示。

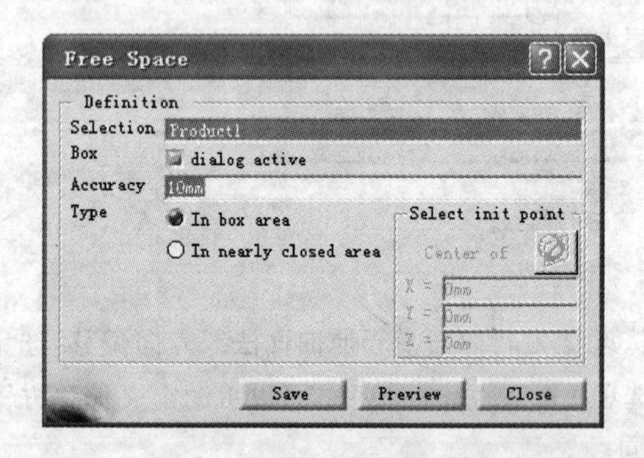

图 5-35 Free Space(自由空间)对话框

图 5-36 Free Space Box(自由空间箱体)对话框

★ 如果在 Free Space(自由空间)对话框中取消 Dialog active(激活对话框)选项，则将不会弹出 Free Space Box(自由空间箱体)对话框。

箱体的大小对自由空间尺寸的大小有直接的影响，它可以通过 3 种方式定义。

- 在箱体对话框中输入坐标值定义箱体的大小。
- 手动定义箱体的大小。将鼠标指向产品，当鼠标的形状由指针变为手状时，拖动鼠标改变箱体大小。
- 单击 Trim on selection(修饰选择)按钮 Trim on selection ，然后手动定义箱体大小。

③ 在 Accuracy(精度)列表框内键入适当的精度值。

④ 在 Type(类型)列表框下选择一种计算类型,自由空间的计算类型有以下两种:

※ In box area(位于箱体区域) 在箱体的内部计算自由空间,生成的自由空间可进行测量等分析,是系统默认的类型。

※ In nearly closed area(位于给定区域周围) 在给定区域的边界间的单元内计算自由空间。给定一个初始点后,在点的周围边界内计算自由空间,选择初始点对话框,如图 5-38 所示。其命令示意图如图 5-39 所示。

图 5-37 在模型上出现的箱体

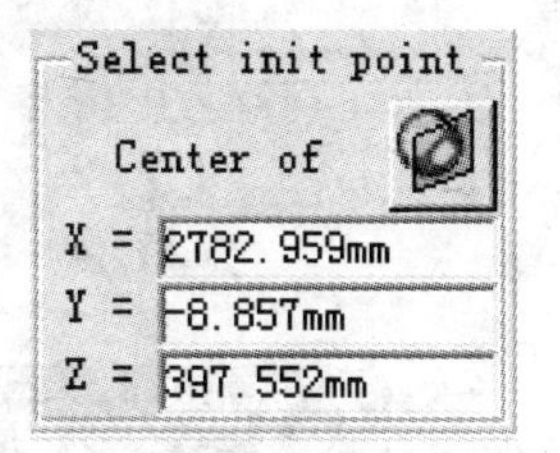

图 5-38 初始点对话框

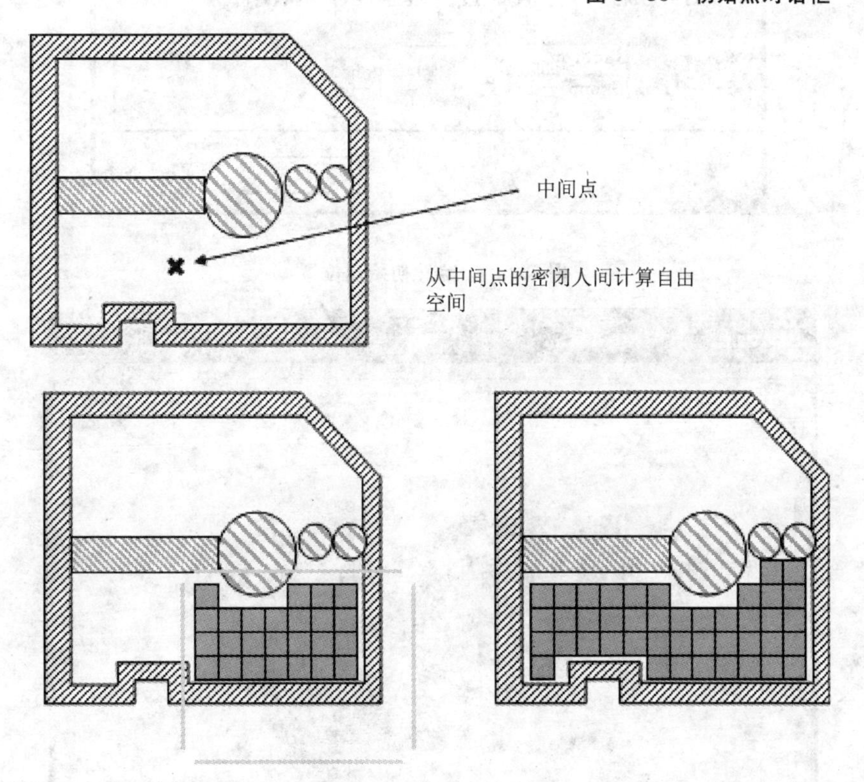

图 5-39 In nearly closed area(位于给定区域周围)命令示意图

⑤ 若选择 In nearly closed area(位于给定区域周围)的方式,单击截面选取按钮,定义初始点的位置。拖动鼠标直到截面合适的位置,具体操作参见第 3 章,如图 5-40 所示。

⑥ 单击 Preview(预览)按钮 Preview ,可以查看预览效果,如图 5-41 所示。

若选择第一种计算模式生成的预览,如图 5-42 所示。

⑦ 设置完成后,单击 Save(保存)按钮,键入文件名保存结果。

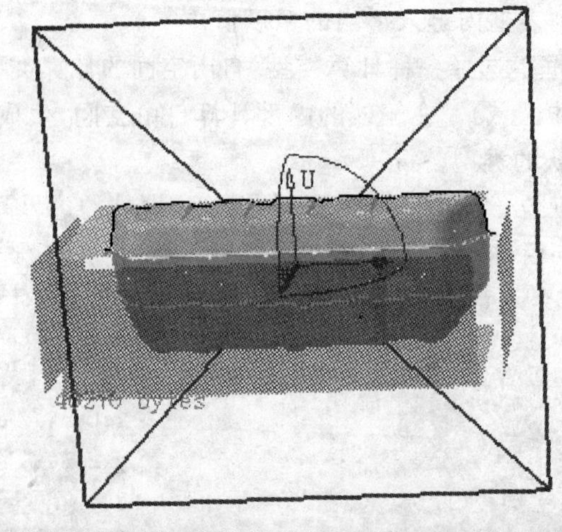

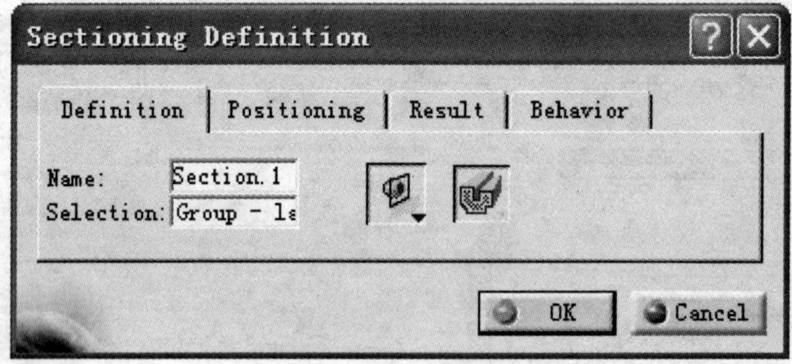

图 5-40 定义初始点位置

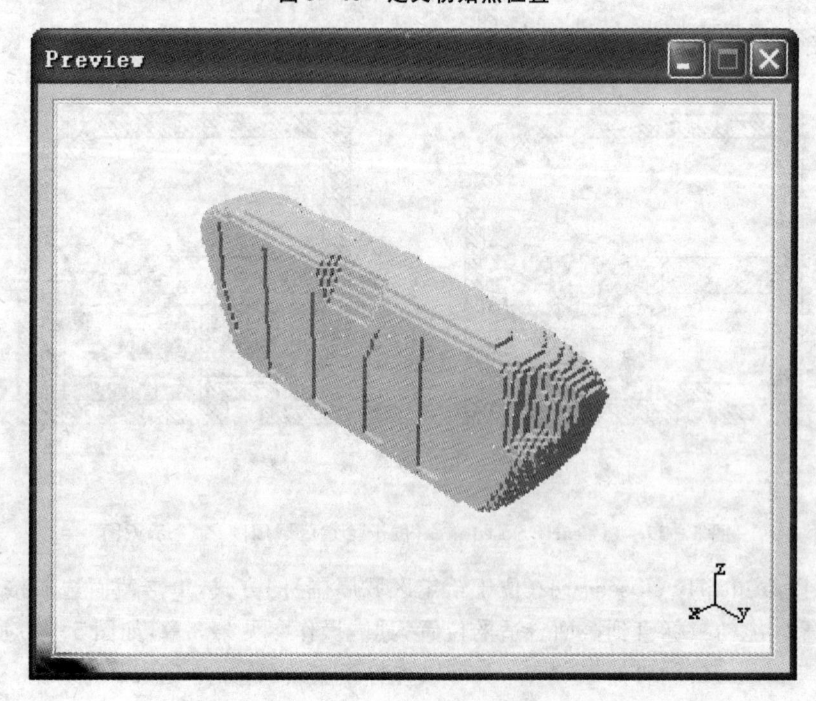

图 5-41 选择第二种计算模式生成的预览

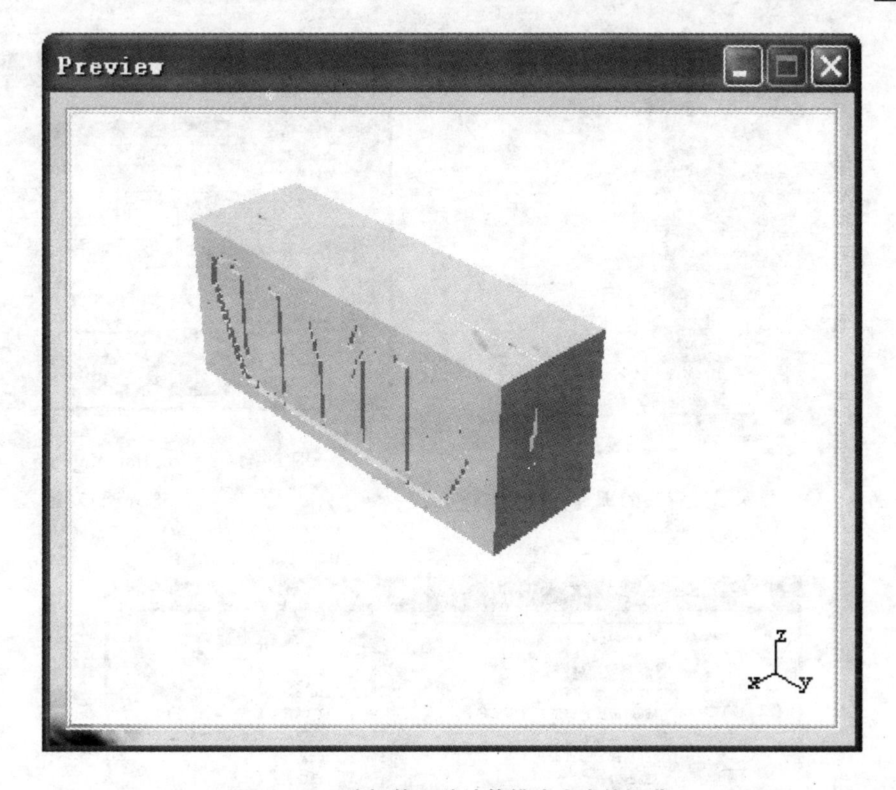

图 5－42　选择第一种计算模式生成的预览

5.7　动态外壳

动态外壳的功能是根据给定的位置文件，计算产品或产品组的动态实体外壳。动态实体外壳可根据位置文件（Adams 格式；6 个坐标值定义一个位置：3 个轴坐标，3 个角坐标）的欧拉坐标获得，或根据模型的运动轨迹计算生成的结果来生成零件在每个位置的实体外壳，具体操作步骤是：

① 在电子样机优化模块中，选择 Insert（插入）|Existing component（已经存在的部件）菜单项导入已经存在的部件，如图 5－43 所示。

② 在 DMU Optimizer（电子样机优化器）工具栏中，单击 Vibration Volume Capability（动态外壳）工具按钮，弹出 Vibration Volume（动态外壳）对话框，如图 5－44 所示。

③ 在特征树中选择需要执行动态外壳操作的产品。

④ 选中 Positions（位置）标签后的 File（文件）单选按钮，然后单击 Browse（浏览）按钮 Browse，弹出 File Selection（文件选择）对话框，最后在该对话框中选择“adams_4pos.txt”文件，如图 5－45 所示。

⑤ 在 Vibration Volume（动态外壳）对话框中 Definition 选项组里的 Accuracy（精度）文本框内键入适当的值。

图 5-43 导入已经存在的部件

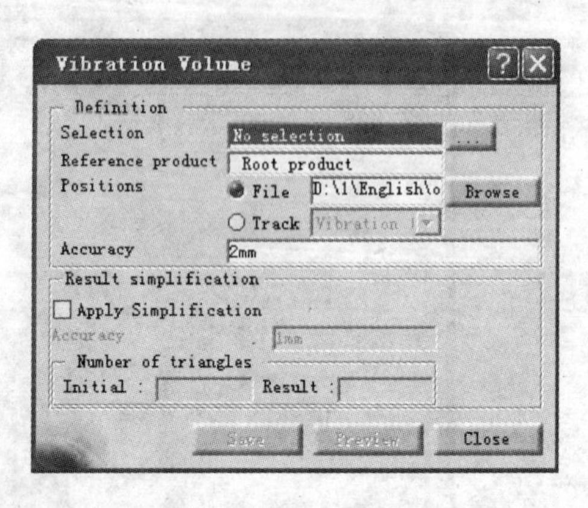

图 5-44 Vibration Volume (动态外壳)对话框

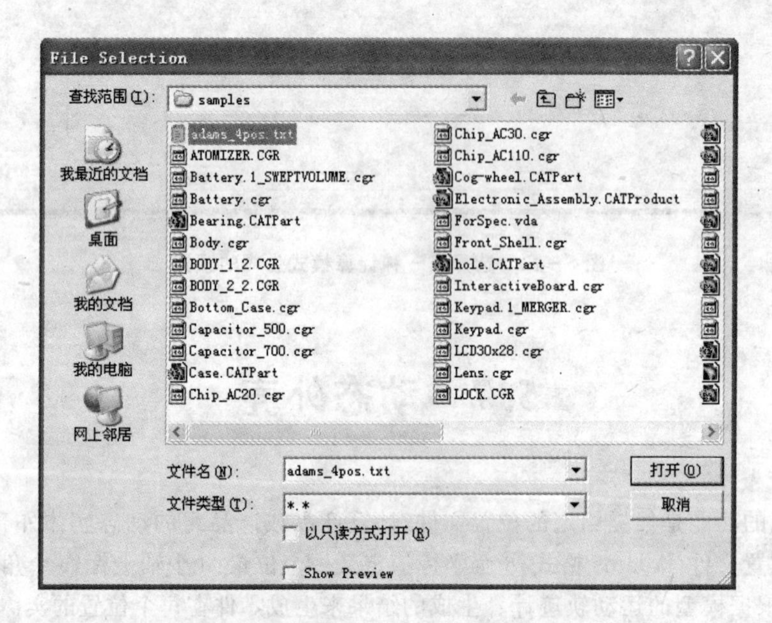

图 5-45 File Selection(文件选择)对话框

⑥ 若简化图形,可以选中 Apply Simplicification(应用简化)复选框,并在其下方的 Accuracy 文本框内键入适当的精度值,如图 5-46 所示。

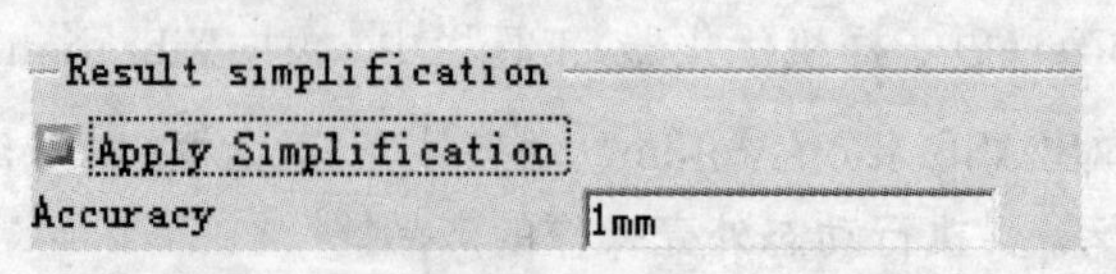

图 5-46 Apply Simplicification(应用简化)复选框

⑦ 单击 Preview(预览)按钮 Preview ,可以查看预览效果,如图 5-47 所示。

⑧ 关闭图 5-46 所示对话框,在图 5-43 中选中 Track(轨迹)单选按钮,然后单击其后的下三角按钮选择一条运动轨迹(关于如何创建运动轨迹,可参考本书第 2 章),其他设置保持默认状态,单击 Preview(预览)按钮 Preview ,可以查看预览效果,如图 5-48 所示。

图 5-47　预览生成的结果

图 5-48　生成的预览效果

⑨ 设置完成后，单击 Save(保存)按钮，键入文件名保存结果。

5.8 实 例

本节以手机模型为例,介绍了电子样机优化模块里的一些相关操作。

① 进入电子样机优化模块,如图 5-49 所示。

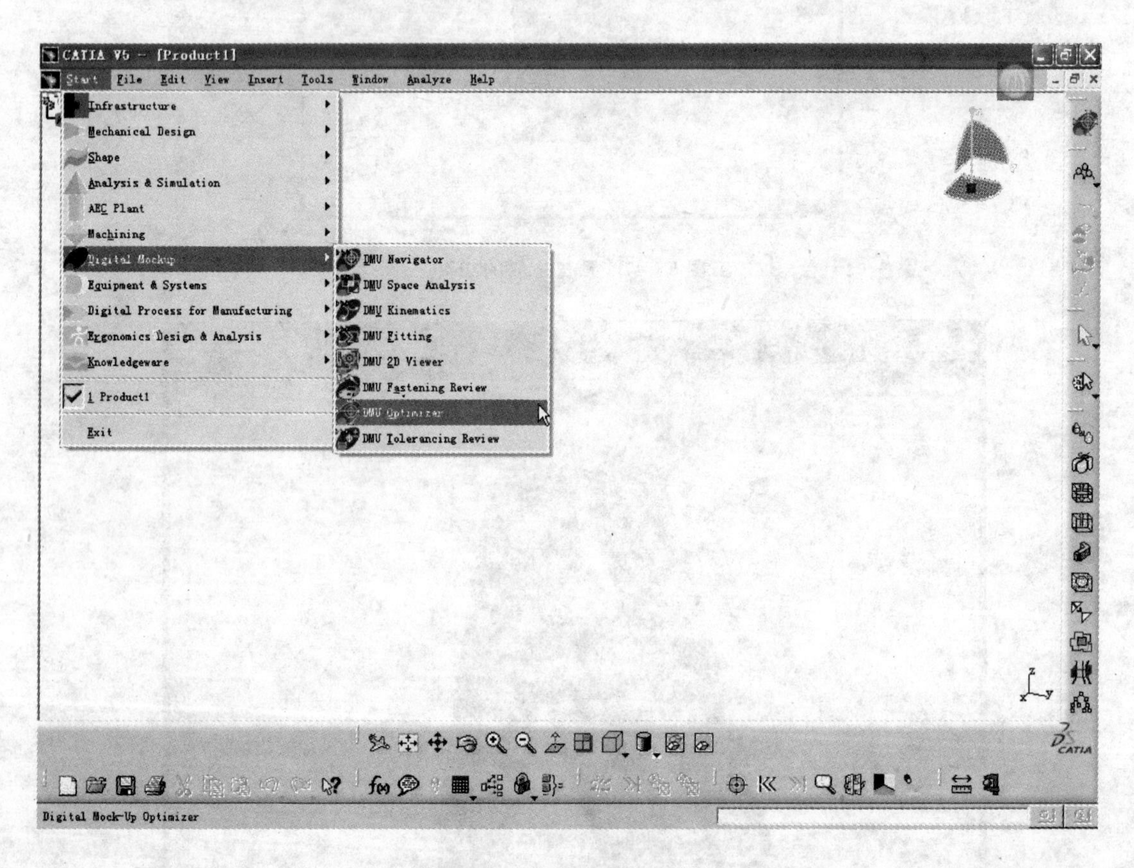

图 5-49 进入电子样机模块

图 5-50 导入部件

② 单击特征树中的 Production(产品),然后选择 Insert(插入)|Existing component(已经存在的部件)菜单项,导入已经存在的部件,如图 5-50 所示。

③ 在 DMU Optimizer(电子样机优化器)工具栏中,单击 Silhouette(侧面影像)按钮 ,弹出 Silhouette(侧面影像)对话框,在特征树中选择 Mobile Phone(手机),如图 5-51 所示。

④ 在 Accuracy(精度)列表框内键入适当的精度,例如"20 mm"。

⑤ 单击 View(视图)列表框后的 Select the view(选择视图)按钮 ,弹出 View Multiselection(复选视图)对话框,在该对话框中

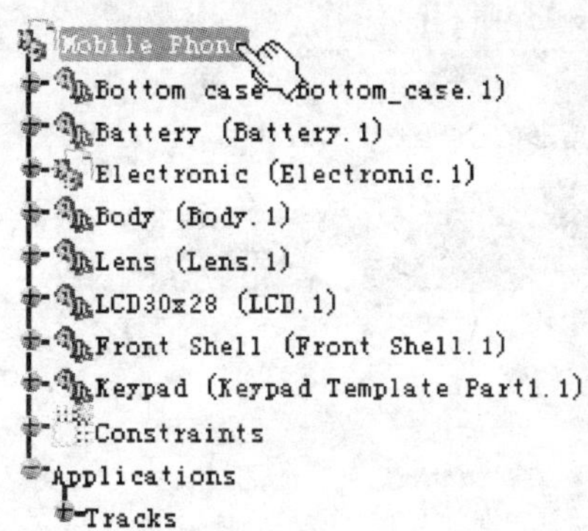

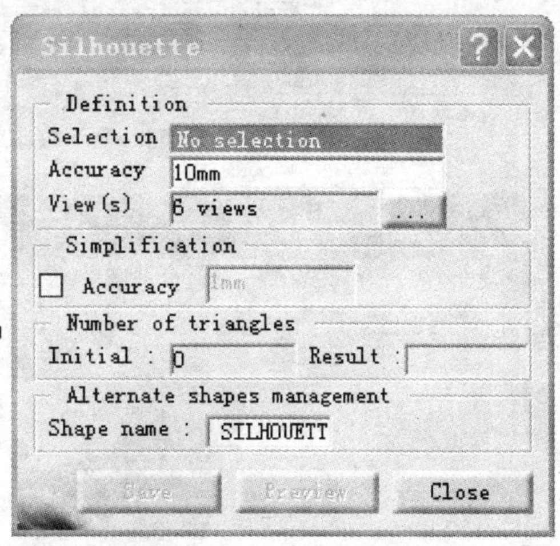

图 5-51 选择需要操作的产品

选择 Left(左视图)命令,如图 5-52 所示。

⑥ 其他参数设置保持默认状态,单击 Preview(预览)按钮 Preview ,生成的预览效果如图 5-53 所示。其中,三角形的个数,如图 5-54 所示。

⑦ 关闭 Preview(预览)对话框,将 Simplification(简化)标签下面的 Accuracy(精度)值设为“10 mm”,其他设置保持不变,生成的预览效果如图 5-55 所示。此时三角形个数,如图 5-56 所示。

图 5-52 选择左视图

图 5-53 生成的预览效果

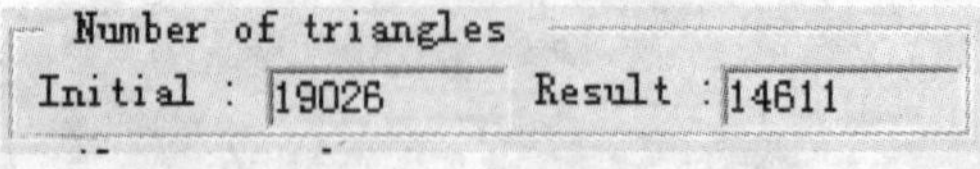

Number of triangles
Initial : 19026 Result : 14611

图 5－54 显示的三角形的个数

图 5－55 简化后的预览效果

Number of triangles
Initial : 19026 Result : 3340

图 5－56 简化后的三角形个数

⑧ 单击 Save(保存)按钮 Save ,弹出 Save As(另存为)对话框,单击该对话框的 Save as type(保存类型)的下三角按钮选择“. cgr”格式,如图 5－57 所示。

⑨ 在 DMU Optimizer(电子样机优化器)工具栏中,单击 Wrapping(包装)按钮,弹出 Wrapping(包装)对话框,然后在特征树中选择 Mobile Phone(手机),如图 5－58 所示。

⑩ 将 Wrapping(包装)对话框中的 Grain(晶粒)设置为“5 mm”。

⑪ 选择 Cubic(立方体)模式。

⑫ 单击 Preview(预览)按钮 Preview ,弹出 Preview(预览)对话框,如图 5－59 所示。

⑬ 单击 Save(保存)按钮 Save ,对结果图形进行保存,图形保存的格式为. cgr。

⑭ 为了进一步简化模型,达到减小文件大小的目的,单击 Simplification(简化)按钮,

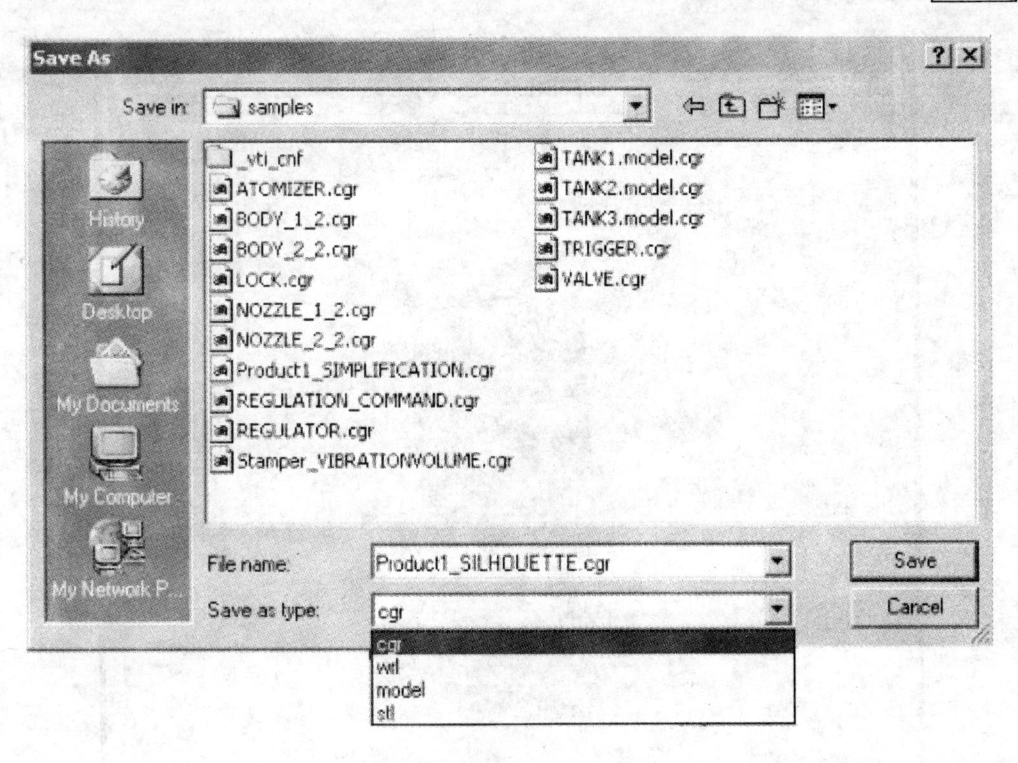

图 5-57 保存生成的侧面影像

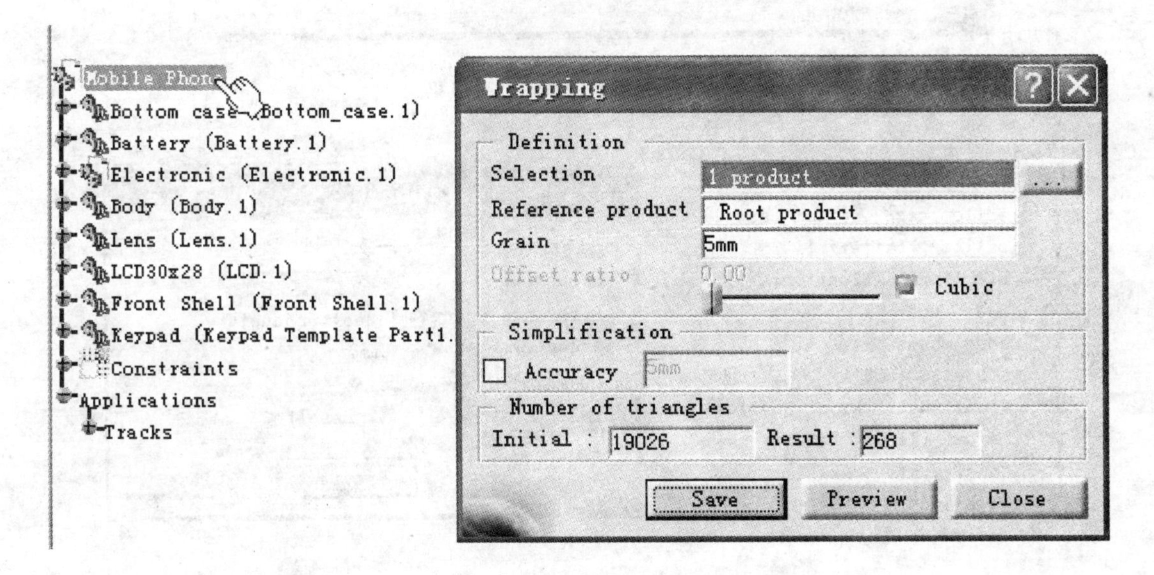

图 5-58 选择需要添加包装的对象

弹出 Simplification(简化)对话框,然后在特征树中选择需要简化的模型,如图 5-60 所示。

⑮ 单击 Preview(预览)按钮 Preview ,弹出 Preview(预览)对话框,如图 5-61 所示。

⑯ 关闭该预览对话框,单击 Save(保存)按钮 Save ,对结果图形进行保存。

图 5－59　生成的预览包装效果

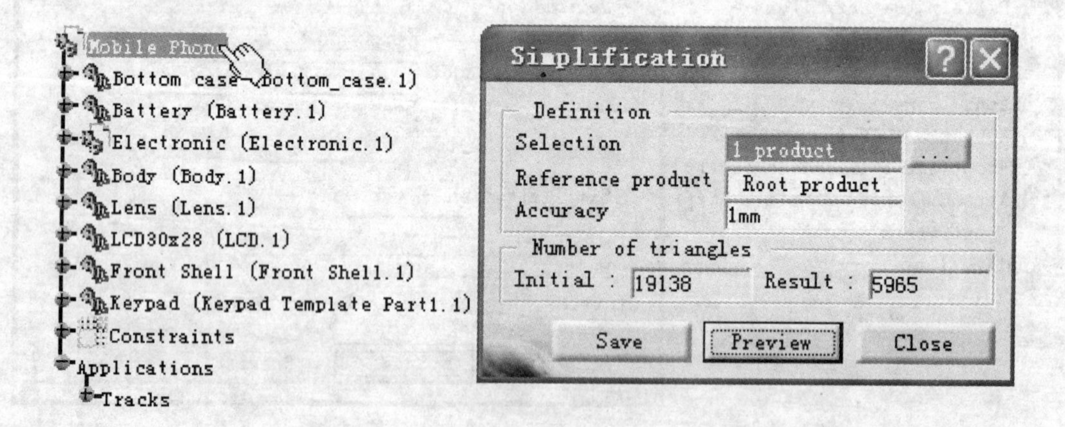

图 5－60　选择需要简化的模型

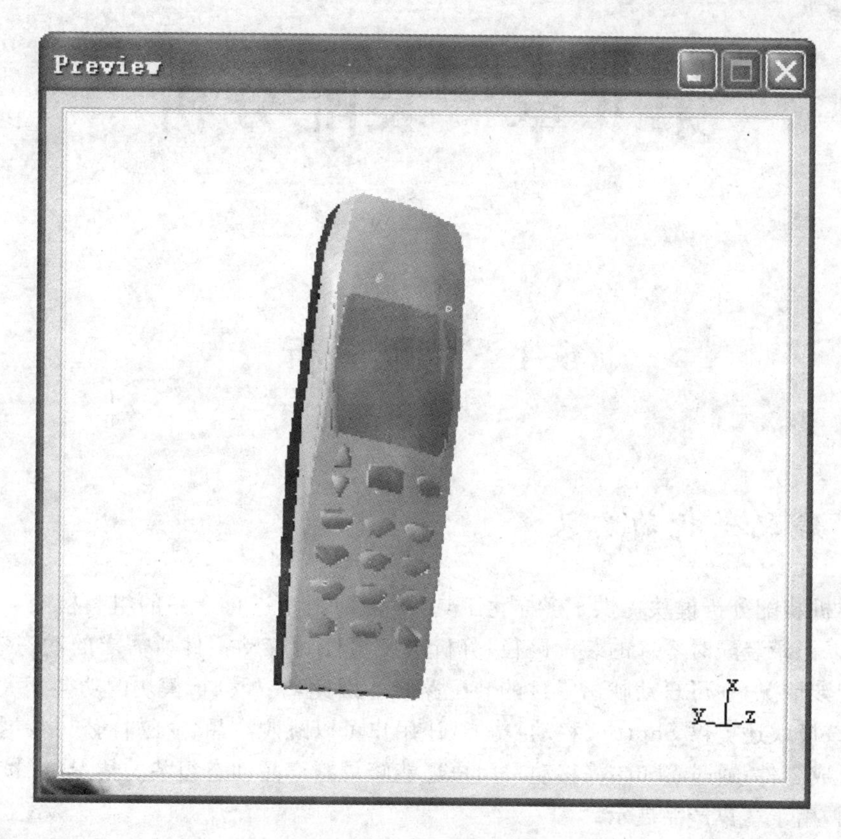

图 5-61 简化后的图形

5.9 小 结

CATIA V5 提供系统化的操作方法,协助用户在细节设计阶段创建几何模型实体并进行后续的工程分析,同时将此阶段的设计成果以数据库方式存储。并且也有系统化的方法协助设计者筛选产品概念。运用 CATIA V5 可以有效提升用户概念评估与细节设计阶段的生产力。

CATIA 中的电子样机优化(Digital Mockup Optimizer)模块,通过对产品或装配件执行简化及包装等操作,生成产品或装配件的另一种表达方式,以便减少产品尺寸、保护知识产权或使产品易于包装。

第6章 装配分析

6.1 装配分析

6.1.1 装配分析的意义

电子样机装配分析模块提供了多样化工具，可帮助用户进行产品的组装检查。在该模块中，用户可以记录装配时零件的装配路径，分析组装零件时移动零件所需求的动态空间，检查零件间的干涉情况，并可自动找出零件的装配路径。因此，装配分析模块的功能强大且实用。

此外，该模块还提供 Shuttle（移动）功能，让用户可以跳脱产品特征树的限制，更自由地操作产品的组成零件；通过 Shuttle（移动），用户还能够录制产品动态组装的情况，或按照指定方式移动动画，用于客户产品展示。

6.1.2 装配分析的工具条

启动 CATIA 后，选择 Start（开始）|Digital Mockup（电子样机）|DMU Fitting（电子样机装配）菜单项，启动装配模块，如图 6-1 所示，则在窗口中出现两个工具条，如图 6-2 所示。

下面介绍一些重要的图标。

- Track（轨迹）按钮 创建轨迹。
- Color Action（颜色动作）按钮以及 Visibility Action（可视化动作）按钮 改变产品的颜色以及隐藏或显示产品。
- Edit Sequence（编辑顺序）按钮 编辑仿真播放顺序。
- Shuttle（移动）按钮 将不同层级的数据合并成一个群组，进行查看及移动等操作。
- Sweep Volume（扫掠体积）按钮 检查物体运动时所扫掠的体积。
- Reset Position（重新设置位置）按钮 将产品恢复到移动前的位置。
- Path Finder（路径侦测）按钮 用于自动寻找零件的移动路径。
- Smooth（路径平滑）按钮 使路径更加光滑。
- Clash（干涉）按钮 用于物体间的干涉分析。

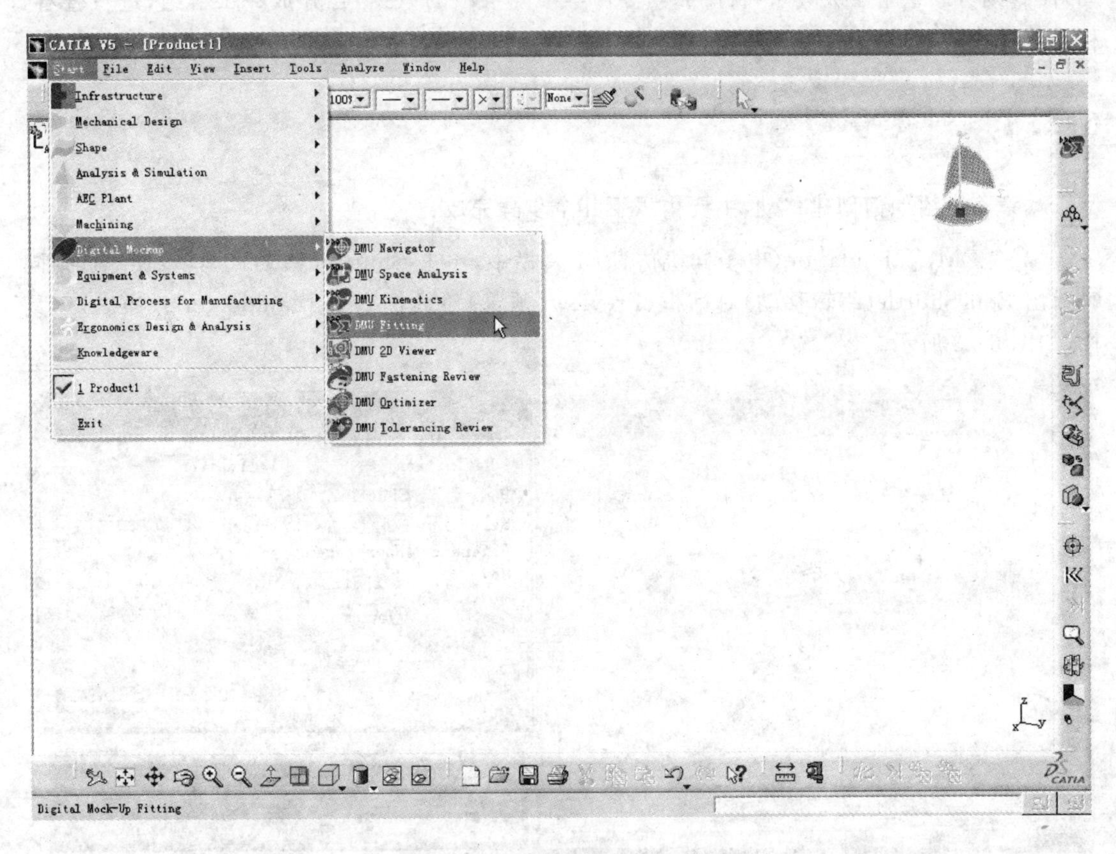

图 6-1　启动电子样机装配模块

图 6-2　电子样机装配工具条

- Distance and Band Analysis(距离和区域分析)按钮　用于测量物体间的最小距离,以及沿 X 轴、Y 轴和 Z 轴方向的距离。

6.2　移　动

在装配模块中,Shuttle(移动)命令具有十分重要的意义。该命令为一群独立于产品组装结构的零件集合。在 CATIA 的数据结构中,一个 Product(产品)是由许多其他产品、Component(组件)与 Part(零件)等层级组成,不同层级之间的零件无法同时进行操作。比如,用户不能够在组装件的层级中,同时移动整个组装件与单独移动组装件中的部分零件,而 Shuttle(移动）命令则可以忽略层级关系，将产品与零件等不同层级的数据，合并成一个群组，进行查看、移动等操作。

6.2.1 创建移动

本章将介绍如何创建移动，主要由以下几个步骤完成：

① 在 DMU Simulation（电子样机仿真）工具栏中，单击 Shuttle（移动）工具按钮，则同时弹出 Edit Shuttle（编辑移动）对话框、Preview（预览）对话框以及 Manipulation（操纵）工具栏，如图 6-3 所示。

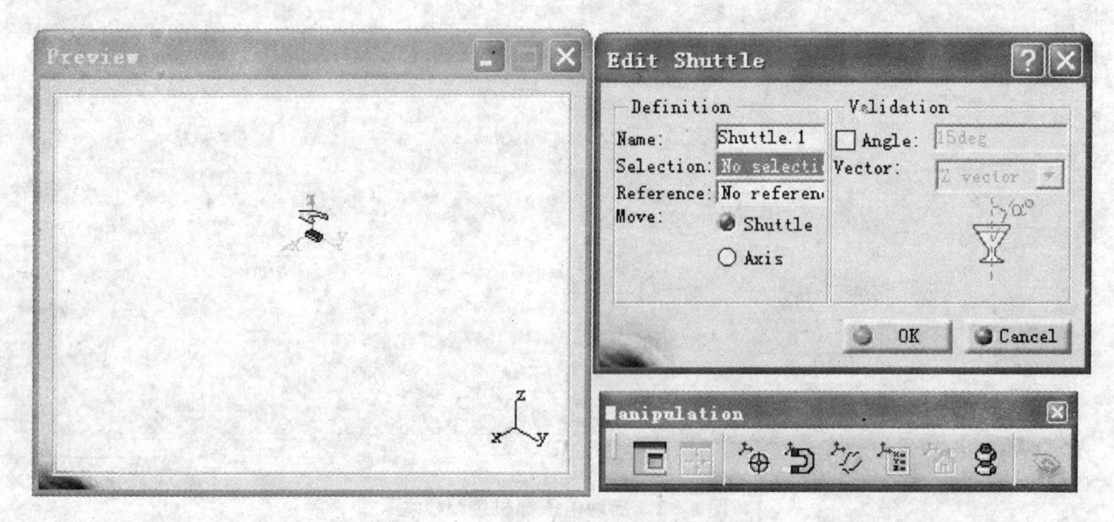

图 6-3 弹出的对话框及工具栏

② 在特征树和工作窗口中选择需要移动的零件，则此零件将在预览窗口中显示，并且指南针会移动到被选中物体上，如图 6-4 所示。

③ 在 Edit Shuttle（编辑移动）对话框中将显示创建移动的名称以及需要移动零件的个数，如图 6-5 所示。

6.2.2 执行移动

创建移动完成后，就可以通过 Manipulation（操纵）工具栏移动零件的位置，主要由以下几个步骤完成：

① 在 Edit Shuttle（编辑移动）对话框中的 Move（移动）标签中，选择 Shuttle（移动）选项。

② 确认 Manipulation（操纵）工具栏中的 Attach/Detach（联合/分离）按钮处于选择状态，这样用户可以通过使用指南针移动或旋转已经创建的零件，移动后的装配体，如图 6-6 所示。

③ 在 Manipulation（操纵）工具栏中，单击 Preview（预览）按钮，将在整个工作窗口中显示预览的效果，再次单击该按钮，则重新恢复到 Preview（预览）窗口中显示。

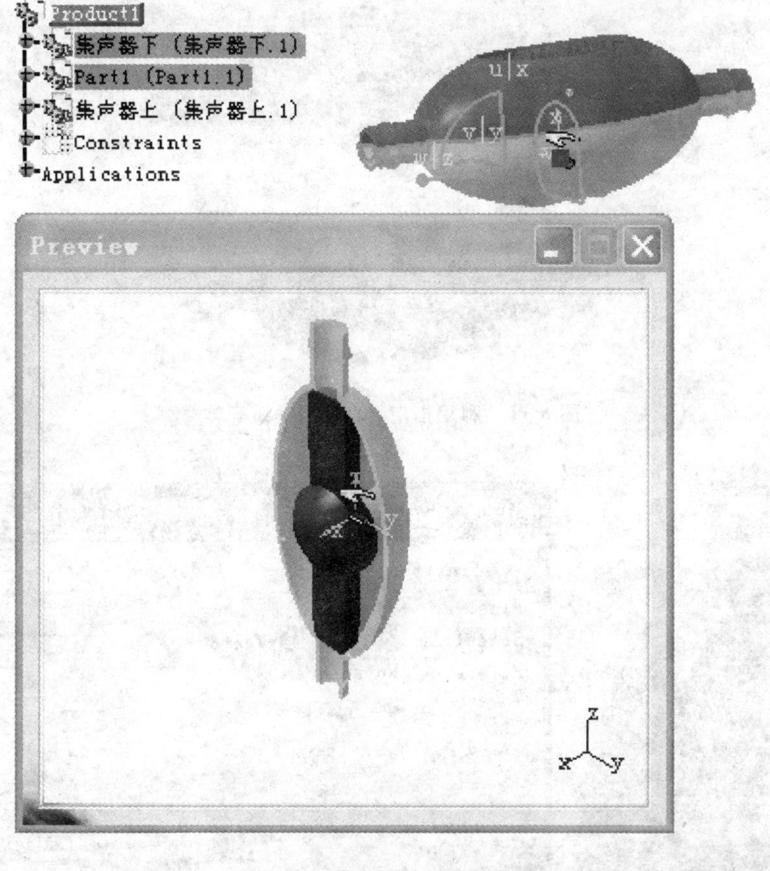

图 6－4 选中需要移动的物体

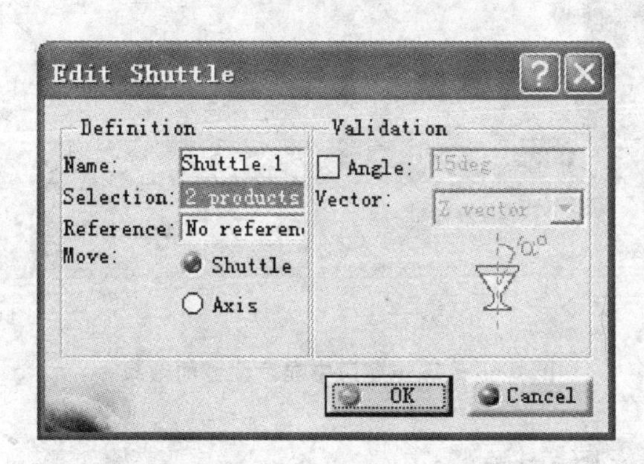

图 6－5 Edit Shuttle(编辑移动)对话框

④ 在 Manipulation(操纵)工具栏中，单击 Smart Target(快速定位)按钮，在创建移动的零件中选择一条边，如图 6－8 所示。

⑤ 在没有创建移动的零件中选择另一条边，如图 6－9 所示，则两者即可对齐，如图 6－10 所示。

图 6-6 利用指南针移动后的装配体

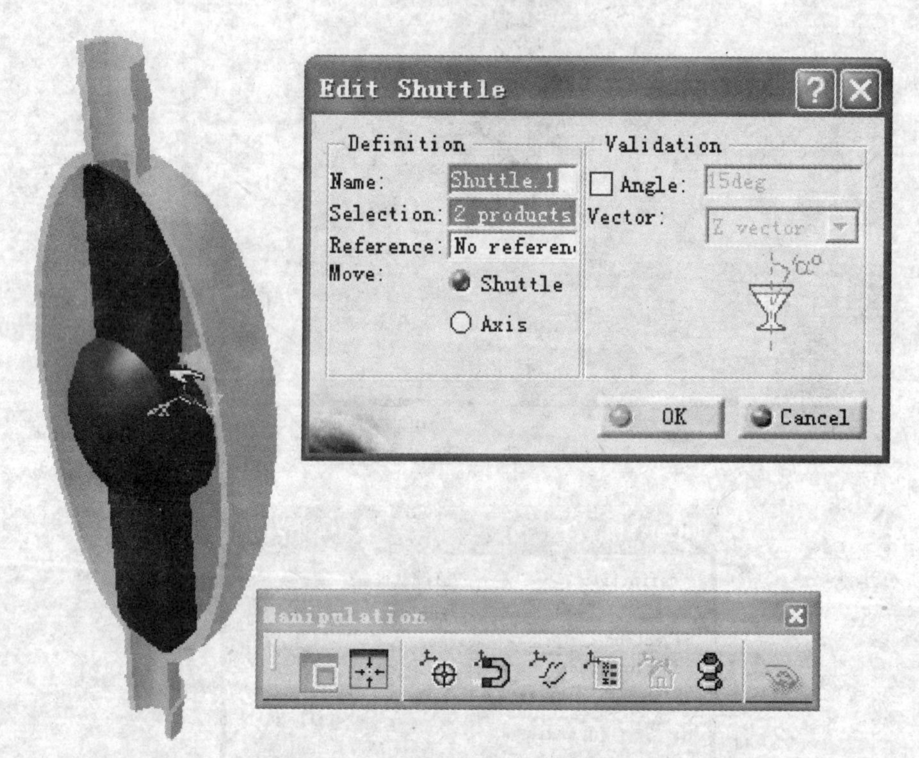

图 6-7 工作窗口中显示预览的效果

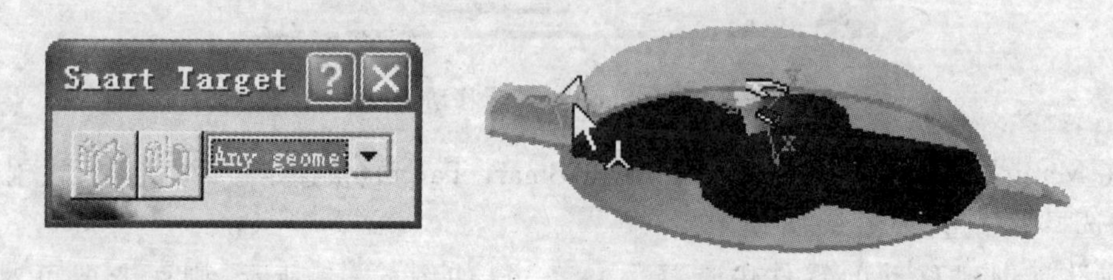

图 6-8 选择一条边

图 6-9 选择另一条边

图 6-10 对齐后的装配体

★ 除直线外，曲面、曲线、坐标、视角(Camera Eye)及平面等几何元素都可以作为对齐的约束条件。

★ 当进行定位操作时，整个 Shuttle(移动)会一起移动。

⑥ 在 Manipulation(操纵)工具栏中，单击 Invert(翻转)按钮，则 Shuttle(移动)沿指南针的 X，Y，Z 方向翻转，翻转前后的状态，分布如图 6-6 及图 6-11 所示。

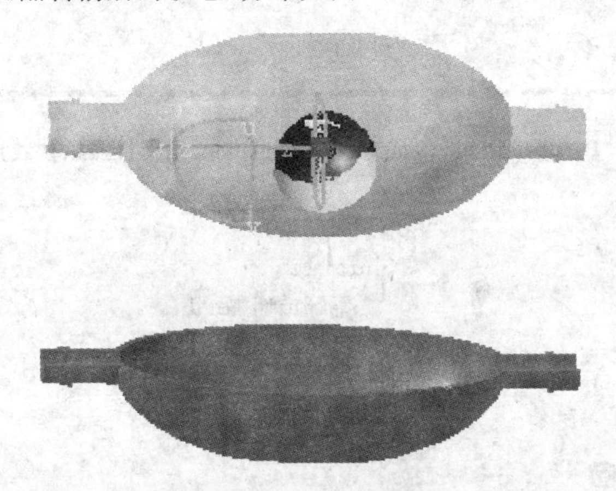

图 6-11 翻转后的状态

⑦ 在 Manipulation(操纵)工具栏中，单击 Editor(编辑)按钮，则弹出 Parameters for Compass Manipulation(指南针操纵参数)对话框，如图 6-12 所示。

在对话框中，可以通过键入坐标值来移动所创建移动的零件。设置参数完成后，单击 Apply(应用)按钮，即可变更位置。

⑧ 在 Manipulation(操纵)工具栏中，单击 Reset(重置)按钮，可以将已经变更位置的零件恢复到原始的位置。

⑨ 设置完成后，单击 OK(完成)按钮，即可生成移动，并且在特征树中显示出来，如图 6-13 所示。

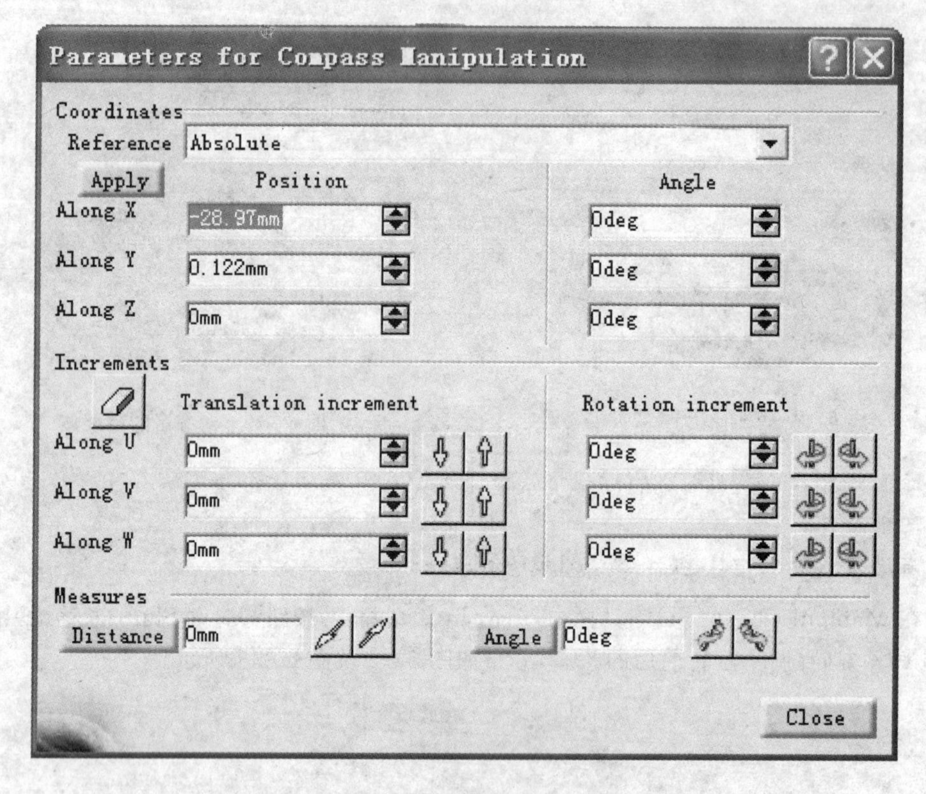

图 6-12　Parameters for Compass Manipulation(指南针操纵参数)对话框

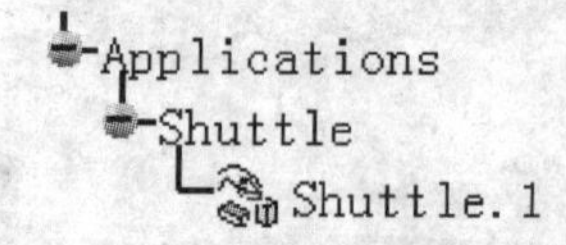

图 6-13　在特征树中显示创建的移动

6.2.3　编辑移动

创建移动完成后，往往需要对其进行编辑，主要分为以下几个步骤：

① 右击特征树中已经创建完成的移动命令，在弹出的快捷菜单中选择 Shuttle Object(移动对象)|Definition...(定义)选项，如图 6-14 所示；或者双击已经创建完成的移动命令，弹出 Edit Shuttle(编辑移动)对话框，如图 6-15 所示。

② 用户可在 Edit Shuttle(编辑移动)对话框中修改相关选项，例如，在 Move(移动)标签中选择 Axis(轴线)选项，则用户可以移动零件上的指南针，但零件本身不会随着指南针移动。

6.2.4　利用移动创建装配动画

本书在第 2 章中详细介绍了如何利用 Simulation(仿真动画)功能，实现整个物体的移动、旋转及缩放等操作，本节将进一步介绍如何利用 Shuttle(移动)创建单独零件移动的仿真动画，主要分为以下几个步骤。

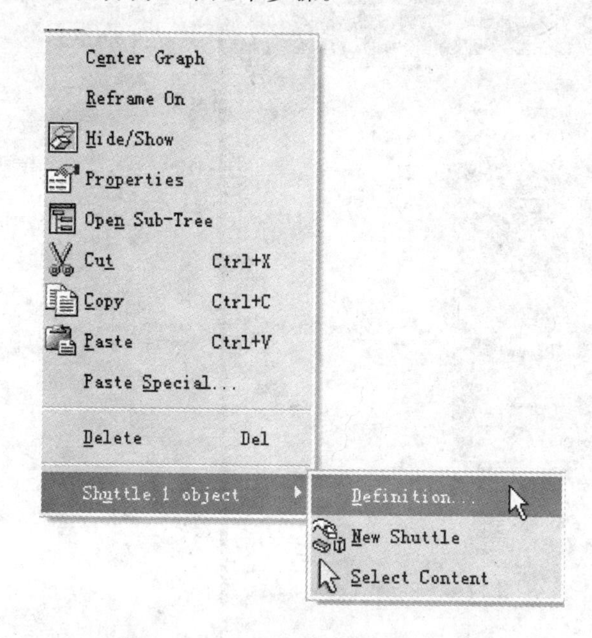

图 6-14 选择 Definition(定义)选项

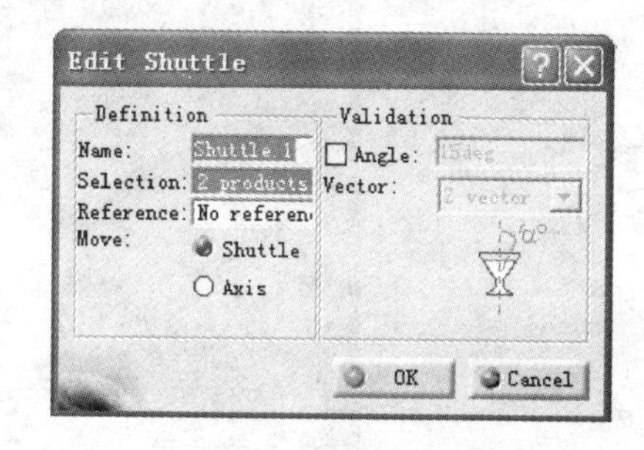

图 6-15 Edit Shuttle(编辑移动)对话框

① 选择 Insert(插入)|Simulation(仿真)菜单项，弹出 Select(选择)对话框，如图 6-16 所示。

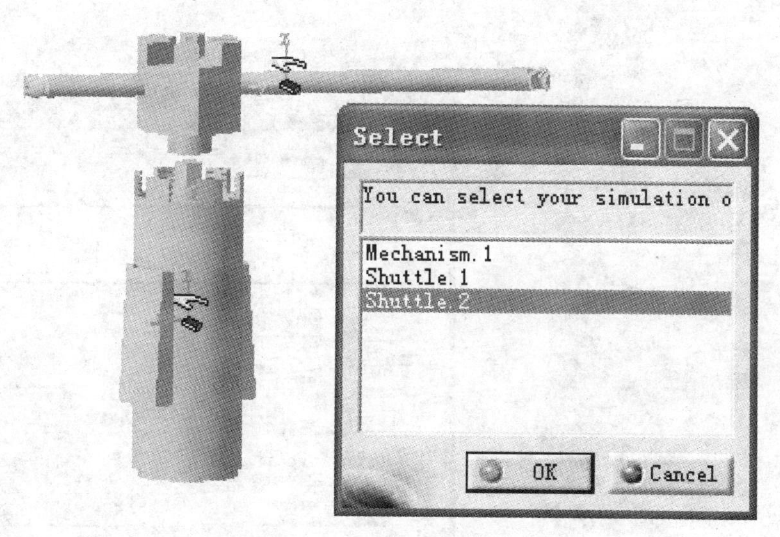

图 6-16 Select(选择)对话框

② 在 Select(选择)对话框中，选择 Shuttle.2(移动.2)，单击 OK(完成)按钮，则同时弹出 Preview(预览)对话框以及 Edit Simulation(编辑仿真)对话框，分别如图 6-17 及图 6-18 所示。

其中，预览窗口中显示的是组成 Shuttle(移动)的零件。利用 Edit Simulation(编辑仿真)对话框可以录制仿真动画。

③ 具体录制方法请参考 2.4 节的仿真操作，移动后的装配体，如图 6-19 所示。同时，在特征树中会显示创建出的仿真，如图 6-20 所示。

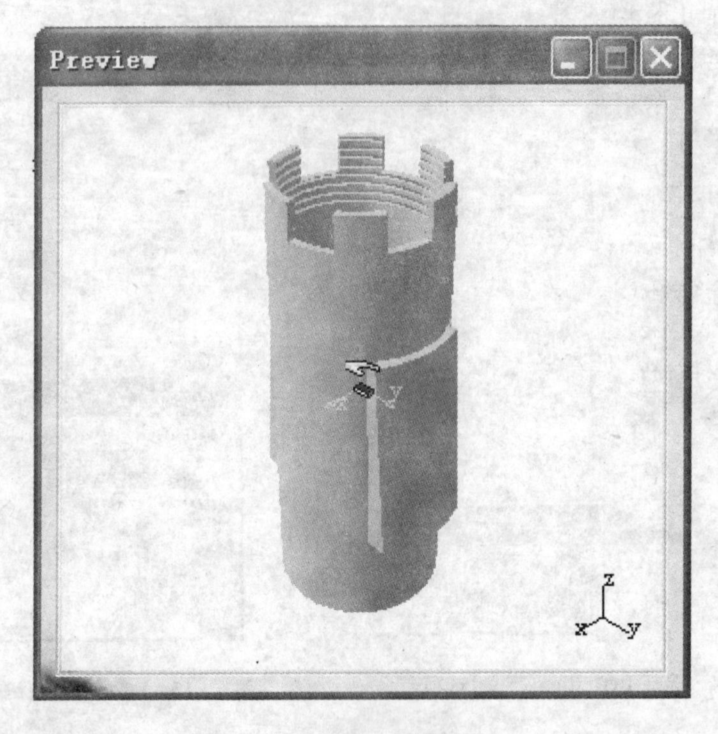

图 6-17 Preview(预览)对话框

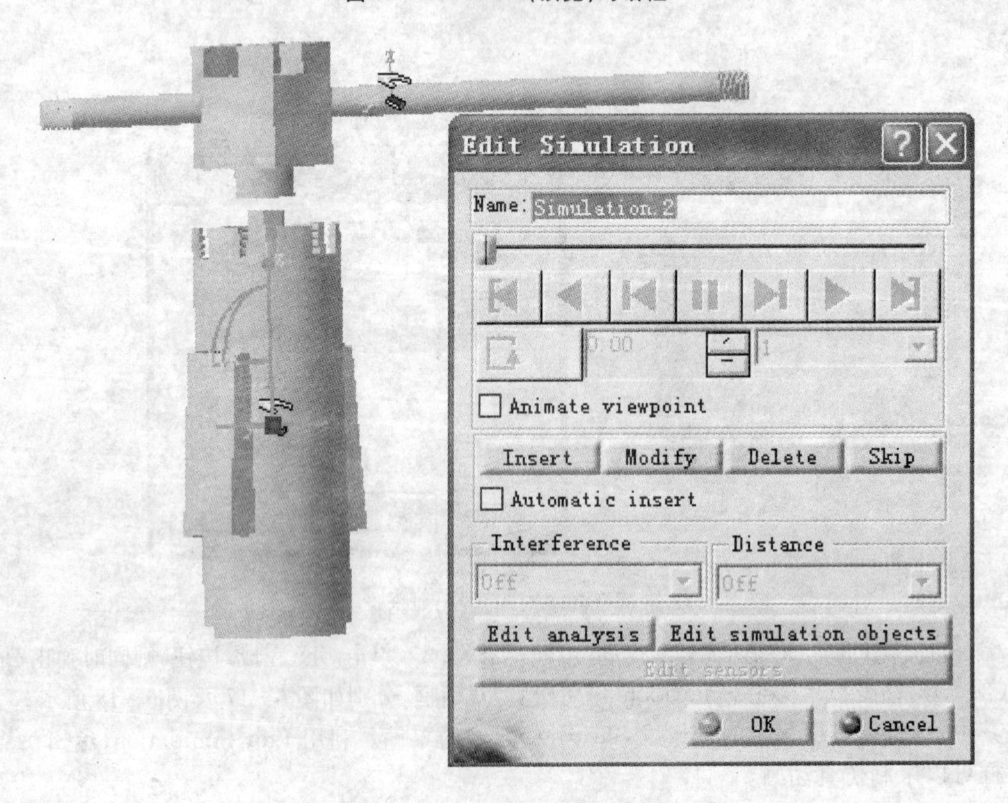

图 6-18 Edit Simulation(编辑仿真)对话框

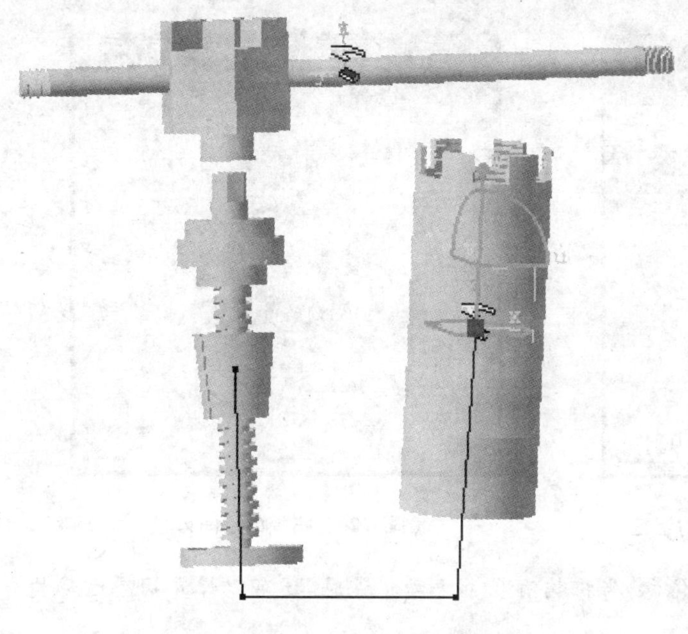

图 6-19　移动后的装配体

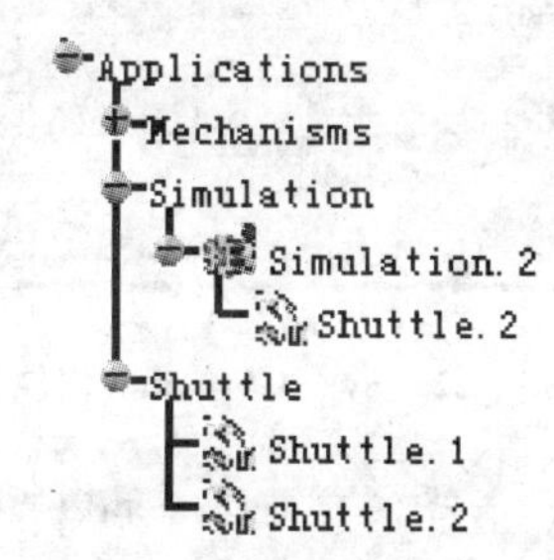

图 6-20　在特征树中显示的仿真操作

6.3　扫　掠

扫掠命令可以检查物体运动时所扫掠的体积。扫掠体积的定义，以一张纸为例，一张纸在空间中仅占有极小的体积，但若将这张纸沿着垂直于纸面方向移动一段距离，则此运动的扫掠体积即为纸的面积乘以移动距离。若此纸张中间有一个空洞，则扫掠体积不包含此空间。

扫掠可以检查物体运动、装配时所占用的体积。但是此功能只能使用在 Replay(回放)与 Mechanism(机构)命令中，不能直接应用在 Simulation(仿真)命令中。

6.3.1　扫掠运动体积

本节将介绍如何利用扫掠命令查看机构运动所通过的体积，主要分为以下几个步骤：

① 在特征树中选择一个已经创建完成的 Replay(回放)命令，如图 6-21 所示。

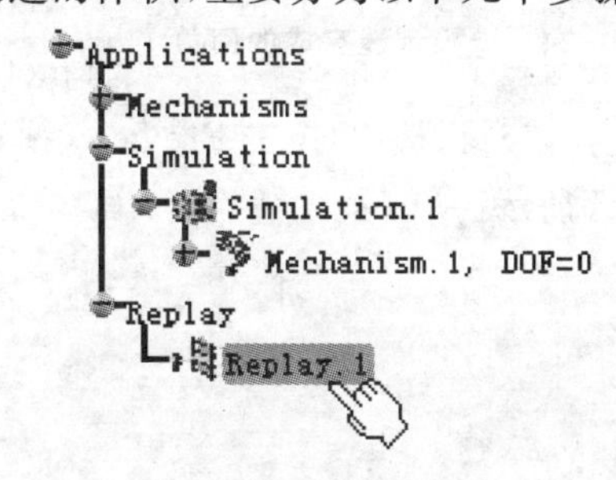

图 6-21　在特征树选择创建完成的回放命令

② 在 DMU Simulation(电子样机仿真)工具栏中，单击 Swept Volume(扫掠体积)工具按钮，弹出 Swept Volume(扫掠体积)对话框，如图 6-22 所示。

③ 在该对话框中单击 Preview(预览)按钮，

则可预览此机构运动时所占有的空间体积，如图 6－23 所示。

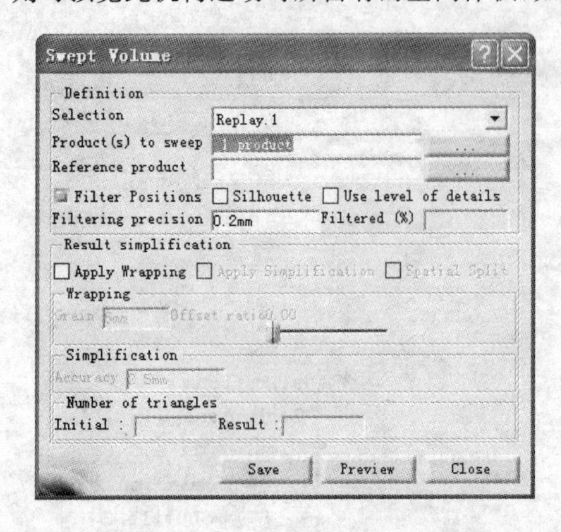

图 6－22　Swept Volume(扫掠体积)对话框

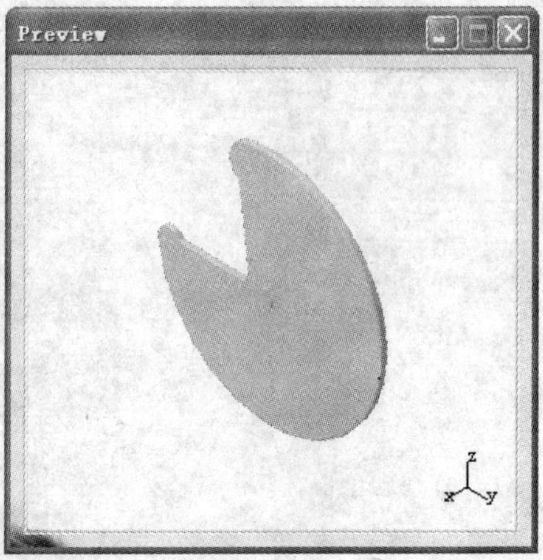

图 6－23　扫掠的空间体积

★ 本节仅介绍单一构件的扫掠体积，当机构有多个运动构件时，还可以计算两个运动构件之间的相对扫掠体积。

★ 当创建扫掠体积时，必须首先创建 Replay(回放)，Track(轨迹)及 Mechnism(运动机构)等命令，具体创建方法请参考第 2 章。

6.3.2　扫掠装配体积

本节将介绍如何利用扫掠命令，查看利用 Shuttle(移动)功能创建的组装 Simulation(仿真)所通过的体积，并加以记录，主要由以下几个步骤完成：

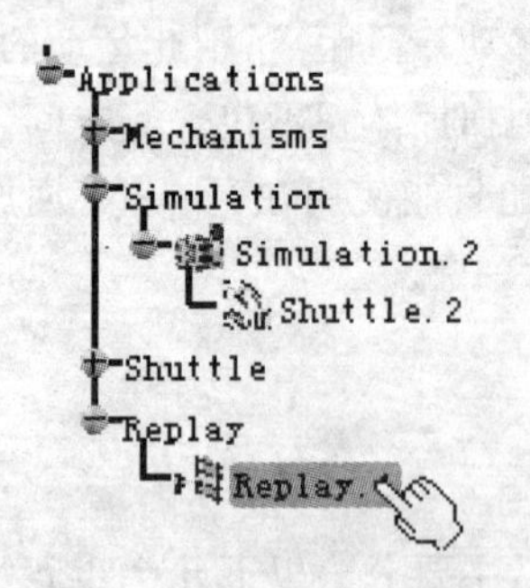

图 6－24　选择创建完成的回放

① 利用 Shuttle(移动)功能创建一个 Simulation(仿真)命令。

② 进入 DMU Navigator(电子样机浏览器)模块，创建一个 Replay(回放)命令，具体创建方法，请参考 2.5 节。

③ 在特征树中选择创建完成的回放，如图 6－24 所示。

④ 在 DMU Simulation(电子样机仿真)工具栏中单击 Swept Volume(扫掠体积)工具按钮，弹出 Swept Volume(扫掠体积)对话框。

⑤ 在该对话框中，单击 Preview(预览)按钮，可预览此机构运动时所占有的空间体积，如图 6－25 所示。

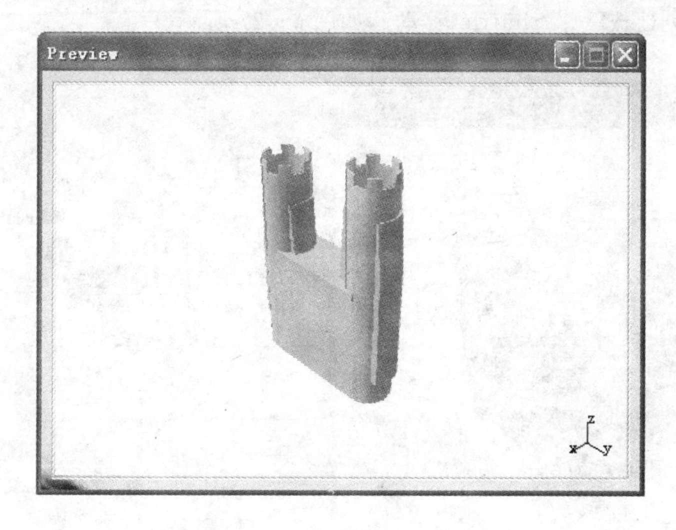

图 6－25　扫掠的空间体积

6.4　路径侦测

路径侦测命令可以自动寻找零件的移动路径，本节以一个迷宫为例详细介绍。其中，该迷宫内有一个方块，指定迷宫方块的起始位置与结束位置，则 CATIA 可以在考虑实际碰撞的情况下，自动寻找适当的路径，使方块能够从起点移动到终点，主要由以下几个步骤完成：

① 打开迷宫文件，包含一个迷宫、迷宫的上盖（半透明）以及一个小方块，如图 6－26 所示。

图 6－26　迷宫

② 将小方块创建成一个 Shuttle(移动),如图 6-27 所示。

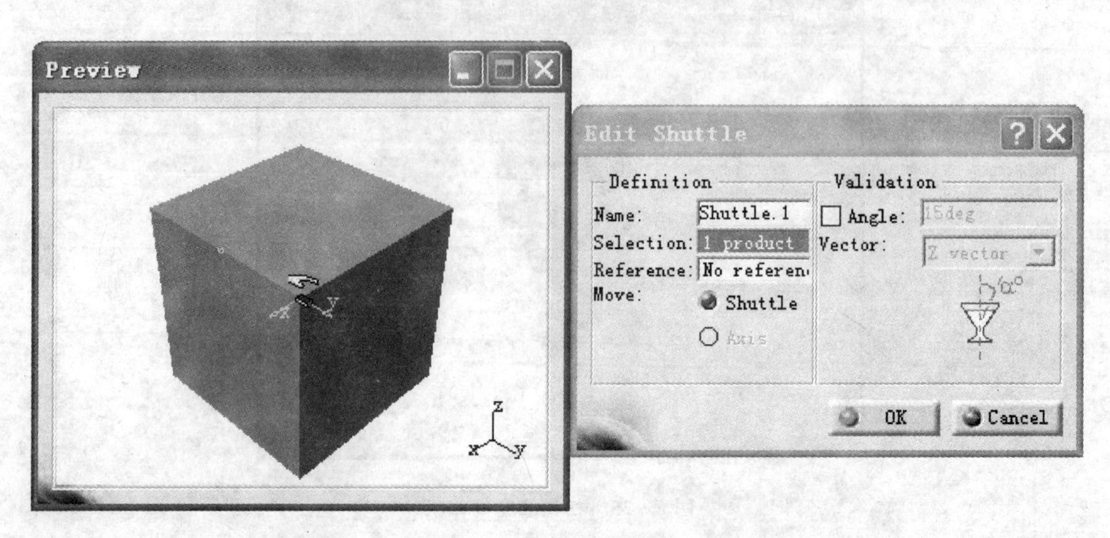

图 6-27 将小方块创建成一个 Shuttle(移动)零件

③ 选择 Insert(插入)|Simulation(仿真)菜单项,在弹出的 Select(选择)对话框中,选择刚刚创建完成的 Shuttle.1(移动.1),如图 6-28 所示。

④ 在 Edit Simulation(编辑仿真)对话框中,直接单击 Insert(插入)按钮,记录下小方块运动的起点。

⑤ 利用指南针将小方块移动到迷宫外面,再次单击 Insert(插入)按钮,记录下小方块运动的终点。

⑥ 单击 OK(完成)按钮,完成仿真操作。

⑦ 在特征树中单击刚刚创建完成的 Simulation.1(仿真.1)命令,然后单击 DMU Check(电子样机检查)工具栏中的 Path Finder(路径侦测)按钮,弹出 Select(选择)对话框,如图 6-29 所示。

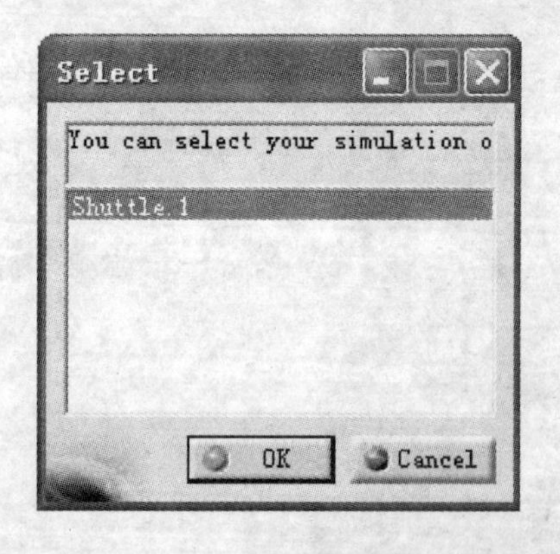

图 6-28 选择创建完成的 Shuttle(移动)零件

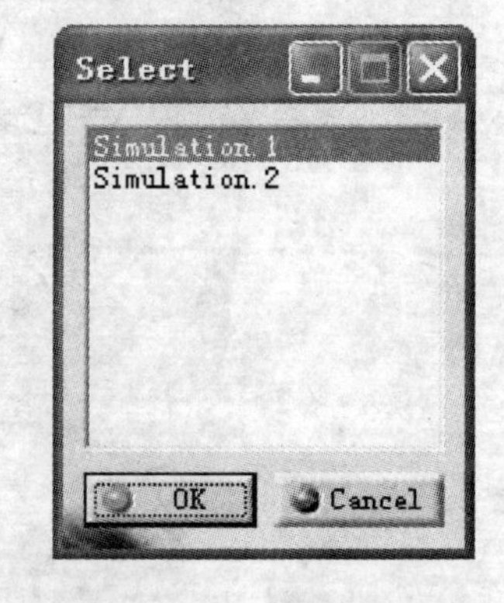

图 6-29 Select(选择)对话框

⑧ 选择创建的仿真命令后,单击 OK(完成)按钮,弹出 Path Finder(路径侦测)对话框,如图 6-30 所示。同时,在迷宫的外围将出现黄色的方框,如图 6-31 所示。

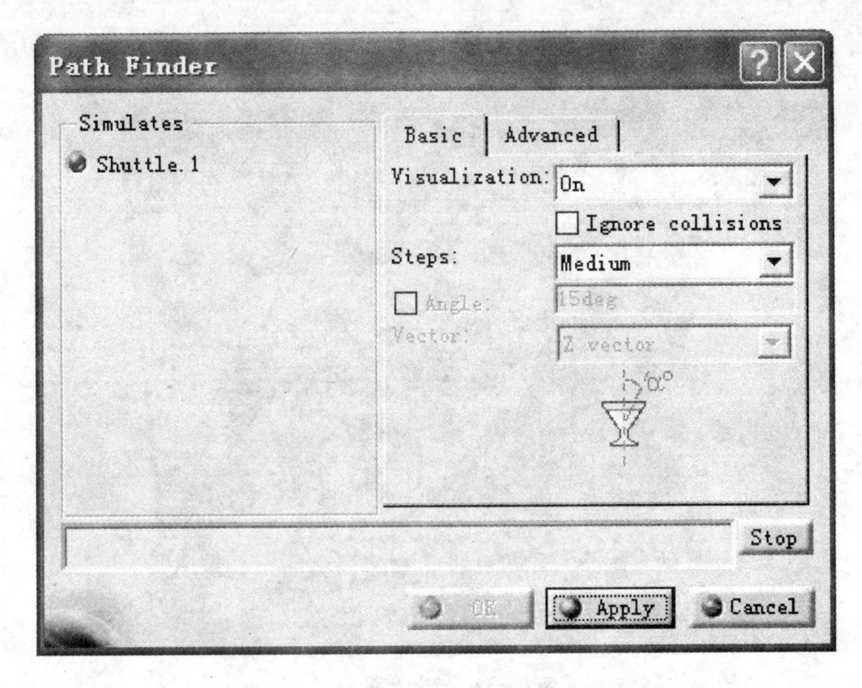

图 6－30　Path Finder(路径侦测)对话框

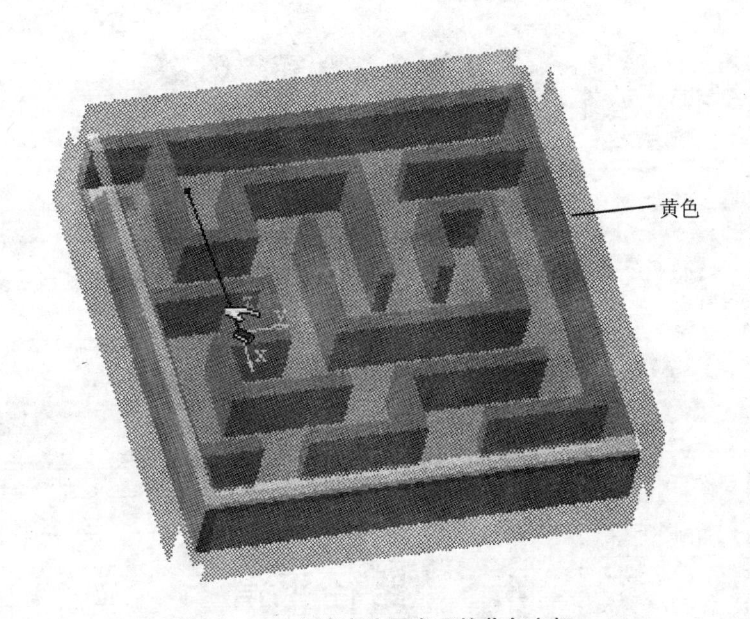

图 6－31　在迷宫外围出现的黄色方框

★ 黄色方框可以用来约束路径，通过拖动该方框，可以改变方框的大小。

⑨ 单击 Apply(应用)按钮，程序会自动寻找起点和终点之间的路径，如图 6－32 所示。

⑩ 单击 Path Finder(路径侦测)对话框中的 OK(完成)按钮，保存寻找出的路径，如图 6－33 所示。

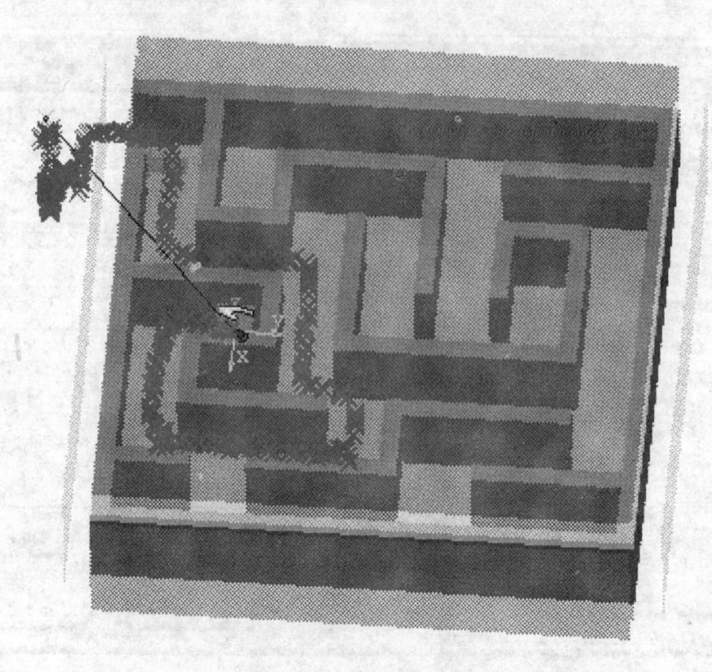

图 6－32　寻找出的路径

图 6－33　保存后的路径

6.5　路径平滑

路径平滑命令可以将 6.4 节中寻找到的路径，进行简化操作，主要由以下几个步骤完成：

① 选择寻找到的路径，单击 DMU Check（电子样机检查）工具栏中的 Smooth（路径平滑）按钮，则弹出 Smooth（路径平滑）对话框，如图 6－34 所示。

② 单击 OK（完成）按钮，平滑后的路径，如图 6－35 所示。

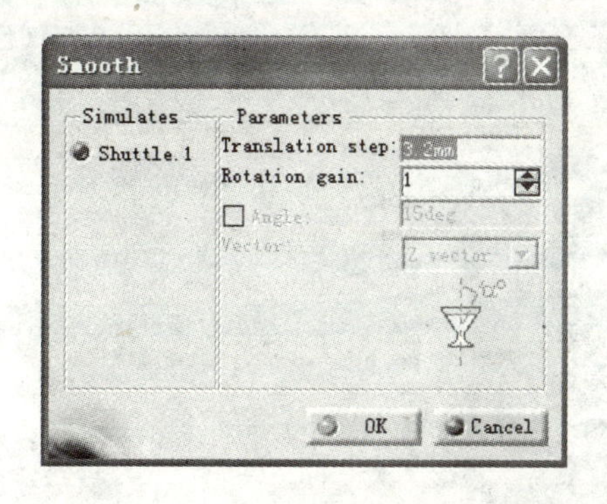

图 6-34 Smooth(路径平滑)对话框

图 6-35 平滑后的路径

6.6 实 例

本节将以汽车发动机为例,介绍装配分析模块中的相关操作。

① 进入电子样机装配分析模块,如图 6-36 所示。

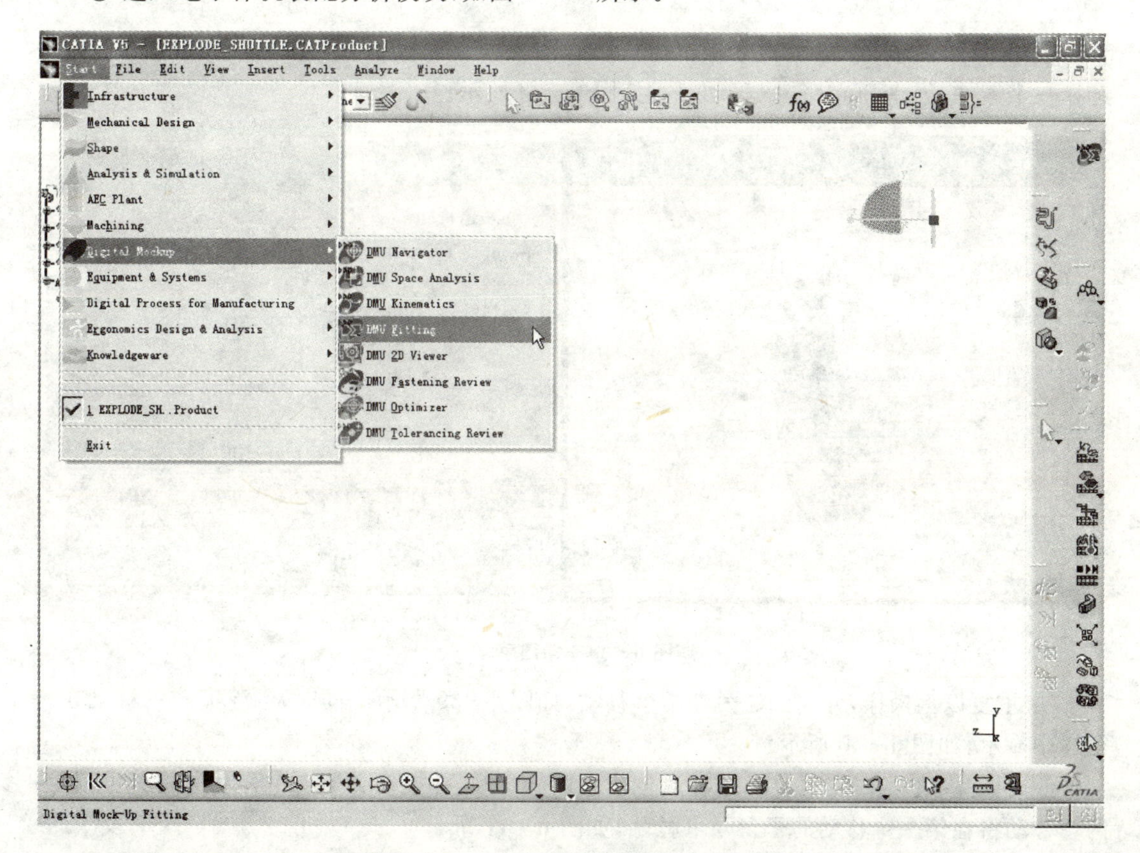

图 6-36 进入电子样机装配分析模块

② 选择特征树中的 Production(产品),然后选择 Insert(插入)|Existing component(已经存在的部件)菜单项导入已经存在的部件,如图 6-37 所示。

图 6-37 导入模型

③ 在 DMU Simulation(电子样机仿真)工具栏中,单击 Shuttle(移动)按钮,在窗口中选择一个零件,创建 Shuttle.1(移动.1),如图 6-38 所示。

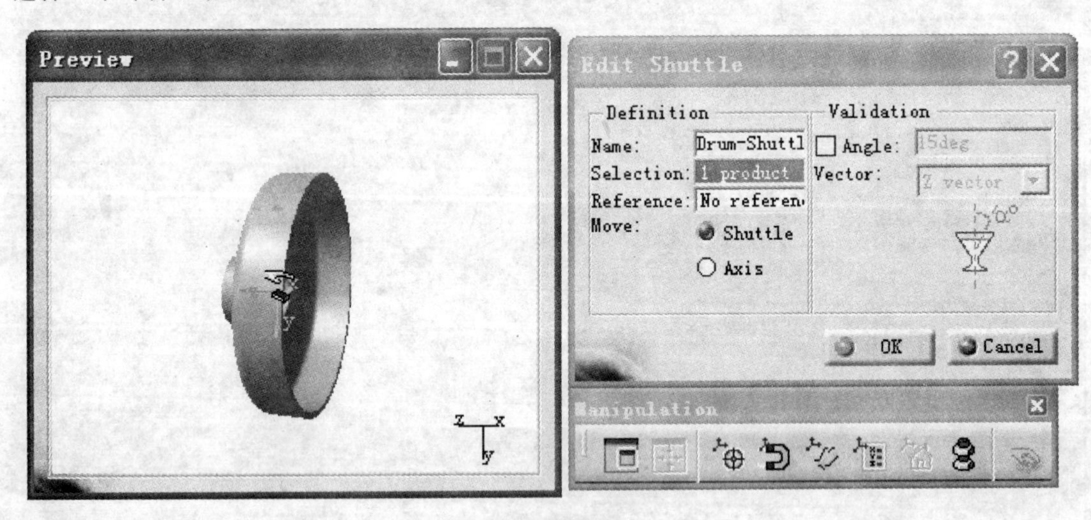

图 6-38 创建移动

④ 重复以上操作,分别创建另外两个移动,如图 6-39 所示。同时,创建完成的移动在特征树中显示,如图 6-40 所示。

⑤ 创建移动。在特征树中,选择后创建的两个移动,并拖动到第一个移动的位置上,则后两个移动将在第一个移动的子目录下显示,如图 6-41 所示。

⑥ 在特征树中选择所有创建完成的移动,如图 6-42 所示。

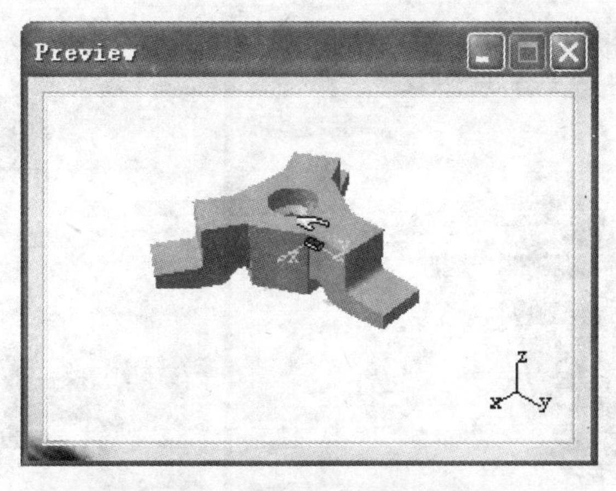

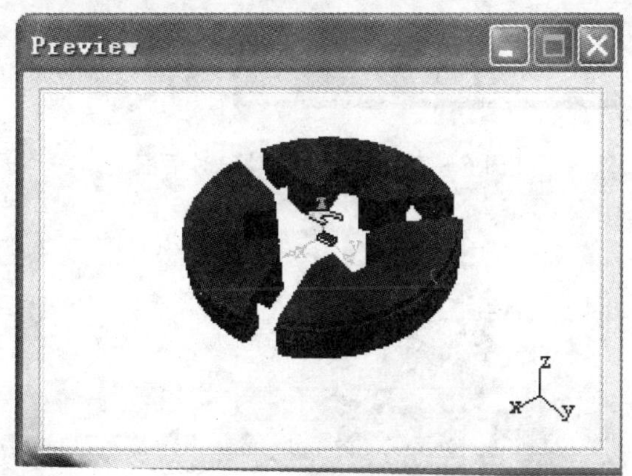

图 6-39 创建完成的移动

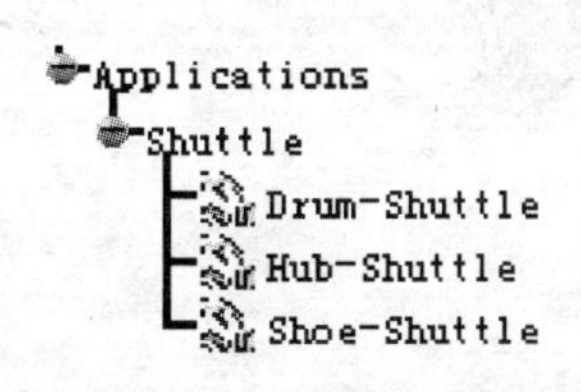

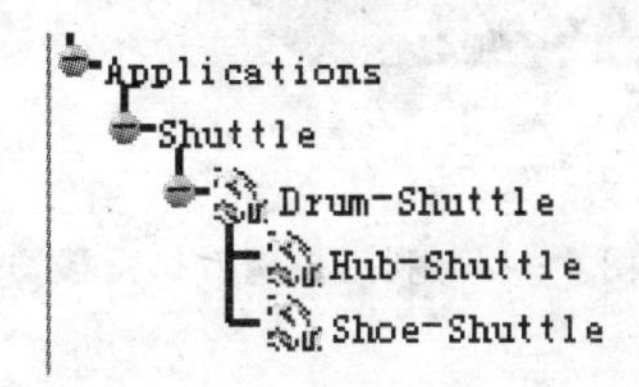

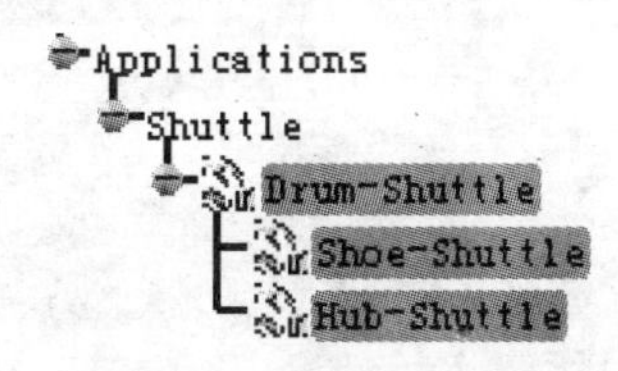

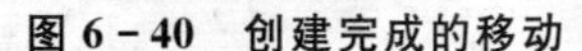

图 6-40 创建完成的移动　　图 6-41 利用移动创建移动　　图 6-42 选择所有的移动

⑦ 选择 Insert(插入)|Simulation(仿真)菜单项,则弹出的 Preview(预览)对话框,如图 6-43 所示。

⑧ 在 Edit Simulation(编辑仿真)对话框中,单击 Insert(插入)按钮,利用指南针将移动移动到适当的位置,如图 6-44 所示。

⑨ 再次单击 Insert(插入)按钮,记录移动的位置。

⑩ 在特征树中选择第二个移动,则指南针自动捕捉到相应的零件表面上,利用指南针移动第二个移动到适当的位置,单击 Insert(插入)按钮,记录移动的位置,如图 6-45 所示。

⑪ 同理,移动第三个移动,如图 6-46 所示。

⑫ 单击 OK(完成)按钮,完成仿真的创建,同时仿真将在特征树中显示出来,如图 6-47 所示。

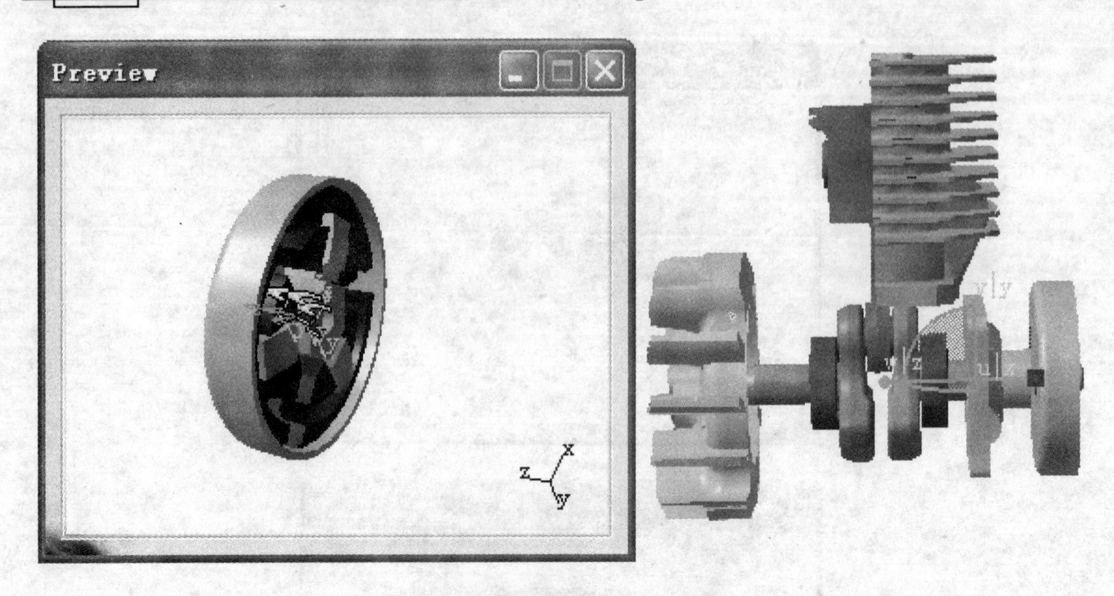

图 6-43 Preview(预览)对话框

图 6-44 利用指南针执行移动

图 6-45 移动第二个移动

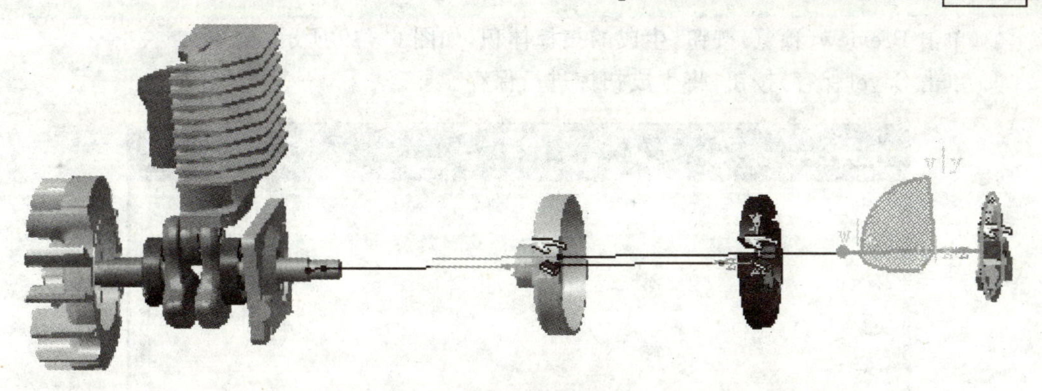

图 6-46 记录第三个移动移动的位置

图 6-47 创建完成的仿真

⑬ 利用第 2 章介绍的内容，创建 Replay(回放)操作，播放装配的过程。

⑭ 在 DMU Simulation(电子样机仿真)工具栏中，单击 Swept Volume(扫掠体积)按钮 ，则弹出 Swept Volume(扫掠体积)对话框，如图 6-48 所示。

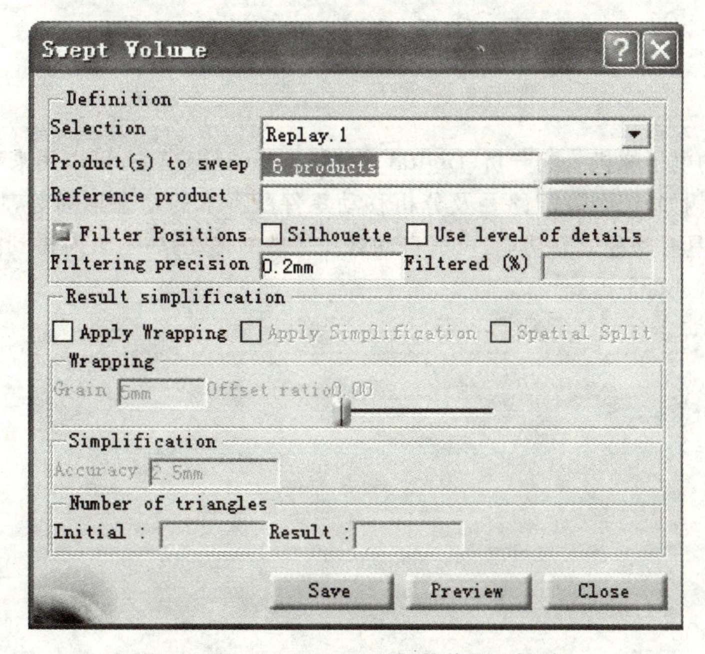

图 6-48 Swept Volume(扫掠体积)对话框

⑮ 单击 Preview(预览)按钮,生成的扫掠体积,如图 6-49 所示。

⑯ 单击 Save(保存)按钮,将生成扫掠进行保存。

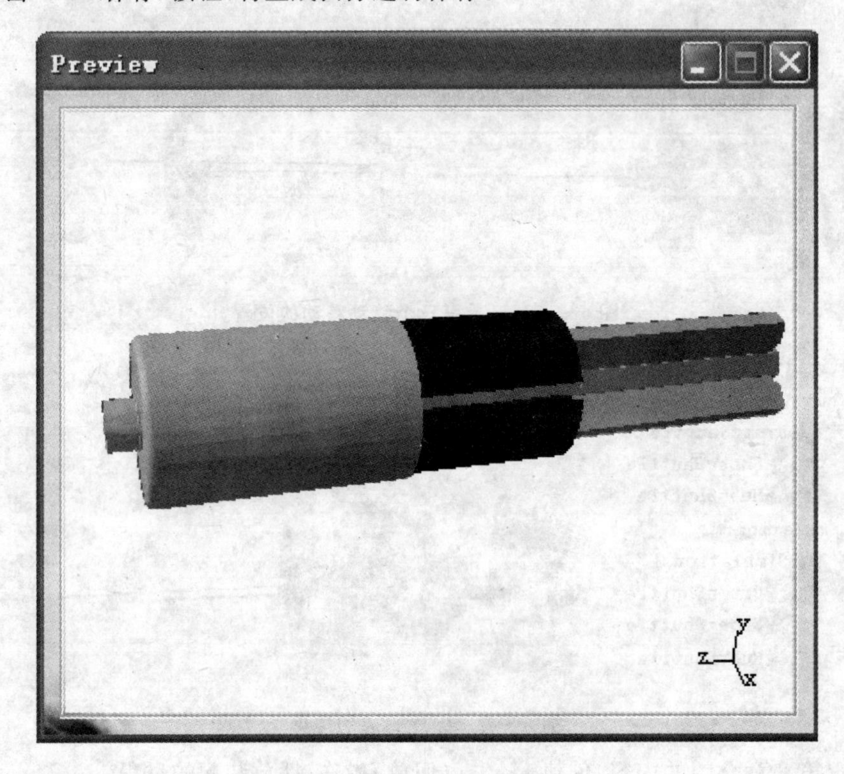

图 6-49 生成的空间扫掠体积

6.7 小 结

CATIA 中的电子样机装配分析(Digital Mockup Fitting)模块,可以用来帮助用户进行产品的组装检查。例如,记录装配路径及分析移动零件所需求的动态空间等,功能强大、实用。尤其是该模块还具有路径侦测功能,可以自动寻找零件的移动路径,且所得到的路径还可以使用平滑路径工具,进行平滑处理。

附录 电子样机各模块命令

附表1 电子样机浏览器(DMU Navigator)

图 标	名 称	说 明
	Annoted View(注释视图)	对视图添加说明
	3D Annotation(三维注释)	对视图进行三维注释
	Hyperlink(超链接)	创建超级链接
	Group(组)	将组合中的零件分门别类
	Search(搜索)	对产品进行搜索
	Translation or Rotation(移动或旋转)	对产品进行移动或旋转
	Cumulative Snap(吸附)	将两个不同零件对齐
	Symmetry(对称)	创建对称产品
	Reset Position(重新定位)	将产品恢复到移动前的位置
	Simulations Player(仿真播放器)	播放已经创建的仿真
	Track(轨迹)	创建轨迹
	Record(Insert)记录(插入)	记录关键帧
	Modify(修改)	修改已经创建的轨迹
	Delete(删除)	删除关键帧
	Color Action(颜色动作)	改变产品的颜色
	Visibility Action(可视化动作)	隐藏或显示产品

续附表 1

图 标	名 称	说 明
	Edit Sequence(编辑顺序)	编辑仿真播放顺序
	Simulations(仿真)	创建仿真
	Generate Replay(产生回放)	播放已经创建的动画
	Clash Detection(On)(打开干涉检验)	当零件运动有碰撞时,将零件间干涉的部分以红色表示,但零件的运动不会因为干涉而停止
	Clash Detection(Off)(关闭干涉检验)	该命令可以在播放动画时,将碰撞侦测(干涉)检验功能关闭,当零件运动有碰撞时不发出任何警告
	Clash Detection(Stop)(停止干涉检验)	当零件运动有碰撞时,将零件间干涉的部分以红色表示,并且在干涉发生时,停止动画的播放

附表 2 空间分析设计(DMU Space Analysis)

图 标	名 称	说 明
	Clash(干涉)	用于物体间的干涉分析
	Sectioning(剖切)	用于对电子样机进行截面剖分来显示装配模型内部结构
	Distance and Band Analysis(距离和区域分析)	用于测量物体间的最小距离,以及沿 X 轴、Y 轴和 Z 轴方向的距离
	Compare Product(产品比较)	用于相似零部件的对比分析
	Measure Between(距离测量)	用于测量几何实体或点间的最小距离或角度
	Measure Item(项目测量)	用于项目测量
	Arc through Three Points(三点之间弧线测量)	可测量的项目包括弧线长度、中心角、顶点角、半径、直径以及 3 点的坐标值
	Measure Inertia(惯性测量)	用于惯性测量

附表 3 运动分析设计(DMU Kinematics)

图 标	名 称	说 明
	Revolute Joint(旋转副)	用于生成具有一个旋转自由度的旋转副
	Prismatic Joint(移动副)	用于生成具有一个平移自由度的移动副
	Clindrical Joint(圆柱副)	用于生成具有两个自由度(旋转与平移)的圆柱副

续附表 3

图 标	名 称	说 明
	Screw Joint(螺旋副)	用于生成具有两个自由度(旋转与平移)的螺旋副
	Spherical(球副)	用于生成具有三个旋转自由度的球副
	Planar Joint(平面副)	用于生成具有两个平移自由度的平面副
	Rigid Joint(刚体副)	用于使两零件成为一个刚体
	Point Curve Joint(点-曲线副)	用于使一个点沿着某曲线移动
	Slide Curve Joint(滑动曲线副)	可以使两个相切的曲线互相滑动
	Roll Curve Joint(滚动曲线副)	用于使两个曲线相互滚动
	Point Surface Joint(点-曲面副)	用于使一个点在某曲面上移动
	Universal Joint(万向副)	使用一个虚拟的销连接两杆件,可以传递旋转运动
	CV Joint(关联副)	由两个万向副所构成,可以传递旋转运动
	Gear Joint(齿轮副)	用于模拟齿轮运动
	Rack Joint(齿条副)	用于模拟齿轮－齿条运动
	Cable Joint(缆线副)	虚拟的缆线将两个滑动副相连接,使两者间的运动有关联性(类似滑轮运动)
	Joint from axis(坐标对齐)	利用坐标对齐方式也可以创建运动副
	Simulation With Commands(利用命令进行仿真)	使机构按照命令进行运动
	Simulations With Laws(利用规律进行仿真)	使机构按照创建的规律进行运动
	Fixed Part(固定零件)	用于将一个零件作为固定建
	Assembly Constraints Conversion(装配约束转换)	用于将装配约束转换为运动副
	Speed and Acceleration(速度和加速度)	用于测量运动物体的速度和加速度
	Mechanism Analysis(机构分析)	查看机构特征

附表4 优化分析(DMU Optimizer)

图 标	名 称	说 明
	Silhouette(侧面影像)	用于产生给定视图方向的零件或装配体的实体外壳
	Wrapping(包装)	用于在选定的零件或装配体上产生形状独特的实体外壳
	Thickness(厚度)	用于把曲面沿某一方向产生一定的厚度
	Offset(偏移)	用于对曲面或实体沿某一个方向产生偏移
	Free Space(自由空间)	用于在模型中计算并且可视化可供使用的空间
	Simplification(简化)	用于简化模型
	Vibration Volume Capability(动态外壳)	根据被给的位置文件,计算产品或产品组的动态实体外壳

附表5 装配分析(DMU Fitting)

图 标	名 称	说 明
	Track(轨迹)	创建轨迹
	Color Action(颜色动作)	改变产品的颜色
	Visibility Action(可视化动作)	隐藏或显示产品
	Edit Sequence(编辑顺序)	编辑仿真播放顺序
	Shuttle(移动)	将不同层级的数据,合并成一个群组,进行查看及移动等操作
	Sweep Volume(扫掠体积)	检查物体运动时所扫掠的体积
	Reset Position(重新设置位置)	将产品恢复到移动前的位置
	Path Finder(路径侦测)	用来自动寻找零件的移动路径
	Smooth(路径平滑)	使路径更加光滑
	Clash(干涉)	用于物体间的干涉分析
	Distance and Band Analysis(距离和区域分析)	用于测量物体间的最小距离以及沿X轴、Y轴和Z轴方向的距离